滑动轴承设计与分析

韩彦峰 向果 郭娟 林长刚 著

科学出版社

北京

内 容 简 介

　　本书主要基于数值方法探讨滑动轴承的分析与设计，系统论述滑动轴承的混合润滑、瞬态磨损、摩擦动力学、摩擦诱导振动等建模和求解技术，并详细阐述这些技术在滑动轴承优化设计中的应用。本书主要内容包括：滑动轴承动压润滑理论，滑动轴承等温混合润滑和热混合润滑理论，滑动轴承瞬态磨损和摩擦动力学数值计算方法，推力滑动轴承润滑理论和方法，以及基于数值分析的滑动轴承正向创新优化设计方法等。

　　本书适合作为高等院校机械工程、热能与动力工程等专业本科生和研究生的教学参考书，也适合船舶、航空、航天及国防武器等领域的科研人员以及工业界研发设计人员参考使用。

图书在版编目(CIP)数据

滑动轴承设计与分析 / 韩彦峰等著. — 北京：科学出版社, 2024. 11.
ISBN 978-7-03-079195-5

Ⅰ. TH133.31

中国国家版本馆CIP数据核字第202464LJ09号

责任编辑：陈　婕 / 责任校对：任苗苗
责任印制：肖　兴 / 封面设计：蓝正设计

科 学 出 版 社 出版
北京东黄城根北街 16 号
邮政编码：100717
http://www.sciencep.com
三河市春园印刷有限公司印刷
科学出版社发行　各地新华书店经销
*
2024年11月第　一　版　开本：720×1000 1/16
2024年11月第一次印刷　印张：19 3/4
字数：390 000
定价：168.00 元
(如有印装质量问题，我社负责调换)

前　言

　　滑动轴承是指在工作过程中仅存在滑动摩擦的轴承。按照承受载荷方向的不同，滑动轴承可分为径向滑动轴承和推力滑动轴承。根据润滑介质的不同，滑动轴承又可分为流体润滑滑动轴承和固体润滑滑动轴承，其中的流体可以是润滑油、水和气体等介质。根据润滑膜形成原理的不同，流体润滑滑动轴承又可分为流体动压轴承和流体静压轴承。与滚动轴承相比，滑动轴承往往具有高承载、工作平稳、可靠、低噪声等优点，因此广泛应用于能源、动力、制造、风电、船舶等众多行业。我国国民经济的提升和国防建设的需要，对在高转速及高精度旋转机械中起支承、减振等作用的滑动轴承提出了高性能、低噪声、长寿命等新要求。由于滑动轴承存在起步较晚、研究基础薄弱及研究体系不完整等问题，我国在有特殊要求的滑动轴承研发领域的发展与国外仍有差距。为了摆脱国外在高端装备和重要设备方面对我国的限制，我国必须在高端滑动轴承领域实现自主化研究。

　　本书主要探讨以油或水作为润滑介质，并以流体动压为润滑机理的径向滑动轴承和推力滑动轴承的数值分析及设计方法。本书是著者及其科研团队多年来在滑动轴承等温混合润滑模拟、热混合润滑模拟、磨损模拟、摩擦动力学模拟等领域研究工作的总结，并汇集了近年来国内外公开发表的滑动轴承润滑理论相关研究进展，系统地论述了滑动轴承的润滑机理、摩擦学特性、动力学特性、振动噪声分析等内容。全书共 9 章。第 1 章简要介绍滑动轴承润滑理论研究现状。第 2章阐述滑动轴承动压润滑机理、润滑方程的推导过程及主要求解方法。第 3 章阐述滑动轴承等温混合润滑理论，并详细给出滑动轴承等温混合润滑方程组的推导过程及高效数值求解技术。第 4 章引入传热学，阐述滑动轴承热混合润滑的数值建模和分析方法。第 5 章在第 3 章和第 4 章的基础上，阐述滑动轴承混合润滑-磨损耦合建模技术和分析方法，并对当前学术界主要应用的各类滑动轴承磨损耦合模型进行综合对比分析。第 6 章阐述滑动轴承摩擦动力学的线性及非线性建模技术和分析方法，并以基于模态耦合机理的摩擦诱导振动和稳定性分析为切入点，阐述热混合润滑下滑动轴承摩擦诱导振动及稳定性分析方法。第 7 章介绍推力滑动轴承润滑模型的建立和分析方法，并引入当前机械与运载工程领域颠覆性技术——"无轴轮缘推进器"核心基础部件"径向推力一体式轴承"的稳态和动态数值建模技术和分析方法。第 8 章和第 9 章则是以本书前述章节介绍的数值方法为基础，展示著者团队及国内外相关研究团队通过数值分析开展径向滑动轴承和推力滑动轴承优化设计的案例，涵盖润滑、磨损和动力学优化设计等内容。

　　本书所呈现的研究成果主要来源于以下项目的支持：国家自然科学基金面上项目(项目编号：51975064，水润滑轴承橡胶界面自润滑改性及其与 Si_3N_4 配副的超滑机理研究)，国家自然科学基金青年科学基金项目(项目编号：52105052，融入机器学习的无轴推进器水润滑轴承摩擦噪声辐射抑制机理；项目编号：51605053，基于界面超亲水改性的水润滑橡胶轴承摩擦学行为与噪声抑制机理研究)，江苏省自然科学基金项目(项目编号：BK20220044，船舶三维声弹性理论及应用方法)，高端装备机械传动全国重点实验室开放基金项目(项目编号：SKLMT-MSKFKT-202306，新型水润滑轴承梯度仿生织构减摩降噪研究)，以及重庆市自然科学基金面上项目(项目编号：cstc2018jcyjAX0442，舰艇无轴推进器水润滑橡胶轴承表面改性及其噪声抑制机理研究；项目编号：cstc2021jcyj-msxmX1069，新型水润滑轴承三维流域摩擦噪声及其可靠性研究)。在此，谨向所有资助机构表示诚挚的感谢！

　　本书的出版可为广大科学研究与工程技术人员在滑动轴承润滑特性、摩擦磨损、振动噪声分析方面的研究提供理论指导，助力解决风电、机械、船舶、海洋、石油、化工及国防武器等工程领域高端装备的滑动轴承摩擦磨损严重、寿命短、可靠性低等难题，具有重要的科学意义和工程实用价值。此外，本书可作为机械、先进制造、国防武器等领域中的科研人员对重要装备核心零部件滑动轴承正向设计和研究的参考用书。

　　感谢著者团队研究人员的支持，以及学生蔡建林、金达、唐东兴、陈守安、杨天佑、倪小康、王杰夫等为本书内容相关研究做出的创新性工作。感谢郭娟、王泽霄、许钟颖、全孝伟、周昌其、赵祺龙为书稿文字整理、图片校对付出的努力。此外，本书还参考和引用了国内外诸多相关文献，在此一并致谢。

　　由于著者知识水平有限，书中难免有不足或不当之处，恳请广大读者予以批评指正。

目　　录

第1章 绪　　论

滑动轴承为用于确定轴与其他零件的相对运动位置、起支承或导向作用、仅发生滑动摩擦的零部件。根据结构和工作原理的不同，轴承可分为滚动轴承、滑动轴承和电磁轴承等类型。其中，滑动轴承作为一种核心零部件广泛应用于各类高端装备，如能源领域的风力发电机、大中型电动机、汽轮机、水轮机等，动力装备领域的机床、汽车、空天运载、舰船等，通用机械领域的工业泵、鼓风机、压缩机等，详见表 1.1[1] 与表 1.2[1]。

表 1.1　滑动轴承的主要应用领域及典型设备

领域	行业	典型应用
能源领域	火电、水电、风电、核电	汽轮机、水轮机、燃气轮机、发电机等
交通运输领域	汽车、舰船、航空、航天等	汽油和柴油发动机、舰船常规动力和核动力、火箭发动机等
化工领域	石油化工、精细化工、高分子化工、生物化工等	热交换器、塔器、反应器、离心机、过滤机、破碎机、旋转窑等
冶金领域	铸造	轧钢机等
制造领域	汽车制造、航空航天制造业	机床等
通用机械领域	工业制造、医疗设备	泵、风机、压缩机等

表 1.2　重点开发的高端产品及对应的滑动轴承

领域	名称	润滑介质	性能要求
能源领域	大型压水堆核电站核主泵滑动轴承	水	耐高温（340℃）、耐高压（17MPa）、耐辐射、高可靠性、长寿命
	高温气冷堆立式氦气风机/压缩机	油	转速4000r/min，轴向最大载荷23t，轴承座振动速度≤1.8mm/s。适用于启停、断水、高温、密封失效工况
	超超临界百万机组汽轮发电机组	油	工作转速 3000r/min，比压在 3.0MPa 以上，高可靠性、长寿命
	风电机组用滑动式偏航轴承	油	技术储备
	大型百万水力发电机组	油	功率>100 万 kW
	微型燃气轮机	气体	功率>100kW，转速>8 万 r/min

续表

领域	名称	润滑介质	性能要求
交通运输领域	大型高技术、高附加值船舶	水/油	高技术、高附加值
	大功率柴油机滑动轴承	油	配套率提升到80%
	舰船燃气轮机滑动轴承	气体	转速5000~10000r/min
	汽车发动机滑动轴承	油	自主化率达到50%
化工领域	大型石化设备、煤化工设备、冶金设备用高速压缩机、风机、离心机	油	直径80~300mm,转速约1.5万r/min。打破垄断,实现国产化
	透平膨胀机、制冷机	气体	转速2×10^5r/min
制造领域	大型、精密、高速数控机床电主轴动静压滑动轴承	油/水	转速>15000r/min,功率>20kW,回转精度≤0.001mm
	大型、精密、高速数控机床气动主轴动静压滑动轴承	气体	转速3×10^5~4×10^5r/min,回转精度≤0.05μm
	重大工程自动化关键精密测试仪器	气体	技术储备
	生物医疗	气体	技术储备
国防武器装备	军舰、潜艇、水下武器等舰轴轴承	水	长寿命、高可靠性、低噪声
	飞机、导弹及各类飞行器	气体	技术储备
	军事及民用航空飞机环控系统高速空气透平用滑动轴承	气体	技术储备
	人造卫星及宇宙飞船等空间飞行器发动机或透平原动机	气体	技术储备。制冷量大、可靠性高、振动小,工作寿命>10万h
	火箭发动机涡轮泵滑动轴承	水/液氢/液氧	技术储备。DN值将达到270万~300万mm·r/min,最大推力将达到10000~15000N

注：DN值为轴承直径与转速的乘积。

1.1 滑动轴承基础理论研究现状

1.1.1 滑动轴承设计理论和技术

我国油润滑滑动轴承的设计和技术相对成熟,与国外基本同步。随着机组向大型、重载方向发展,基于广义雷诺方程的热弹流理论是进一步提升复杂工况下轴承设计而需要深入研究的理论,同时软件仿真技术也是轴承设计中的一项重要技术。根据润滑介质分类,水润滑与油润滑都属于液体润滑,其研究和设计理论基本相同。然而,由于水的低黏度,这对轴承间隙和工艺提出了更高的要求。这也是限制我国水润滑轴承技术进一步发展的瓶颈之一。在气体轴承理论研究方面，我国基础弱，基本等同于从零起步。老一辈专家刘暾、陈纯正、王云飞等学习俄罗斯、美国等先进理论和技术，实现了气体轴承技术从无到有的突破。在此基础上，我国从 20 世纪 50 年代末 60 年代初开始进行研究工作，取得了一些比较好的成果。20 世纪 50 年代后期，有研究人员开始研究气体动压润滑在惯性导航陀螺仪上的应用；1962 年，在洛阳轴承研究所建立起气体轴承研究基地；1970 年，国产的 DQR-1 型圆度仪上成功使用了空气静压轴承。改革开放初期，我国国防、军事、经济初步恢复，动力机械需求不强，该时期气体轴承走低端路线。近几十年，气体润滑设计受到了越来越多的重视，各高校科研院所发表了许多有实用价值的学术论文，在理论分析、试验研究、设计计算、新型结构、节流控制方式和轴承材料方面取得了新的成果。在理论分析方面，国内以哈尔滨工业大学航天学院刘暾教授[2]撰写的《静压气体润滑》为代表的多部著作相继出版，在气体轴承的承载力、刚度等数值计算方法方面的研究逐渐深入。

在高端制造装备领域，滑动轴承面临诸多因素的挑战。随着工况参数的提高，轴承运行过程中出现了很多有待探索的新现象，并且迫切需要发展新的设计理论。在高端机床的工作台转盘中，工作台旋转速度进一步提高，从而对工作台的精度设计要求也进一步提高。对于大型机床转台，高速带来的稳定性问题是影响机床精度高低的重要因素，因此需要深入研究大型静压推力轴承性能理论计算、设计、加工及装配等多个问题。而对于超高精度小型工作转台，需要发展气浮和磁浮技术以及多轴转台轴承。与此同时，随着机组朝着大型化、高速化、高效率方向发展，高速轴承动力学问题突出，热力学问题也变得重要。在高速或重载工况下，轴承发生变形是不可避免的。轴承内产生大量热，轴结构中不均匀的温度场将导致轴瓦和轴颈的变形，即热弹性变形，使得滑动轴承结构尺寸和润滑油特性发生变化，直接影响轴承温度场分布和油膜压力场分布，因此经典润滑理论研究中的绝热、等温假设不再适用。从保证计算精度的角度来看，也不能简单地按"有效黏度"方法来处理热效应问题，因此必须系统地考虑摩擦学问题。在上述情况下，在设计中需要考虑流、固、热的多物理场耦合问题，发展适用于多场强相互作用的耦合分析模型。当油润滑滑动轴承处于启停、低速重载（如风电齿轮箱滑动轴承）等恶劣工况时，动压油膜往往无法完全平衡外载荷，从而处于混合润滑甚至是边界润滑状态。这一润滑状态在水润滑滑动轴承中尤为常见，因为水润滑滑动轴承以水作为润滑介质，其黏度只有常规润滑油的几十分之一，所以由动压水膜产生的承载力十分有限，通常无法隔绝转子与轴承内衬，从而处于典型的混合润滑乃至边界润滑状态。一方面，在这一润滑状态下，滑动轴承内表面不可避免地产生接触、微凸体摩擦及磨损。然而，磨损产生的轴承间隙扩张又影响了滑动轴承的润滑特性。因此，处于恶劣工况的滑动轴承需考虑混合润滑与磨损的瞬态耦合。

另一方面，滑动轴承还可能运行于强烈的外部非线性激扰工况（如核主泵及无轴轮缘推进器中应用的滑动轴承）下，此时外载荷呈现出明显的复杂瞬变特征，造成了滑动轴承内表面润滑、接触、变形、传热、磨损等摩擦学特性呈现出强烈的动态特性。因此，针对滑动轴承的稳态润滑模型往往不能满足特殊环境与极端工况环境的应用需求，需要开发更为精准实际的复杂仿真模型。

在轴承表面微纳织构与超滑表面工艺方面，流体润滑轴承高速运行时的摩擦和热损耗可能达到50%，而选装装备的轴承摩擦耗能每年高达千亿元。因此，微细加工、摩擦表面微结构等形貌因素已经成为改善润滑特性的关键。微纳织构和超滑表面技术能够显著降低摩擦系数，从而创新轴承结构。此外，借助微纳传感器和制动器，可以开发智能轴承，根据工况变化自动调整至最佳工作状态，进一步提升轴承的性能。

1.1.2 滑动轴承润滑理论

滑动轴承中需要良好的润滑，这是轴承寿命和可靠性的重要保证。载荷和转速的不断提高，对摩擦副的润滑性能提出了新的要求。在重载下，油膜厚度（膜厚）进一步减小，摩擦副表面粗糙度的影响将变得更为显著；随着转速的进一步提升，正比于速度的流体动压力、惯性力将超过流体静压力，摩擦副的动力学特性占据主导地位。因此，对高端滑动轴承的力学性能和油膜进行研究是现代润滑理论和轴承技术发展的必然趋势，为此类支承的设计提供具有自主知识产权的计算方法和理论依据也是工程实际的需要，对提高我国装备制造业的制造水平、提高产品质量、提高国际竞争力都具有十分重要的理论意义和实际应用价值。

在滑动轴承润滑理论方面，已经建立流体动压润滑、流体静压润滑、弹性流体动力润滑、薄膜润滑、边界润滑及混合润滑等理论，这为轴承的发展提供了理论支撑。目前，轴承的润滑研究主要考虑纯油工作环境和赫兹接触力学模型，研究润滑油膜的刚度、阻尼特性、温升效应和承载能力，并采用小扰动线性分析方法研究轴承-转子系统的非线性动力学特性。无论是国内还是国外，轴承润滑研究大部分仍然以经典润滑理论为主，对多相流润滑条件下的润滑问题研究较少。近年来，轴承润滑理论的研究开始转向高温、高速、恶劣环境等极端工况，以及多体、多相、多流态等复杂工况条件下的润滑设计计算等方面。此外，目前滑动轴承的润滑理论通常局限在某一特定的机理，或只考虑稳态运行工况下的静态性能（如承载力、稳态摩擦系数等）。对于复杂工况条件，需要综合应用润滑力学、接触力学、传热学、动力学、磨损理论、振动理论等多机理模型，提出多机理交叉融合的滑动轴承统一数值分析模型。

对于重型数控设备中的滑动轴承，目前国内的研究尚存诸多问题。关于油膜压力场、油膜流场和油膜温度场的综合系统理论研究成果较少。部分学者对具体的摩擦学行为和失效机理进行了研究，但这些研究不够系统，难以应用于产品的开发中。实际应用中仍频繁发生润滑不良而导致早期磨损，究其原因，除了未能正确使用成熟的流体润滑理论外，主要在于经典润滑理论本身带有局限性。非线性油膜力是影响转子系统失稳的一个重要物理因素，它属于典型的非保守力，影响它的外部因素十分复杂，目前的油膜力力学模型还存在明显的缺陷。最大的困难是现有的非稳态非线性油膜力模型大多是数值模型，缺乏解析表达式。非线性意味有较大的扰动位移和扰动速度，需要寻求非稳态油膜力与扰动位移和扰动速度的非线性基本表达式，并揭示发展规律。关于非线性油膜力的模型研究曾引起广泛的关注，数学和力学领域的众多专家提出了很多表达式。在国内，非线性油膜力的研究开展较早，有学者获得了计算的数据库和拟合的表达式。油膜力的计算对转子稳定性的分析非常重要，尤其是立式转子中的轴承问题，相关的分析工作仍有待深入。

在高速轴承和大型轴承中，润滑油的层流流态可能转变为湍流。湍流是具有局部性质的，它首先出现在大间隙的区域中，而小间隙处可能依然保持为层流。湍流的出现使轴承的承载力增大，功耗也增大，因此温度升高的问题更加严重。湍流润滑的研究受湍流理论本身的限制，许多问题还有待探究。湍流问题是公认的难题。在轴承中，尤其是大型汽轮机轴承，多流态的分析尤为困难。目前国外已得到一些试验表达式，在实际使用中基本能满足要求。国内对此考虑得还不多，但是要满足工程的要求，还需要结合试验或实践进一步完善相关的理论。

国内外学者对洁净能源(如水)和气体润滑的轴承也进行了很多的理论和试验研究，主要集中在润滑膜形成机理、流态、系统碰磨、轴承静动特性和稳定性等方面；对新结构、新材料及加工工艺也有一定的研究。总结过去几十年轴承基础理论研究的成果，研究者主要对雷诺方程的求解、轴承稳定性、轴承工作可靠性及润滑理论进行了深入研究。这些研究已经形成了扎实的理论和试验基础，并且部分理论已经成功转化为实际产品，广泛应用于工业生产中。例如，箔片静压气体轴承透平膨胀机被广泛应用于空分行业多种制氧(氮)装置中。然而，水润滑轴承的研究进展并不显著，取得的成果相对有限。

1.1.3　滑动轴承摩擦磨损机理

轴承的摩擦磨损机理主要研究轴承零件中相对运动的表面之间存在的物理、化学和力学作用，进而研究轴承材料表面间摩擦与磨损的机理，以及在摩擦过程中轴承表面发生的物理化学性能变化，以便更好地控制和预测轴承磨损过程。随着工作条件和润滑性能的改变，滑动轴承工作表面间的摩擦状态表现出不同的特点，可大致分为全膜润滑、混合润滑、边界摩擦和干摩擦等状态。其损伤形式也有刮伤、磨粒磨损、黏着磨损、疲劳磨损、剥离、腐蚀磨损、微动磨损等多种。

目前，摩擦机理的研究仍在不断深入，对磨损机理的研究已取得巨大进展。近年来轴承行业飞速发展，轴承的材料选择范围越来越大，因此关于轴承材料摩擦磨损机理的研究也越发深入。

在滑动摩擦机理方面，实践证明，经典的滑动摩擦理论和公式存在很大的局限性。当法向载荷较大时，实际接触面积接近表观接触面积，硬材料或软材料摩擦副间的摩擦力大小与法向载荷不再满足正比关系。对于弹性或黏弹性材料的滑动摩擦，摩擦力与表观接触面积密切相关。同时，许多材料的摩擦系数都会随着滑动速度和载荷大小的变化而变化。此外，研究还发现，静止接触时间的长短会影响静摩擦系数；干摩擦运动并非连续平稳地滑动，而是存在断续的跃动现象。黏着理论由 Bowden 于 1945 年提出，他认为摩擦表面处于塑性接触状态，滑动摩擦是黏着与滑动交替发生的跃动过程，而摩擦力是黏着效应和犁沟效应产生阻力的总和[3]。另一种观点认为滑动摩擦是克服表面粗糙峰的机械啮合和分子吸引力的过程，因此可以用机械和分子作用阻力的总和计算摩擦力，进而发展出摩擦二项式定律[4]。试验证明，摩擦二项式定律适用于边界润滑，也适用于某些干摩擦状态，特别是实际接触面积较大的摩擦问题。近年来，国外在摩擦副形貌与摩擦力关系、能量耗散、热楔效应、耐磨涂层的摩擦界面行为、磨损规律等研究方面取得了一系列的成果，部分理论成果已经在轴承中得到应用。国内也在该领域进行了相关研究，并取得了一些进展，但缺乏系统的研究和原创性成果。

关于摩擦副的基础研究，主要集中在对摩擦副滑动摩擦过程中的能量转换机理、摩擦副热应力、表面接触应力及部分油膜润滑承载力耦合作用等方面。通过研究，国外学者[5]对高能量密度摩擦系统的耦合应力机理和分析模型有了一定的掌握，初步解决了热弹流耦合下传动摩擦系统工作稳定性的问题，并通过试验获得了摩擦接触区温度场变化规律和摩擦损伤规律，但仍不能解释应力-应变状态与摩擦特性、系统损伤模式的对应关系，也无法准确揭示摩擦副在机械强度、热强度等多重耦合作用下的摩擦机理。

近年来，国内外逐步开发了混合润滑条件下滑动轴承混合润滑-磨损耦合机理模型，针对磨损机理的不同，磨损模型通常采用经典的 Archard 黏着磨损模型、摩擦疲劳磨损模型、热力学驱动的黏着磨损模型等。这些磨损机理模型结合混合润滑模型，可得到各类滑动轴承混合润滑-磨损瞬态耦合机理模型。然而，磨损是一个复杂的动态过程，粗糙表面的各项特性参数会随着磨损过程发生瞬变，这给理论模型的准确建模带来了极大的挑战。因此，融合实验数据与磨损机理的混合建模方法是滑动轴承磨损预测的一个重要发展趋势。

1.1.4 滑动轴承材料及工艺

轴承材料和表面处理工艺对轴承的性能具有重要影响。通过新材料和新表面处理工艺的应用，能改善轴承零部件表面的工作性能，进而提高轴承的性能。

在滑动轴承中，轴瓦和轴承衬套的材料统称为轴承材料。滑动轴承材料主要有金属材料、非金属材料和金属-非金属复合材料三大类[1]，如图1.1所示。

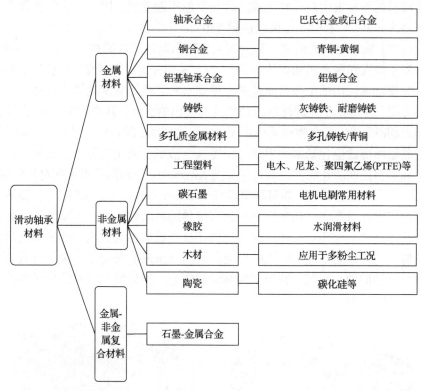

图 1.1 常见轴承材料

巴氏合金是一种以铅、锡、锑、铜为主的合金。经过多年的发展，为了节约昂贵的锡，采用铅基代替。它们都是软质、低熔点的材料，具有优良的减摩性、抗咬合性、可嵌入性及磨合性，但其承载能力特别是高温承载能力较弱。巴氏合金在150℃下的硬度和疲劳强度大约是常温下的1/3，因此一般要求其工作温度不超过100℃。随着滑动轴承的使用条件向高温、高速、重载等方向发展，巴氏合金的应用受到一定的限制，但是在低载、高速条件下，巴氏合金仍有广泛应用。

工程塑料，如酚醛树脂(电木)、尼龙、聚四氟乙烯等，不仅具有一定的自润滑性，而且具有耐磨和抗咬合等特点，因此被广泛应用于滑动轴承。塑料轴瓦往往能保护轴颈，其吸振性也优于金属轴瓦，并且耐蚀性强、密度小、重量轻。但是塑料轴瓦的机械强度不及金属轴瓦，而且受温度和湿度的影响，其尺寸稳定性不高，导热性较差。英国Glacier金属公司研制了以塑料、青铜、钢背复合而成的自润滑轴承，此类轴承可以在干摩擦或油润滑条件下工作，可以在 –200～280℃

的工况条件下承受振动和冲击载荷。

石墨-金属合金也是一种性能优异的轴承材料。用浸渍金属填充石墨的轴承的化学、力学和摩擦学性能优异，兼具石墨和金属的综合性能，可有效降低工作温度。这种材料不易发生高温软化或高载荷下的压缩变形，因此在大气条件下的使用温度高达 400℃，有时甚至可以达到 540℃。

在国外，轴承材料的研究一直受到大型轴承制造厂商的重视。美国 Waukesha 公司研发了陶瓷和聚合物轴承技术(图 1.2)，采用先进材料可有效延长轴承的使用寿命，并使轴承应用的工作介质范围扩展到水和其他低黏度流体。根据该公司产品资料介绍，这些基于先进材料的轴承具有突出的性能，其中，Hiperax 止推轴承可用于水润滑场合，聚合物轴承可用于 250℃ 的环境，陶瓷轴承可用于 400℃ 的场合，这些轴承能适应包括水、甲苯、制冷液、液氧、硫化氢等工作介质，高耐磨的碳化硅材料还能防止泥沙的磨损。美国 Kingsbury 公司同样重视新材料的应用，其产品中引入热塑性材料，如聚醚醚酮(polyetheretherketone, PEEK)，从而满足异常苛刻的工况环境要求。热塑性材料具有优异的耐磨性、耐化学腐蚀性，并且能够在无水的条件下应用。此外，这种材料还具有机械性能、热学性能和电学性能可变的特点，可以用于改进轴承的性能。英国 Michell 公司多年来一直致力于聚四氟乙烯涂层的轴承研制，获得了提高承载能力、降低摩擦磨损的优异性能，并降低了整体的成本。

图 1.2　美国 Waukesha 公司的轴承产品

国内在复合材料研究方面也取得了较大进展，用非金属替代金属作为摩擦副材料，一定程度上攻克了基于新型工程复合材料的产业化工程关键技术，在舰船等重要装备的减振、降噪、安全和可靠等技术上取得了重要的进展。

新材料的应用往往带来轴承性能的提升。高速、重载、高可靠性和高精度等要求对材料的机械性能、耐磨性、材料的一致性及热处理性能等都提出了很高的要求。对于水润滑轴承，按衬套材料可分为金属、铁梨木、夹布胶木、胶合层板、塑料、陶瓷、橡胶及橡胶合金等多种。近年来国内外科研人员在水润滑轴承材料改性方面做了大量的研究工作，也取得了相关的成果。水润滑塑料或橡胶轴承在船舶行业已得到广泛应用，水或水基液润滑陶瓷轴承、静压水润滑导轨轴承等也逐渐开始应用。对于核主泵轴承材料，国内主要使用浸渍树脂的碳石墨，国外的屏蔽泵厂商倾向于使用碳化硅。哈尔滨大电机研究所进行了硅化石墨轴承的磨损试验，由于目前国产硅化石墨的制造工艺尚不成熟，与进口硅化石墨材料相比，国产硅化石墨材料的物理机械性能较差，且产品质量不稳定，至今尚未应用于主泵电机中。

对于气体静压轴承，其材料先后经过了黄铜、铜镍合金及石墨合金等几个阶段。对于箔片轴承，其材料主要使用自润滑性能好的铍铜合金，为了能够适应反复启停，还需在箔片表面镀层。我国材料全链条整体水平比较落后，在材料标准和质量控制方面与国外差距很大。对于气体轴承，无论是石墨合金还是箔片所采用的铍铜合金，我国在材料制造、生产，尤其是包括规模制造在内的全链条发展方面还比较落后。

在工艺方面，国外尖端的数控机床技术保证了高端轴承所需的高精度加工。而我国的高端、高精度、高技术含量的机械加工设备目前比较少，技术含量较低的机械加工设备数量仍占大多数，很多知名企业的生产加工机械设备大部分为国外产品。我国机械加工设备与发达国家相比仍有一定差距，体现在技术、生产组装工艺及质量观念等方面，这也是限制我国高端轴承发展的工艺瓶颈。

1.1.5　润滑材料和润滑方式

在高/低温、强辐照、高载荷等特殊环境下，新型轴承润滑材料得到了广泛的应用。同时，开发环境友好的润滑介质和添加剂也引起了广泛的关注。

以水作为润滑介质的水润滑轴承在船舶、核电等领域备受关注。在水润滑轴承基础理论研究方面，由于市场的垄断和军事工业的保密要求，工业发达国家，如美国、日本、英国、德国等对真实的高性能水润滑轴承及系统的研究结果、设计理论、材料配方等进行了严密封锁，因此相关的公开资料相对有限。

液氢和液氧是目前国际上先进发动机普遍采用的燃料剂，如美国的航天飞机主发动机(space shuttle main engine, SSME)用的氢氧发动机，我国的液体火箭发动机也采用液氢作为燃料剂，具有低黏度、低温等特性。由于液氢密度远低于液氧密度，氢泵轴承转速要高于氧泵轴承，一般氢泵轴承转速在 40000r/min 左右，氧泵轴承转速在 20000r/min 左右。轴承载荷随着运载能力要求的提高不断增大，我国正在研制转速为 80000r/min 的滚动轴承。多年来，美国已经把高可靠、长寿命的高速轴承列为可重复使用运载器的关键技术之一，对 SSME 涡轮泵轴承进行了大量的研究工作。美国的 Hamilton 等[6]对 SSME 液体燃料泵上的动静压轴承进行了研究，该轴承直径为 96.52mm，长度为 50.8mm，转速达到 36000r/min，润滑介质为液氢。当前美国国家航空航天局(National Aeronautics and Space Administration, NASA)正在致力于 SSME 的燃料泵和其他未来航天运载系统上使用的动静压轴承的多项研究工作。

与西方国家相比，我国在液体火箭发动机涡轮泵用高速轴承方面的研究相对落后。目前，陕西动力机械设计研究所和西安交通大学在液体火箭发动机涡轮泵动静压轴承技术方面有一定的研究，并取得了一定的成果。陕西动力机械设计研究所[7]提出了液体火箭发动机选用动静压轴承的原则，针对液氧中工作的径向轴承和止推轴承，通过理论计算，结合动静压轴承选用原则及涡轮泵研制经验，确定了最优结构：径向轴承宜选用腔式径向动静压轴承，止推轴承宜选用螺旋槽结构或瓦块式结构；同时对腔式径向动静压轴承进行了试验研究，该轴承为四油腔对称结构，内径为 30mm，半径间隙为 56μm，试验载荷为 9.6kg，共进行了三次运转试验，转速分别为 5000r/min、6000r/min 和 6000~18000r/min，结果表明没有明显的磨损现象。

1.1.6　试验测试技术

随着技术的发展，滑动轴承的测试技术也发生了显著变化，呈现出从宏观到微观、从定性到定量、从单因素到多因素、从静态到动态的发展趋势。扫描电镜、电子探针和光谱仪等多种仪器被引入研究中，试验设备向着高速、高压方向发展。这些进步使得人们对滑动轴承性能的理解更加深入和全面。

21 世纪以来，我国引进或自主研发了大型重载滑动轴承。核能百万机组等重大装备中的滑动轴承方案设计所依赖的性能计算方法已经相对成熟。在大多数情况下，这些设计不需要专门设置研究性试验进行设计验证，可以直接进入考核性试验阶段。然而，核主泵水润滑轴承、核电氢气压缩机轴承及船舶中舵管橡胶轴承等，这类面向全生命周期设计或极端工况运行条件的轴承性能计算或预测方法还处于研究阶段，重要机组或新机组的轴承设计依赖引进技术，开展研究性试验对消化吸收引进技术或发展自主技术尤为重要。滑动轴承油膜动态特性系数的试验研究是轴承-转子系统动力学及润滑理论研究的一个重要组成部分。识别动态特性系数的试验台目前主要有轴承试验台和转子-轴承系统试验台两种类型。"倒置式"轴承试验台，其特点是试验轴承悬挂在转轴上，同时作为加载装置的一部分；"正置式"轴承试验台，其特点是试验轴承为转子的支承轴承，其加载装置不包括试验轴承，一般采用较简单的结构。

在水润滑轴承试验台方面，国内高校和研究所开展了大量研究。重庆大学高端装备机械传动全国重点实验室自主搭建了模拟实际工况舰船推进系统综合性能试验台。哈尔滨电气集团有限公司、申科滑动轴承股份有限公司、湖南崇德科技股份有限公司等滑动轴承公司在主泵轴承试验台研制方面也在积极迈进，所建成的试验台主要进行基础理论研究，但试验台在工况模拟方面存在不足，或者仅限于单一技术研究，导致实验研究不够系统和全面。

在气体轴承试验台方面，西安交通大学针对箔片研发建立了较为完善和先进的试验台，并具有良好的支撑条件和硬件基础，包括高速低温透平气体轴承振动特性试验台、高速低温透平综合性能试验台等；哈尔滨工业大学研发了三自由度、五自由度气浮台，可用于开展平面气浮轴承、环面节流气体球轴承和小孔节流气体球轴承的实验研究。

中国科学院工程热物理研究所对小孔节流气体静压轴承、不同槽形线气体动压轴承及动静压混合轴承进行了研发设计，主要应用于微小型透平膨胀机和高速电机中。该研究所配备了完善的试验台及非线性测试系统，用于进行相关的试验和测试。美国、俄罗斯、德国、日本、韩国等轴承技术发达的国家，其科研机构及公司均进行了轴承研发及加工制造。如麻省理工学院(Massachusetts Institute of Technology, MIT)、美国国家航空航天局、欧洲航天局(European Space Agency, ESA)、韩国科学技术研究院(Korea Institute of Science and Technology, KIST)对气体轴承展开了理论和试验研究；美国的 Sunstrand 和 Xdot Engineering Analysis 公司、英国航空公司、法国 ABG-Semca 公司、俄罗斯 Tupolev 公司、韩国的 LG 和 K-Turbo 公司等已经有系列产品实现应用，主要应用于军事及民用航空、高速透平(膨胀机、压缩机等)、高速电机等技术领域。

在测试技术方面，高精度油膜厚度位移传感器、扫描电子显微镜(scanning electron microscope, SEM)等测试手段的引入，进一步探明了摩擦副微观油膜的润滑机理，更精确地分析了动态油膜承载、油膜动力学和流体动压等润滑特性，进而较好地解释了初期设计中摩擦副超出材料 pv 许用值仍能正常工作的原因。我国在先进测试技术和装置创新方面与国际先进水平仍有一定差距，多为跟踪研究模式，高压下摩擦副的润滑机理、极端工况下的摩擦磨损规律和测试方法的研究起步较晚。由于测量工具和方法的限制，油膜周向温度变化等目前还有待于实现精确测量。而理论分析中油膜破裂区域内温度、轴承进油处温度、回流问题、湍流问题、轴承热弹性变形、非牛顿流体等还难以通过模型精确模拟，仍需建立更简单且精确的模型简化数值计算。试验条件的差距导致我国的企业往往缺少考核性的试验，因此在试验决定的模型和数据的精度方面与国外相比有较大差距。在企业中，轴承实验技术主要针对产品出厂的综合检验，无法满足对高性能轴承产品性能研究与设计开发的技术支持。

此外，滑动轴承的故障诊断与状态监测技术研究仍有待提高。轴承-转子系统的相互作用和关联对轴承和转子的性能产生重要影响。因此，基于轴承-转子系统的动力学研究发展出大量的轴承在线监测及故障诊断技术和方法。振动、噪声、声发射等监测技术不断发展，以提高系统的可靠性和性能。总之，在滑动轴承试验测试技术方面，还需要开展面向机理研究和微观观测的实验设计及专用试验装备研发，并加强实验数据的积累和科学分析，以满足产品结构多目标和多尺度优化的需要。

综上所述，在我国高端轴承的基础研究中，高校和研究院所是主要力量，企业的基础研究投入偏低。经过多年的发展，我国高端滑动轴承的基础研究在数量、规模和涉及面等方面均已经基本和国际接轨，在滑动轴承理论方面基本与国际同步。然而，在轴承材料、润滑介质、试验测试技术等方面与国外相比仍有一定的差距，尤其是技术转化和产业应用步伐远落后于理论。此外，目前国内能够承担轴承-转子系统全面研究的专业院校很少，造成轴承产业高端人才紧缺。因此，我国在关注基础科研的同时，还必须加强高端轴承设计研发人员队伍的培养，强化人才梯队观念。

1.2　滑动轴承应用领域简介

1.2.1　能源设备领域

滑动轴承是大型机组转动部件的主要支承方式，需求量巨大。不仅如此，随着能源装备需求的发展，大型能源工程关键设备的工况参数不断提高，对轴承的性能要求也不断增加。轴承往往是这些大型设备研制中的关键部件。例如，在三峡工程中，大型水轮发电机组的推力轴承就是制造难度最大的部件之一。20世纪80年代后期，三峡电站水轮发电机下机架中心体油槽内的推力轴承所承受的轴向总负荷高达5520t，为当时世界之最[8]。为此，需要专门为这种大容量、高负荷机组配套6000t级的推力轴承。该推力轴承中的推力头及镜板重达68t，总负荷由两部分构成，分别为转动部分(包括上端轴、发电机转子、发电机主轴、水轮机转轮、主轴等)重达2600t的重量及推力部分高达2920t的推力负荷。因此，对推力头及镜板的光洁度、垂直度要求非常高，允许误差仅2mm，是机组的核心部件之一。20世纪90年代初，哈尔滨电机厂有限责任公司为研制大负荷推力轴承，专门投资5000万元建了了3000t级推力轴承试验台和6000t级弹性金属塑料轴瓦推力轴承试验台，针对三峡不同水头进行了上千次试验，所获得的1万多个数据为水轮机设计制造提供了条件和技术准备。1997年，哈尔滨电机厂有限责任公司成功研制了三峡6000t级弹性金属塑料轴瓦推力轴承，并完成了全尺寸模拟试验。国产弹性金属塑料轴瓦材料能够适应三峡机组年启停500次的运行条件。这一技术跨越为我国大型水电装备的后续发展提供了重要基础。

在核电领域，滑动轴承技术同样是制约我国核电技术自主发展的关键技术。核主泵制造涉及机械、材料、动力、力学、核工程等多学科领域，核心技术的掌握需要基础理论研究的支撑。因此，开展核主泵制造的关键科学问题研究，对于实现核主泵的"中国制造"、推动核电装备技术的跨越式发展、提升我国重大工程装备的先进制造水平与竞争力具有十分重要的意义，体现了我国装备制造业的发展需求和国家目标。主泵轴承作为系统支撑的核心部件，以大亚湾核电站和台山核电站主泵为例，它们都是法国日蒙公司（JSPM）提供的产品。大亚湾核电站主泵是立式、轴封型混流泵机组，泵机组为 3 轴承结构型式。泵轴承为水润滑轴承，位于热屏和轴封之间，承担转子径向载荷。电机 2 个导轴承为油润滑轴承，泵组推力轴承布置在电机顶部。台山核电站主泵水润滑轴承属于流体静压轴承，位于叶轮口环处，在主泵启停和事故工况下，转子径向力由设在热屏处的辅助流体动压轴承承担。水润滑轴承是屏蔽电机中的关键部件之一，其长寿命问题也是核主泵安全可靠性的瓶颈之一。

目前我国加大了核能发电的建设，规模和投入空前。但是我国对于主泵轴承的研究几乎为空白，主要依赖于国外公司的轴承技术。攻克国产核主泵轴承研制的瓶颈难题，包括轴承设计技术及与之相关的材料技术和制造技术，是提高我国核主泵技术国产化的关键。此外，我国正在发展的第四代核电技术中高温气冷堆核电站的冷却剂循环设备，需要满足高转速、大调速范围、立式安装等指标，该设备用的轴承依赖于国外进口；火电和核电百万机组所用的大型径向轴承，也基本上都从西门子、东芝、日立、阿尔斯通等国外公司进口。

1.2.2 交通运输领域

滑动轴承大量应用于船舶、汽车等重要交通运输工具中，如舰船的艉轴轴承、船用燃气轮机轴承、汽车发动机轴承等。滑动轴承技术的发展为水体和大气污染的防治提供了重要的途径。以船舶艉轴轴承为例，美国国家科学院工程技术研究委员会（National Academy of Engineering, NAE）公布的一份报告显示，全球每年平均释放到海洋的石油（油类）质量保守估计约达 130 万 t，其中由船舶航行时排放油占 37%，船舶的意外泄漏油占 12%。这不仅极大地浪费了矿物油，而且对海岸线、水路航道等造成了严重的污染。因此，在很多发达国家，政府已经制定相应的法规，推广使用水润滑轴承。在我国，国家有关部门提供的资料表明，一艘功率为 880kW 的船舶，其推进系统每年因艉轴密封泄漏润滑油质量在 3t 以上。目前，航行在三峡库区及长江水域采用油润滑轴承系统的船舶共有 10 多万艘，若每艘船每年平均泄漏润滑油按 1.5t 计，每年船舶推进系统泄漏润滑油则高达 20 多万 t。航行在长江上的船只几乎都以油润滑轴承为主，每年向长江排泄数千吨润滑油，造成了极大的污染。随着环保意识的加强，油润滑轴承终将被水润滑轴承所取代。

在车辆工程领域,滑动轴承是汽车(特别是发动机)中重要的摩擦易损件,与发动机曲轴、活塞销、凸轮轴及汽车底盘上的某些轴类零件组成重要的摩擦副。我国为汽车配套的钢-铜合金轴瓦、轴套、止推环、止推片等产品,主要由滑动轴承制造厂(少数外资、合资和引进国外技术的厂家除外)生产,这些制造厂通常从国外采购双金属轴承材料(条块材或卷带材),并通过传统的切削加工方式完成对轴瓦、轴套、轴承环等产品的制造。这种金属材料消耗型的制造模式除了浪费资金、浪费材料、浪费时间、效率低外,还要受制于材料供应方,这对于我国轴承加工业早已不合时宜。这些差距的存在,造成了我国出口产品多是中低端产品。这类产品的优势主要在于价格低廉,在经济发展平稳时出口量增长明显,一旦出现金融危机等,出口量下滑非常严重。而对于高端产品,我国大多依赖于进口,由于进口产品技术水平较高,我国对此类产品的依赖性较强,刚性需求在一定时期内将长期存在。

1.2.3　先进制造领域

作为制造装备的基础,我国航空航天、汽车、船舶、能源、军工等领域对高档数控机床(铣床、磨床)都有巨大的需求,其各项技术突破对我国国民经济建设具有重大战略意义。机床的发展水平代表了一个国家先进制造业的发展水平,国家重大装备、航空航天的许多结构件属于大型薄壁件,要求切削变形尽量小,对加工工艺提出了严苛的要求。超高速加工效率可以提高 3~5 倍以上,可以直接加工淬火钢,实现了模具加工"一次过"的革命性进步,其高速切削能使切削力下降 30%,切削热的 90% 被切屑带走。高速精密加工技术中最为核心的是主轴单元,高速精密主轴是高速切削机床的主要部件,其关键部件之一是主轴支承轴承,支承轴承技术严重地制约着我国高档数控机床及制造业的发展。高速主轴单元的类型主要有电主轴、气动主轴等,两者原理和结构差异较大,应用的范围也不尽相同。与电主轴相比,气动主轴具有结构简单、易维护、发热小、不污染环境等特点,因此在高转速、扭矩要求不高的实际应用中具有较为明显的优势。与国外相比,我国的高速机床主轴支承轴承形式为滚动轴承,润滑形式主要为油(气)润滑。动静压滑动轴承与滚动轴承相比具有较大优势,并成为发展趋势,国内研究达不到机床高转速、高刚度、低温升的要求,与国外研究与应用具有较大差距。在超高速精密机床主轴等设备中,除了油(气)润滑,水润滑在机床上也陆续开始应用,有望成为未来高速精密机床的主要润滑形式。

1.2.4　化工领域

随着旋转设备的大量应用,应用先进轴承技术成为化工领域节能减排的重要手段。以风机、压缩机用高速轴承为例,泵、风机、压缩机的动力来源中高速电机占 70%。同时，根据《全国轴承行业"十四五"发展规划》[9]，"十四五"期间轴承的产值将达到 244 亿～253 亿元，预计在 2025 年轴承制造行业市场规模将突破 2500 亿元。我国的百万吨乙烯、千万吨炼油、大型煤制油、西气东输等特大工程相继实施，给通用机械制造业提出了全新的挑战，同时也提供了巨大的发展空间。而作为大型机械设备必不可少的关键环节，与之配套的轴承也迎来了发展良机。按照每台大中型电动机配套一台大型机械设备，每台设备使用两套轴承推算，大型机械设备配套所需的滑动轴承的数量将不小于大中型电动机配套的滑动轴承的数量，市场规模同样相当可观。然而，关键支撑部件轴承依然依赖于进口，国内尚无生产能力，也缺乏生产的信心。目前，美国的 Waukesha 和 Kingsbury 公司基本垄断国内高速轴承市场。对于高速轴承的研究，国内的申科滑动轴承股份有限公司、湖南崇德科技股份有限公司刚刚开始，取得了一定的成果，陕西鼓风机(集团)有限公司、沈阳鼓风机(集团)有限公司、中国东方电气集团有限公司、东方电气集团东方汽轮机有限公司在高速轴承方面也先后开展了研究工作，但国内的高速滑动轴承技术总体上仍远远落后于实际应用需求。

1.2.5 电子信息领域

早在 1996 年，美国希捷(Seagate)公司就生产了世界上第一台液态轴承马达(fluid dynamic bearing motors, FDBM)，并随后推出了首款使用液态轴承马达的硬盘产品，液态硬盘驱动器逐渐成为市场主流。液态轴承马达技术过去一直被应用于精密机械工业，其技术核心是用黏膜液油轴承、以油膜代替滚珠。在液态轴承马达中，轴承功能被一个很薄的流体层所替代，它的厚度只有人发丝直径的 1/10。在液态轴承马达中，电机主轴通过整合在轴承上的一个更大区域来传递振动，从而大大增强振动的缓冲能力。此外，流体还提供一种机械阻力，从而减小振动扩大化，而这是滚珠电机普遍存在的问题。与传统的滚珠轴承硬盘相比，液态轴承硬盘的优势是显而易见的：①减噪降温，避免了滚珠与轴承金属面的直接摩擦，使硬盘噪声及其发热量被减至最低；②减振降噪，油膜可以有效地吸收振动，使硬盘的抗振能力得到提高；③减少磨损，提高硬盘的工作可靠性，延长使用寿命。流体薄膜将轴承和定子分开，这将在根本上减小或消除振动，从而达到静音运作。

1.2.6 风电领域

我国拥有丰富的风资源储量，达 1000GW，具有巨大的发展潜力。风电机组是开发风能资源的核心装备，截至 2021 年底，我国风电累计装机容量约 328GW，位居全球首位[10]。风电主轴轴承和齿轮箱轴承是风电机组中不可或缺的基础零部件，然而，我国的风电滚动轴承市场长期以来被瑞典 SKF、德国 FAG 和美国 TIMKEN 等外国企业垄断，导致成本高、可靠性低。其中，5MW 及以上大功率风电滚动轴承的国产化率不足 5%，且滚动轴承在齿轮箱中的成本占比高达 30%，并导致了 40%的机组故障[11]。相比之下，滑动轴承具有承载能力强、成本低、在全膜润滑状态下功率损失小、理论寿命无限等优点。据行业预测，在同功率等级下，滑动轴承齿轮箱的扭矩密度可提升 25%，成本可降低 15%[12]。滑动轴承结构简单，易于实现国产化制造，对于我国摆脱国外风电滚动轴承的"卡脖子"局面具有重大意义。国内外风电整机及齿轮箱企业均在布局风电滑动轴承技术，包括德国西门子、美国 GE、丹麦 Vestas、上海电气和浙江运达等主机厂，均已开展滑动轴承主轴系及齿轮箱样机的应用验证。与国外相比，我国在风电滑动轴承应用方面总体处于并跑状态，但仍面临滑动轴承依赖进口、风场应用规模较小、挂机运行验证时间较短等问题。未来，应结合风电场运行数据，持续实现风电滑动轴承关键技术的迭代更新，以推动其在我国风电行业中的广泛应用。

此外，滑动轴承还大量应用于其他众多领域，如气体轴承可用在空分系统、超导技术、空间低温制冷机等系统中的低温透平膨胀机，涡轮牙钻等医疗设备，晶片切割、晶片检测、晶片修复等半导体制造设备，原子反应堆用鼓风机及精密测量仪器试验测试设备等领域。

综上，在能源、制造、化工和电子信息等诸多领域中，滑动轴承都发挥着重要的作用，其设计、制造、运行的科学和技术对于上述主机设备的安全运行、可靠工作及性能提升都具有重要影响。因此，滑动轴承是能源、动力和生产制造等众多领域核心装备发展的核心基础零部件。

1.3　本书主要内容及章节安排

本书研究对象涵盖径向滑动轴承、推力滑动轴承、径向推力一体式滑动轴承等，润滑介质主要涉及润滑油与水两种。本书主要内容及章节安排具体如下所示。

第 1 章主要阐述了滑动轴承基础理论研究现状，并介绍了其主要应用领域。

第 2 章以滑动轴承动压润滑基础方程——雷诺(Reynolds)方程推导为基础，阐述滑动轴承动压润滑建模与主流求解技术，同时详细推导无限宽与无限短理论假设下的解析求解方法。通过案例分析，阐述无限宽与无限短简化理论的滑动轴承长径比与偏心率适用范围。

第 3 章在滑动轴承动压润滑建模和求解的基础上，引入学术界主流采用的粗糙表面统计接触模型，介绍滑动轴承等温混合润滑模型的建立和求解方法。结合著者科研成果，介绍滑动轴承混合润滑并行计算快速求解技术。最后，给出滑动轴承混合润滑典型分析案例。

第 4 章引入传热学，介绍滑动轴承热混合润滑模型的建立及快速求解技术。

第 5 章和第 6 章分别介绍滑动轴承中典型的耦合建模技术和求解方法，并给出相应的数值计算案例。其中，第 5 章介绍瞬态混合润滑-磨损耦合数值模型及求解技术，以著者团队提出的基于摩擦疲劳磨损机理的滑动轴承瞬态磨损预测模型为例，阐述滑动轴承混合润滑模型与磨损模型耦合的建模思路和细节。此外，第5 章还比较了当前学术界主流采用的各类滑动轴承混合润滑-磨损耦合模型的求解结果与适用性。第 6 章系统阐述滑动轴承混合润滑与动力学线性和非线性耦合建模技术及求解方法。线性摩擦动力学部分介绍常规的滑动轴承动态系数(动压膜刚度系数、阻尼系数)推导方法及稳定性分析基本方法。非线性摩擦动力学部分介绍混合润滑方程组与非线性动力学直接耦合迭代的数值求解技术，并给出多工况条件下非线性摩擦动力学求解的典型分析案例。此外，第 6 章还介绍了滑动轴承特别是水润滑轴承中频发的摩擦诱导振动和振动稳定性分析方法，特别介绍了著者团队基于模态耦合机理提出的水润滑轴承摩擦诱导振动模型。

第 7 章简要介绍常规推力滑动轴承雷诺方程推导方法，涵盖无限宽推力滑动轴承和有限宽推力滑动轴承两种。该章着重介绍近年来机械与运载工程领域颠覆性技术——"无轴轮缘推进器"核心基础部件"径向推力一体式轴承"的稳态和动态数值建模方法，并给出稳态与动态分析的典型案例。

第 8 章和第 9 章总结著者团队基于数值分析开展滑动轴承正向创新优化设计的研究实践。其中，第 8 章介绍通过微沟槽及微织构结构形式、分布优化提升滑动轴承润滑性能的典型案例，通过微沟槽优化及修形优化提升滑动轴承抗磨损性能的研究案例，以及通过非线性摩擦动力学机理模型优化板条式水润滑轴承板条结构的研究案例。第 9 章介绍径向推力一体式轴承的稳态及动态性能优化的研究案例。

本书聚焦滑动轴承动压润滑、混合润滑、磨损、动力学等方面，较为细致地阐述了滑动轴承界面力学、磨损及动力学的耦合建模和求解技术，旨在从数值分析的角度介绍如何开展滑动轴承正向创新优化设计，进而指导滑动轴承实际工程应用，给滑动轴承摩擦学研究领域的相关同行提供一定的参考。

参 考 文 献

[1] 王玉明. 高端轴承发展战略研究报告[M]. 北京: 清华大学出版社, 2016.

[2] 刘暾. 静压气体润滑[M]. 哈尔滨: 哈尔滨工业大学出版社, 1990.

[3] Bowden F P, Tabor D. The mechanism of sliding on metals. Part I. The relationship between hardness and sliding friction[J]. Proceedings of the Royal Society of London. Series A, Mathematical and Physical Sciences, 1950, 186(1002): 141-149.

[4] Kragelsky I V, Alisin V V. Friction, Wear, Lubrication: Tribology Handbook[M]. Amsterdam: Elsevier, 1982.

[5] Majcherczak D, Dufrenoy P, Berthier Y. Tribological, thermal and mechanical coupling aspects of

the dry sliding contact[J]. Tribology International, 2007, 40（5）: 834-843.

[6] Hamilton D B, Walowit J A, Allen C M. A theory of lubrication by microirregularities[J]. Journal of Basic Engineering, 1966, 88（1）: 177-185.

[7] 苗旭升, 李斌, 黄智勇. 发动机涡轮泵流体动静压轴承应用分析[J]. 火箭推进, 2004, 30（6）: 1-4.

[8] 武中德, 张宏, 梁广泰, 等. 三峡水轮发电机推力轴承[J]. 中国三峡建设, 2003, （9）: 7-8, 52.

[9] 中国轴承工业协会. 全国轴承行业"十四五"发展规划[EB/OL]. http://html.cbia.com.cn/www/Home/Infoforum/info_detail/code=ATH1624859276H83.html[2024-05-01].

[10] Global Wind Energy Council. Global wind report 2022[EB/OL]. https://gwec.net/global-wind-report-2022/[2022-01-10].

[11] 王妮妮, 马萍, 张宏立, 等. 基于多尺度深度卷积网络特征融合的滚动轴承故障诊断[J]. 太阳能学报, 2022, 43（4）: 351-358.

[12] 朱才朝, 周少华, 张亚宾, 等. 滑动轴承在风电齿轮箱中的应用现状与发展趋势[J]. 风能, 2021, （9）: 38-42.

第2章 滑动轴承动压润滑理论

在机械传动系统中，能量的传递与运动的变换是通过表面接触界面实现的。传动界面接触可以分为面接触、线接触和点接触。常见的面接触有滑动轴承、活塞与汽缸、球形铰接副和密封装置等；常见的线接触有直齿轮、斜齿轮等；常见的点接触有滚动轴承、滚珠丝杆、弧齿轮等。1881年，Hertz(赫兹)提出了赫兹接触理论并得到广泛应用。1886年，Reynolds(雷诺)基于Tower的径向轴承试验提出了动压润滑理论，该成果具有里程碑意义。雷诺方程至今仍是流体动压润滑理论的基础。对于某些面接触摩擦元件，如具有较小流体动压力(1~10MPa数量级或者更小)的流体动压润滑轴承，基于雷诺方程的分析结果与实验结果是非常一致的。本章主要阐述滑动轴承动压润滑控制方程(雷诺方程)的推导及算法等相关细节。

2.1 雷诺方程

黏滞流体的运动方程即纳维-斯托克斯方程(Navier-Stokes equation)，是研究流体润滑的基本方程，其运动方程[1]如下：

$$\begin{cases} \rho\dfrac{\mathrm{d}u}{\mathrm{d}t} = \rho F_x - \dfrac{\partial p}{\partial x} + \dfrac{\partial}{\partial x}\left[\eta\left(2\dfrac{\partial u}{\partial x} - \dfrac{2}{3}\Delta\right)\right] + \dfrac{\partial}{\partial y}\left[\eta\left(\dfrac{\partial u}{\partial y} + \dfrac{\partial v}{\partial x}\right)\right] + \dfrac{\partial}{\partial z}\left[\eta\left(\dfrac{\partial w}{\partial x} + \dfrac{\partial u}{\partial z}\right)\right] \\[2mm] \rho\dfrac{\mathrm{d}v}{\mathrm{d}t} = \rho F_y - \dfrac{\partial p}{\partial y} + \dfrac{\partial}{\partial y}\left[\eta\left(2\dfrac{\partial v}{\partial y} - \dfrac{2}{3}\Delta\right)\right] + \dfrac{\partial}{\partial z}\left[\eta\left(\dfrac{\partial v}{\partial z} + \dfrac{\partial w}{\partial y}\right)\right] + \dfrac{\partial}{\partial x}\left[\eta\left(\dfrac{\partial u}{\partial y} + \dfrac{\partial v}{\partial x}\right)\right] \\[2mm] \rho\dfrac{\mathrm{d}w}{\mathrm{d}t} = \rho F_z - \dfrac{\partial p}{\partial z} + \dfrac{\partial}{\partial z}\left[\eta\left(2\dfrac{\partial w}{\partial z} - \dfrac{2}{3}\Delta\right)\right] + \dfrac{\partial}{\partial x}\left[\eta\left(\dfrac{\partial w}{\partial x} + \dfrac{\partial u}{\partial z}\right)\right] + \dfrac{\partial}{\partial y}\left[\eta\left(\dfrac{\partial v}{\partial z} + \dfrac{\partial w}{\partial y}\right)\right] \end{cases} \tag{2.1}$$

式中，$\Delta = \dfrac{\partial u}{\partial x} + \dfrac{\partial v}{\partial y} + \dfrac{\partial w}{\partial z}$；$F_x$、$F_y$、$F_z$分别为质量力沿坐标轴$x$、$y$、$z$方向的分量；$u$、$v$、$w$分别为沿坐标轴$x$、$y$、$z$方向的速度；$\rho$、$\eta$分别为流体的密度和动力黏度；$t$为时间。

纳维-斯托克斯方程没有通解，通常要采用以下假设进行简化。

(1)润滑介质为牛顿流体，服从牛顿黏滞定律，$\tau_{xz} = \eta\dfrac{\partial u}{\partial z}$、$\tau_{yz} = \eta\dfrac{\partial v}{\partial z}$表示黏性剪切应力，故$\dfrac{\partial u}{\partial z}$、$\dfrac{\partial v}{\partial z}$可以看成剪切项，其余速度梯度作为惯性项，可以略去

不计，即 $\dfrac{\partial u}{\partial x}$、$\dfrac{\partial u}{\partial y}$、$\dfrac{\partial w}{\partial x}$、$\dfrac{\partial w}{\partial z}$、$\dfrac{\partial v}{\partial x}$、$\dfrac{\partial v}{\partial y}$ 均可略去不计。

(2)润滑剂的运动是层流，无涡流和紊流产生。

(3)略去体积力，如重力、电磁力的影响，即 $F_x=F_y=F_z=0$。

(4)润滑膜厚度 h 与摩擦表面轮廓尺寸相比很小，可以认为润滑膜的压力和黏度沿膜厚方向是不变的，即 $\dfrac{\partial p}{\partial z}=0$。

(5)通常情况下，滑动轴承中流体惯性力较其黏性剪切应力小得多，故可略去流体惯性力，即 $\dfrac{\mathrm{d}u}{\mathrm{d}t}=\dfrac{\mathrm{d}v}{\mathrm{d}t}=\dfrac{\mathrm{d}w}{\mathrm{d}t}=0$。

(6)流体膜和摩擦表面接触处没有滑移，即轴承界面上润滑剂速度与表面速度相等。

(7)摩擦表面的曲率半径比润滑膜厚度大得多，可将摩擦表面视为平面，即认为载荷是垂直分布的。

(8)润滑剂的密度、黏度随压力和温度的变化很小，可以认为它们在轴承运转的过程中是恒定不变的。

(9)假设轴承在工作时的状态为准静态，即密度等参数不随时间而改变。

倾斜面间的层流流动如图 2.1 所示，取润滑膜中六面体单元。

图 2.1 中，x、y、z 表示绝对空间坐标，u、v、w 分别表示流体膜沿 x、y、z 方向的移动速度，u_2、v_2、w_2 分别为上表面沿 x、y、z 方向的移动速度，u_1、v_1、w_1 分别为下表面沿 x、y、z 方向的移动速度。微元体的底面积为 $\mathrm{d}x\mathrm{d}y$（图 2.2），润滑膜厚度为 $\mathrm{d}z$。沿 x 坐标，左面的压强为 p，其正压力为 $p\mathrm{d}x\mathrm{d}y$；右面的压强为 $p+\dfrac{\partial p}{\partial x}\mathrm{d}x$，其总压力为 $\left(p+\dfrac{\partial p}{\partial x}\mathrm{d}x\right)\mathrm{d}y\mathrm{d}z$。微元体下表面的剪应力为 τ，其剪切

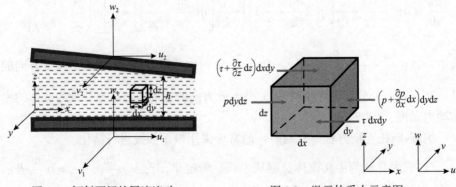

图 2.1　倾斜面间的层流流动　　　　图 2.2　微元体受力示意图

力为 $\tau \mathrm{d}x\mathrm{d}y$；上表面的剪应力为 $\tau + \dfrac{\partial \tau}{\partial z}\mathrm{d}z$，其总剪切力为 $\left(\tau + \dfrac{\partial \tau}{\partial z}\mathrm{d}z\right)\mathrm{d}x\mathrm{d}y$。而沿 z 方向的膜厚尺寸与 x、y 方向相比要小得多。由假设条件 (4) 可知，沿 z 方向的润滑膜压力梯度为 0，即 $\dfrac{\partial p}{\partial z} = 0$，同时有 $\dfrac{\partial \tau}{\partial x} = 0 = \dfrac{\partial \tau}{\partial y}$。

由微元体在 x 方向力的平衡，得

$$p\mathrm{d}y\mathrm{d}z + \left(\tau + \frac{\partial \tau}{\partial z}\mathrm{d}z\right)\mathrm{d}x\mathrm{d}y = \tau\mathrm{d}x\mathrm{d}y + \left(p + \frac{\partial p}{\partial x}\mathrm{d}x\right)\mathrm{d}y\mathrm{d}z \tag{2.2}$$

去括号后化简，得

$$\frac{\partial \tau}{\partial z} = \frac{\partial p}{\partial x} \tag{2.3}$$

为避免混淆，准确地表示出剪应力的作用面及作用方向，将式 (2.3) 改写为

$$\frac{\partial p}{\partial x} = \frac{\partial \tau_{xz}}{\partial z} \tag{2.4}$$

式中，τ 的下标 x 表示剪应力沿 x 方向，z 表示作用在垂直 z 轴的平面内。

在 y 方向上同理可得

$$\frac{\partial p}{\partial y} = \frac{\partial \tau_{yz}}{\partial z} \tag{2.5}$$

由牛顿黏性定律 $\tau_{xz} = \eta \dfrac{\partial u}{\partial z}$、$\tau_{yz} = \eta \dfrac{\partial v}{\partial z}$ 进一步可得

$$\begin{cases} \dfrac{\partial p}{\partial x} = \dfrac{\partial}{\partial z}\left(\eta \dfrac{\partial u}{\partial z}\right) \\[2mm] \dfrac{\partial p}{\partial y} = \dfrac{\partial}{\partial z}\left(\eta \dfrac{\partial v}{\partial z}\right) \\[2mm] \dfrac{\partial p}{\partial z} = 0 \end{cases} \tag{2.6}$$

其中，润滑膜的黏度 η 沿膜厚方向上取为常数，于是有

$$\begin{cases} \dfrac{\partial p}{\partial x} = \eta \dfrac{\partial^2 u}{\partial z^2} \\[2mm] \dfrac{\partial p}{\partial y} = \eta \dfrac{\partial^2 v}{\partial z^2} \end{cases} \tag{2.7}$$

由假设(4)可知，压力 p 在 z 方向为常数，对 $\dfrac{\partial^2 u}{\partial z^2} = \dfrac{1}{\eta}\dfrac{\partial p}{\partial x}$ 进行两次积分，可得图 2.1 所示楔形间隙的流体流速方程为

$$\frac{\partial u}{\partial z} = \frac{1}{\eta}\frac{\partial p}{\partial x}z + c_1, \quad u = \frac{1}{\eta}\frac{\partial p}{\partial x}\frac{z^2}{2} + c_1 z + c_2 \tag{2.8}$$

式中，c_1、c_2 为积分常数。

由层流假设可知，润滑膜上下表面的流速与物体摩擦表面的流速相等，当 $z = 0$ 时，$u = u_1$，当 $z = h$ 时，$u = u_2$。于是，可得润滑膜中任一点沿 x 方向的流速为

$$u = \frac{h}{2\eta}\frac{\partial p}{\partial x}(z^2 - zh) + \frac{u_2 z}{h} + u_1\frac{h-z}{h} \tag{2.9}$$

同理，润滑膜内任意一点沿 y 方向的流速为

$$v = \frac{h}{2\eta}\frac{\partial p}{\partial y}(z^2 - zh) + \frac{v_2 z}{h} + v_1\frac{h-z}{h} \tag{2.10}$$

设沿 x 方向和沿 y 方向单位时间内通过单位宽度的流量分别为 q_x 和 q_y，利用式(2.9)和式(2.10)，在膜厚方向(z)上积分，则有

$$\begin{cases} q_x = \displaystyle\int_0^h u\,\mathrm{d}z = -\frac{h^3}{12\eta}\frac{\partial p}{\partial x} + (u_1 + u_2)\frac{h}{2} \\[3mm] q_y = \displaystyle\int_0^h v\,\mathrm{d}z = -\frac{h^3}{12\eta}\frac{\partial p}{\partial y} + (v_1 + v_2)\frac{h}{2} \end{cases} \tag{2.11}$$

微小体积单元的连续性方程为

$$\frac{\partial(\rho u)}{\partial x} + \frac{\partial(\rho v)}{\partial y} + \frac{\partial(\rho w)}{\partial z} = 0 \tag{2.12}$$

由积分准则可得

$$\int_{h_1}^{h_2}\frac{\partial f(x,y,z)}{\partial x}\mathrm{d}z = \frac{\partial}{\partial x}\int_{h_1}^{h_2}f(x,y,z)\mathrm{d}z - f(x,y,z)\frac{\partial h_2}{\partial x} + f(x,y,z)\frac{\partial h_1}{\partial x} = 0 \tag{2.13}$$

对方程(2.12)沿 z 向积分并利用式(2.13)的积分准则得

$$\frac{\partial}{\partial x}\int_0^h \rho u\,\mathrm{d}z + \frac{\partial}{\partial y}\int_0^h \rho v\,\mathrm{d}z - (\rho u_2)\frac{\partial h}{\partial x} - (\rho v_2)\frac{\partial h}{\partial y} + (\rho w)_0^h = 0 \tag{2.14}$$

假定黏度 η 和压力 p 沿 z 方向为常数，将方程(2.10)代入方程(2.14)可得不可

压缩流体的雷诺方程为

$$\frac{\partial}{\partial x}\left(\frac{\rho h^3}{12\eta}\frac{\partial p}{\partial x}\right)+\frac{\partial}{\partial y}\left(\frac{\rho h^3}{12\eta}\frac{\partial p}{\partial y}\right)=\frac{u_1-u_2}{2}\frac{\partial(\rho h)}{\partial x}+\rho h\frac{\partial}{\partial x}\left(\frac{u_1+u_2}{2}\right)+\frac{v_1-v_2}{2}\frac{\partial(\rho h)}{\partial y}$$

$$+\rho h\frac{\partial}{\partial y}\left(\frac{v_1+v_2}{2}\right)+\rho(w_2-w_1) \qquad (2.15)$$

为计算方便,合并相关的未知数,应将全雷诺方程简化。

假设楔形间隙上下表面为刚体,表面的膨胀压缩为 0,使上下表面各点的速度相同,即 u_1、u_2、v_1、v_2 不是 x 和 y 的函数,可得

$$\frac{\partial}{\partial x}\left(\frac{\rho h^3}{12\eta}\frac{\partial p}{\partial x}\right)+\frac{\partial}{\partial y}\left(\frac{\rho h^3}{12\eta}\frac{\partial p}{\partial y}\right)=\frac{u_1-u_2}{2}\frac{\partial(\rho h)}{\partial x}+\frac{v_1-v_2}{2}\frac{\partial(\rho h)}{\partial y}+\rho(w_2-w_1) \quad (2.16)$$

对于滑动轴承,将其从 $\theta=0$ 处沿周向展开,如图 2.3 所示。

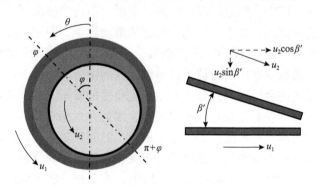

图 2.3 滑动轴承速度矢量示意图

值得注意的是,u_2 的速度方向并非水平方向,而是沿着斜面,因此 u_2 有水平方向与竖直方向两个分速度。由于倾角 β' 很小,可以认为 $u_2\cos\beta'\approx u_2$,对于竖直分量有

$$w_2-u_2\sin\beta'\approx w_2-u_2\tan\beta'=w_2+u_2\frac{\partial h}{\partial x} \qquad (2.17)$$

因此,将方程(2.17)代入方程(2.16)可得

$$\frac{\partial}{\partial x}\left(\frac{\rho h^3}{12\eta}\frac{\partial p}{\partial x}\right)+\frac{\partial}{\partial y}\left(\frac{\rho h^3}{12\eta}\frac{\partial p}{\partial y}\right)=\frac{u_1-u_2}{2}\frac{\partial(\rho h)}{\partial x}+\frac{v_1-v_2}{2}\frac{\partial(\rho h)}{\partial y}+\rho\left(w_2+u_2\frac{\partial h}{\partial x}-w_1\right)$$

$$=\frac{u_1+u_2}{2}\frac{\partial(\rho h)}{\partial x}+\frac{v_1-v_2}{2}\frac{\partial(\rho h)}{\partial y}+\rho(w_2-w_1) \qquad (2.18)$$

方程(2.18)是全工况下的滑动轴承雷诺方程，但一般工况下，$u_1 = 0$，$v_1 = v_2 = 0$，$w_1 = 0$，并且有

$$\frac{\partial h}{\partial t} \approx w_2 - w_1 \tag{2.19}$$

式中，$w_2 - w_1$ 代表油膜厚度方向的速度。因此，一般工况下的滑动轴承雷诺方程(2.18)可简化为

$$\frac{\partial}{\partial x}\left(\frac{\rho h^3}{12\eta}\frac{\partial p}{\partial x}\right) + \frac{\partial}{\partial y}\left(\frac{\rho h^3}{12\eta}\frac{\partial p}{\partial y}\right) = \frac{u_2}{2}\frac{\partial(\rho h)}{\partial x} + \frac{\partial(\rho h)}{\partial t} \tag{2.20}$$

2.1.1　复杂工况下的雷诺方程

1. 考虑倾斜轴向流和周向流交互作用下的雷诺方程

在滑动轴承应用中，轴颈的制造误差、变形、不均匀热膨胀等均会造成轴颈相对于轴承内孔的倾斜。处于动压润滑状态的滑动轴承，即使是轴颈的微量倾斜也会造成界面润滑性能(动压力、摩擦系数、局部温升等)的显著变化。此外，对于应用于舰船、潜艇等水中航行器推进系统的水润滑滑动轴承，由于受到螺旋桨重力等影响，轴往往会沿着轴线方向发生一定角度的倾斜。水润滑轴承完全浸没在海水中，轴承两端没有安装任何密封装置，因此在水润滑轴承内沿着轴向会形成与舰船前进方向相反的水流，如图 2.4 所示。此时，轴的周向转动速度与轴向水流速度均与流体的周向和轴向速度成一定夹角。鉴于水润滑轴承运行工况的复杂性(转子倾斜下，轴向流与周向流交互作用)，本节推导转子倾斜轴向流与周向流交互作用下的雷诺方程[2]。

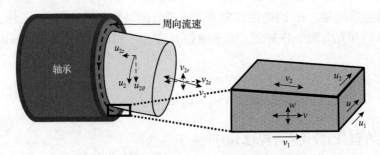

图 2.4　轴颈倾斜下周向流与轴向流示意图

引入考虑轴向倾斜的几何膜厚 h，其表达式为

$$h = C[1 + \varepsilon\cos(\theta - \varphi)] + \beta\left(z - \frac{L}{2}\right)\cos(\theta - \varphi) \tag{2.21}$$

式中，C 为半径间隙；ε 为偏心率；φ 为偏位角；β 为轴颈倾斜角；z 为轴承轴向坐标；L 为轴承长度。

对于轴与流体的周向旋转速度，将其在 $\theta = \varphi$ 处沿周向展开，并投影到与水平面成 φ 的倾斜面上，如图 2.4 所示。经分析可知，轴的周向旋转速度和流体周向旋转速度的夹角与 θ 呈余弦关系，即两者之间的夹角为 $\beta \cos\left(\dfrac{\pi}{2} + \theta - \varphi\right)$，因此可得

$$u_{2\theta} = u_2 \cos\left[\beta \cos\left(\frac{\pi}{2} + \theta - \varphi\right)\right] \tag{2.22}$$

$$u_{2z} = u_2 \sin\left[\beta \cos\left(\frac{\pi}{2} + \theta - \varphi\right)\right] \approx u_2 \beta \cos\left(\frac{\pi}{2} + \theta - \varphi\right) \tag{2.23}$$

由式 (2.21) 和式 (2.22) 以及图 2.4 可知，当 $\theta = \varphi$、$\theta = \pi + \varphi$ 和 $\theta = 2\pi + \varphi$ 时，$u_{2\theta} = u_2$；当 $\theta = \pi/2 + \varphi$ 时，$u_{2\theta} = u_2 \cos\beta$，$u_{2z} = -u_2 \sin\beta$；当 $\theta = 3\pi/2 + \varphi$ 时，$u_{2\theta} = u_2 \cos\beta$，$u_{2z} = u_2 \sin\beta$。

对于轴与流体的周向速度，将其在 $\theta = \varphi$ 处沿周向展开，如图 2.5 所示。

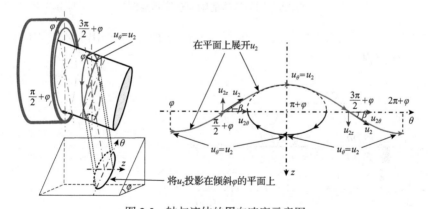

图 2.5 轴与流体的周向速度示意图

经分析可知，图 2.6 中轴向流体速度和流体周向运动速度的夹角与 θ 呈余弦关系，不同的是两者之间的夹角变为 $\beta \cos(\theta - \varphi)$，因此可得

$$v_{2z} = v_2 \cos\beta + u_2 \beta \cos\left(\frac{\pi}{2} + \theta - \varphi\right) \tag{2.24}$$

$$v_{2r} = v_2 \sin[\beta \cos(\theta - \varphi)] \approx v_2 \beta \cos(\theta - \varphi) \tag{2.25}$$

对膜厚方程进行求导可得

$$\frac{\partial h}{\partial z} = \frac{\partial}{\partial z}\left\{ C[1 + \varepsilon\cos(\theta - \varphi)] + \beta\left(z - \frac{L}{2}\right)\cos(\theta - \varphi) + \psi Z + \delta \right\} = \beta\cos(\theta - \varphi) \quad (2.26)$$

式中，δ 为弹性变形。将式(2.25)代入式(2.26)得

$$v_{2r} \approx v_2\beta\cos(\theta - \varphi) = v_2\frac{\partial h}{\partial z} \quad (2.27)$$

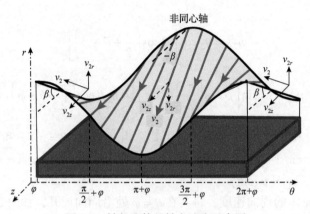

图 2.6　　轴与流体的轴向速度示意图

将式(2.20)、式(2.22)和式(2.25)代入方程(2.18)，可得出引入轴颈倾斜和轴向流的雷诺方程为

$$\frac{\partial}{R_B\partial\theta}\left(\frac{\rho h^3}{12\eta}\frac{\partial p}{R_B\partial\theta}\right) + \frac{\partial}{\partial z}\left(\frac{\rho h^3}{12\eta}\frac{\partial p}{\partial z}\right)$$

$$= \frac{u_1 + u_2}{2}\frac{\partial(\rho h)}{R_B\partial\theta} + \frac{v_1 - v_2}{2}\frac{\partial(\rho h)}{\partial z} + \rho(w_2 - w_1)$$

$$= \frac{1}{2}\left\{u_1 + u_2\cos\left[\beta\cos\left(\frac{\pi}{2} + \theta - \varphi\right)\right]\right\}\frac{\partial(\rho h)}{R_B\partial\theta}$$

$$+ \frac{1}{2}\left[v_1 - v_2\cos\beta - u_2\beta\cos\left(\frac{\pi}{2} + \theta - \varphi\right)\right]\frac{\partial\rho h}{\partial z} + \rho\left(w_2 + v_2\frac{\partial h}{\partial z} - w_1\right)$$

$$= \frac{1}{2}\left\{u_1 + u_2\cos\left[\beta\cos\left(\frac{\pi}{2} + \theta - \varphi\right)\right]\right\}\frac{\partial(\rho h)}{R_B\partial\theta}$$

$$+ \frac{1}{2}\left[v_1 + v_2(2 - \cos\beta) - u_2\beta\cos\left(\frac{\pi}{2} + \theta - \varphi\right)\right]\frac{\partial(\rho h)}{\partial z} + \rho(w_2 - w_1) \quad (2.28)$$

式中，R_B 为轴颈半径。

2. 考虑三维黏度分布的雷诺方程

当滑动轴承处于高速或者重载等工况时，动压润滑膜会产生黏性剪切热，从而升高润滑膜乃至轴瓦的温度，进而影响润滑剂黏度。为了精确表征黏性剪切热对雷诺方程及动压的影响，Dowson[3]提出了著名的考虑润滑膜三维黏度分布的广义雷诺方程，下面展示广义雷诺方程的推导过程。

如前所述，推导广义雷诺方程时同样需要引入假设。第一个假设是，与润滑油膜的厚度相比，油膜黏附固体的曲率半径较大。雷诺和后来的研究人员都采用了忽略油膜曲率影响这一假设。因此，几何示意和坐标系如图 2.7 所示，将油膜沿着圆周展开，用平面 $z=0$ 代表其中一个表面。另一个边界将与 $z=0$ 平面分开至距离 h，该距离可以是 x、y 和 t 的函数。1 和 2 分别表示 $z=0$ 和 $z=h$ 的表面。

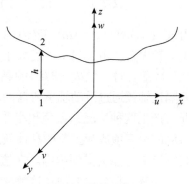

图 2.7　推导坐标系

第二个假设是，与黏性和压力项相比，运动方程中的惯性和体积力项较小。这一假设意味着流体内部压力和黏性力之间的平衡，对于流体薄膜轴承中遇到的大多数情况是合理的。

根据这一假设，可将方程(2.1)中的第一个方程简化为以下形式：

$$\frac{\partial p}{\partial x} = \frac{2}{3}\frac{\partial}{\partial x}\left[\eta\left(\frac{\partial u}{\partial x} - \frac{\partial v}{\partial y}\right)\right] + \frac{2}{3}\frac{\partial}{\partial x}\left[\eta\left(\frac{\partial u}{\partial x} - \frac{\partial w}{\partial z}\right)\right] + \frac{\partial}{\partial y}\left[\eta\left(\frac{\partial v}{\partial x} + \frac{\partial u}{\partial y}\right)\right] + \frac{\partial}{\partial z}\left[\eta\left(\frac{\partial u}{\partial z} + \frac{\partial w}{\partial x}\right)\right]$$

$$(2.29)$$

类似的表达式也适用于 y 和 z 分量。通过定义以下无量纲项，可以研究运动方程中黏性项的大小。

$$\bar{x} = \frac{x}{X}, \quad \bar{y} = \frac{y}{Y}, \quad \bar{z} = \frac{z}{Z}, \quad \bar{u} = \frac{u}{U}, \quad \bar{v} = \frac{v}{V}, \quad \bar{w} = \frac{w}{W}$$

$$\bar{\rho} = \frac{\rho}{\rho_0}, \quad \bar{\eta} = \frac{\eta}{\eta_0}, \quad \bar{p} = \frac{p}{p_0}, \quad \bar{t} = \frac{t}{T}$$

式中，U、X、ρ_0 等基本值的选择是为了使 $\bar{u}$、$\bar{x}$、$\bar{\rho}$ 等项小于或等于 1。根据这些无量纲定义，可将方程(2.29)改写为如下无量纲形式：

$$\frac{X\rho_0}{\eta_0 U}\frac{\partial \bar{p}}{\partial \bar{x}} = \frac{4}{3}\frac{\partial}{\partial \bar{x}}\left(\bar{\eta}\frac{\partial \bar{u}}{\partial \bar{x}}\right) + \left(\frac{X}{Y}\right)^2\frac{\partial}{\partial \bar{y}}\left(\bar{\eta}\frac{\partial \bar{u}}{\partial \bar{y}}\right) + \left(\frac{X}{h}\right)^2\frac{\partial}{\partial \bar{z}}\left(\bar{\eta}\frac{\partial \bar{u}}{\partial \bar{z}}\right)$$

$$+ \frac{X}{Y}\frac{V}{U}\left[\frac{\partial}{\partial \bar{y}}\left(\bar{\eta}\frac{\partial \bar{v}}{\partial \bar{x}}\right) - \frac{2}{3}\frac{\partial}{\partial \bar{x}}\left(\bar{\eta}\frac{\partial \bar{v}}{\partial \bar{y}}\right)\right] + \frac{X}{h}\frac{W}{U}\left[\frac{\partial}{\partial \bar{z}}\left(\bar{\eta}\frac{\partial \bar{w}}{\partial \bar{x}}\right) - \frac{2}{3}\frac{\partial}{\partial \bar{x}}\left(\bar{\eta}\frac{\partial \bar{w}}{\partial \bar{z}}\right)\right] \quad (2.30)$$

　　通常情况下，X 和 Y 的大小相近，并且比 h 大几个数量级。此外，通常情况下对滑动轴承而言 U 大于 V，因此 $(X/h)^2$ 将远大于 $(X/Y)^2$、$(X/Y)(V/U)$ 和单位 1。其余黏性项的数量级为 $(X/h)(W/U)$，其相对重要性可以由无量纲连续性方程的形式判断出来，其表达式为

$$\frac{X}{UT}\frac{\partial \overline{\rho}}{\partial t} + \frac{\partial(\overline{\rho u})}{\partial x} + \left(\frac{X}{Y}\right)\left(\frac{V}{U}\right)\frac{\partial(\overline{\rho v})}{\partial y} + \left(\frac{X}{h}\right)\left(\frac{W}{U}\right)\frac{\partial(\overline{\rho w})}{\partial z} = 0 \qquad (2.31)$$

由式 (2.31) 可见，$(X/h)(W/U)$ 的最大数量级不会超过 1 或 $X/(UT)$ 和 $(X/Y)(V/U)$ 中的较大者。由于 $(X/h)^2$ 远大于 1 和 $(X/Y)(V/U)$，很明显只有当 $X/(UT)$ 相对于 $(X/h)^2$ 重要时，$(X/h)(W/U)$ 的黏性项才是重要的。当定义密度变化率的基本时间间隔比轴颈通过滑动轴承所需的时间间隔 X/U 小几个数量级时，就会出现这种情况。产生这种情况的振荡频率非常高，通常情况下可忽略不计。因此，式 (2.30) 右侧的第三项成为主要的黏性效应。若 Y 和 h 的大小相近，即轴向很短，则这一观察结果可能会受到影响。在这种情况下，就必须保留式 (2.30) 第二个黏性项，或许还有方括号内的项。这解释了在只考虑第三个黏性项时，在短轴承力分析中出现的一些反常现象。

　　由于只保留了第三项，分析仅限于宽度与薄膜厚度相当的轴承，并忽略异常高频振动，在此阶段涉及的基本假设是，鉴于润滑剂膜的几何形状，与所有其他速度梯度相比，速度梯度 $\partial u/\partial z$ 和 $\partial v/\partial z$ 较大。因此，黏度乘积的微分和这些关于 z 的一阶导数决定了黏性项。方程 (2.1) 第二个运动方程也可以采用类似的方式简化，简化后的方程为

$$\frac{\partial p}{\partial x} = \frac{\partial}{\partial z}\left(\eta \frac{\partial u}{\partial z}\right) \qquad (2.32)$$

$$\frac{\partial p}{\partial y} = \frac{\partial}{\partial z}\left(\eta \frac{\partial v}{\partial z}\right) \qquad (2.33)$$

　　类似的数量级分析表明，在此阶段必须在方程 (2.1) 的第三个运动方程中保留更多的黏性项。方程变为

$$\frac{\partial p}{\partial z} = \frac{2}{3}\frac{\partial}{\partial z}\left[\eta\left(\frac{\partial w}{\partial z} - \frac{\partial u}{\partial x}\right)\right] + \frac{2}{3}\frac{\partial}{\partial z}\left[\eta\left(\frac{\partial w}{\partial z} - \frac{\partial u}{\partial y}\right)\right] + \frac{\partial}{\partial y}\left[\eta\left(\frac{\partial v}{\partial z}\right)\right] + \frac{\partial}{\partial z}\left[\eta\left(\frac{\partial u}{\partial z}\right)\right] \qquad (2.34)$$

　　通过比较式 (2.32)～式 (2.34) 右侧的项，可以看出跨膜压力梯度仅为沿膜压力梯度数量级的 h/L（L 为润滑膜沿着流速方向的长度）。由于 $h \ll L$，跨润滑油膜的压力变化非常小。对式 (2.33) 进行积分，可以得到以下关于 p 的方程：

$$p = \alpha(x,y,z) + A(x,y) \tag{2.35}$$

其中，

$$\alpha = \frac{2}{3}\eta\left[\left(\frac{\partial w}{\partial z} - \frac{\partial u}{\partial x}\right) + \left(\frac{\partial w}{\partial z} - \frac{\partial v}{\partial y}\right)\right] + \int\left[\frac{\partial}{\partial y}\left(\eta\frac{\partial v}{\partial z}\right) + \frac{\partial}{\partial x}\left(\eta\frac{\partial u}{\partial z}\right)\right]\mathrm{d}z \tag{2.36}$$

对 z 再次积分并考虑范围 $z = 0$ 到 $z = h$，可以得出

$$A(x,y) = \frac{1}{h}\int_0^h p\mathrm{d}z - \frac{1}{h}\int_0^h \alpha(x,y,z)\mathrm{d}z = \overline{p} - \overline{\alpha} \tag{2.37}$$

式中，上划线"–"表示整个薄膜的函数平均值。因此，p 的表达式为

$$p = \overline{p} + \alpha(x,y,z) - \overline{\alpha}(x,y) \tag{2.38}$$

关于 x 对式(2.38)求微分，并代入式(2.30)，可得到

$$\frac{\partial \overline{p}}{\partial x} = \frac{\partial}{\partial z}\left(\eta\frac{\partial u}{\partial z}\right) - \frac{\partial}{\partial x}(\alpha - \overline{\alpha}) \tag{2.39}$$

当引入 α 和 $\overline{\alpha}$ 的完整表达式时，可以看到式(2.39)右侧的第二项仅是第一项的 $(h/L)^2$。因此，可以得出

$$\frac{\partial \overline{p}}{\partial x} = \frac{\partial}{\partial z}\left(\eta\frac{\partial u}{\partial z}\right) \tag{2.40}$$

$$\frac{\partial \overline{p}}{\partial y} = \frac{\partial}{\partial z}\left(\eta\frac{\partial v}{\partial z}\right) \tag{2.41}$$

其中，油膜上的平均压力 $\overline{p}$ 取代了 p。$\overline{p}$ 和 p 之间的关系由式(2.38)表示。

现在可以通过积分式(2.40)和式(2.41)求出薄膜的速度分量 u 和 v 的梯度为

$$\frac{\partial u}{\partial z} = \frac{z}{\eta}\frac{\partial \overline{p}}{\partial x} + \frac{B(x,y)}{\eta} \tag{2.42}$$

$$\frac{\partial v}{\partial z} = \frac{z}{\eta}\frac{\partial \overline{p}}{\partial y} + \frac{C(x,y)}{\eta} \tag{2.43}$$

再次积分并引入边界条件后，可以得到以下速度分量表达式：

$$z = 0, \quad u = U_1, \quad v = V_1 \tag{2.44}$$

$$z = h, \quad u = U_2, \quad v = V_2 \tag{2.45}$$

$$u = U_1 + \frac{\partial \overline{p}}{\partial x} \int_0^z \frac{z}{\eta} \mathrm{d}z + \left(\frac{U_2 - U_1}{F_0} - \overline{z} \frac{\partial \overline{p}}{\partial x} \right) \int_0^z \frac{\mathrm{d}z}{\eta} \tag{2.46}$$

$$v = V_1 + \frac{\partial \overline{p}}{\partial y} \int_0^z \frac{z}{\eta} \mathrm{d}z + \left(\frac{V_2 - V_1}{F_0} - \overline{z} \frac{\partial \overline{p}}{\partial y} \right) \int_0^z \frac{\mathrm{d}z}{\eta} \tag{2.47}$$

令

$$F_0 = \int_0^h \frac{\mathrm{d}z}{\eta}, \quad F_1 = \int_0^h \frac{z \mathrm{d}z}{\eta} = \overline{z} F_0 \tag{2.48}$$

上述边界条件中引用的速度通常为固体的表面速度，这意味着润滑剂和固体之间在共同边界上没有滑移。

对连续性方程关于 z 在 0 和 h 之间积分，得到

$$\int_0^h \frac{\partial \rho}{\partial t} \mathrm{d}z + \int_0^h \frac{\partial(\rho u)}{\partial x} \mathrm{d}z + \int_0^h \frac{\partial(\rho v)}{\partial y} \mathrm{d}z + [\rho w]_0^h = 0 \tag{2.49}$$

方程(2.49)可以根据式(2.50)展开：

$$\int_{h_1}^{h_2} \frac{\partial}{\partial x} f(x, y, z) \mathrm{d}z = \frac{\partial}{\partial x} \int_{h_1}^{h_2} f(x, y, z) \mathrm{d}z - f(x, y, h_2) \frac{\partial h_2}{\partial x} + f(x, y, h_1) \frac{\partial h_1}{\partial x} \tag{2.50}$$

由此可得

$$\int_0^h \frac{\partial \rho}{\partial t} \mathrm{d}z + \frac{\partial}{\partial x} \int_0^h (\rho u) \mathrm{d}z + \frac{\partial}{\partial y} \int_0^h (\rho v) \mathrm{d}z - (\rho U_2) \frac{\partial h}{\partial x} - (\rho V_2) \frac{\partial h}{\partial y} + [\rho w]_0^h = 0 \tag{2.51}$$

对 ρu 和 ρv 的积分进行分式计算，可得

$$\int_0^h \frac{\partial \rho}{\partial t} \mathrm{d}z + h \left[\frac{\partial(\rho U_2)}{\partial x} + \frac{\partial(\rho V_2)}{\partial y} \right] - \frac{\partial}{\partial x} \int_0^h \left(\rho z \frac{\partial u}{\partial z} + zu \frac{\partial p}{\partial z} \right) \mathrm{d}z$$
$$- \frac{\partial}{\partial y} \int_0^h \left(\rho z \frac{\partial v}{\partial z} + zv \frac{\partial p}{\partial z} \right) \mathrm{d}z + [\rho w]_0^h = 0 \tag{2.52}$$

u 和 v 及其导数的表达式可以由式(2.46)和式(2.47)得到，从而式(2.52)变为

$$\frac{\partial}{\partial x}\left[(F_2 + G_1)\frac{\partial p}{\partial x}\right] + \frac{\partial}{\partial y}\left[(F_2 + G_1)\frac{\partial p}{\partial y}\right]$$

$$= h\left[\frac{\partial(\rho U_2)}{\partial x} + \frac{\partial(\rho V_2)}{\partial y}\right] - \frac{\partial}{\partial x}\left[\frac{(U_2 - U_1)(F_3 + G_2)}{F_0} + U_1 G_3\right] \tag{2.53}$$

$$- \frac{\partial}{\partial y}\left[\frac{(V_2 - V_1)(F_3 + G_2)}{F_0} + V_1 G_3\right] + \int_0^h \frac{\partial \rho}{\partial t}\mathrm{d}z + (\rho w)_2 - (\rho w)_1$$

其中，

$$F_0 = \int_0^h \frac{\mathrm{d}z}{\eta}, \quad F_2 = \int_0^h \frac{\rho z}{\eta}(z - \bar{z})\mathrm{d}z, \quad F_3 = \int_0^h \frac{\rho z}{\eta}\mathrm{d}z$$

$$G_1 = \int_0^h\left[z\frac{\partial \rho}{\partial z}\left(\int_0^z \frac{z}{\eta}\mathrm{d}z - \bar{z}\int_0^z \frac{\mathrm{d}z}{\eta}\right)\right]\mathrm{d}z, \quad G_2 = \int_0^h\left(z\frac{\partial \rho}{\partial z}\int_0^z \frac{\mathrm{d}z}{\eta}\right)\mathrm{d}z, \quad G_3 = \int_0^h z\frac{\partial \rho}{\partial z}\mathrm{d}z$$

方程(2.51)为液膜润滑基本方程式的推广形式，它允许流体特性(黏度和密度)可沿薄膜厚度方向发生变化。需要注意的是，它是用两组函数 F 和 G 来表示的。所有的 G 函数都含有 $\partial\rho/\partial z$，并且在绝大多数润滑条件下，流体膜上的密度是合理的、恒定的，因此可以忽略不计。然而，为了公式的一般性，在式(2.53)中密度沿着膜厚的梯度仍然被保留。在计算积分之前，必须先得知 ρ、η 和 z 之间的函数关系。当 ρ 和 η 随 z 的变化可以忽略不计时，对积分进行求解，从而得到众所周知的雷诺方程形式。在其他情况下(如热弹流)，必须进行积分的数值计算，以得到更为准确的数值模拟结果。

2.1.2　承载力方程

图 2.8 为滑动轴承结构简图和动压分布示意图。假定滑动轴承衬套静止，轴颈在恒定负载 W 下从转速 0 开始旋转，达到稳定的转速 ω。轴颈中心 O' 经历短暂调整后将在轴套内以恒定的偏心率 $\varepsilon = e/c$ 到达稳定位置。当达到平衡状态时，载荷 W 与中心线 OO' 之间的夹角称为偏位角 φ，如图 2.8 所示。若 y 轴与加载方向相反，则在 φ 稳定的平衡条件下，负载 x 方向的分量 W_x 应为零，$W = W_y$。在全膜润滑条件下，外部负载由流体压力 p 平衡，于是有

$$W_x = -R\int_{-0.5L}^{0.5L}\int_0^{2\pi} p\sin\theta\,\mathrm{d}\theta\mathrm{d}z = 0 \tag{2.54}$$

$$W_y = R\int_{-0.5L}^{0.5L}\int_0^{2\pi} p\cos\theta\,\mathrm{d}\theta\mathrm{d}z = W \tag{2.55}$$

式中，θ 为从 y 轴逆时针方向开始计算的周向位置角。

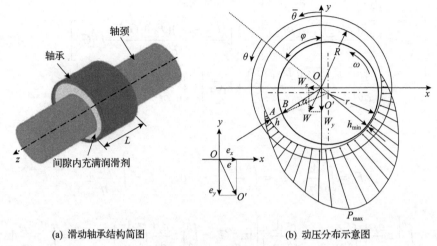

(a) 滑动轴承结构简图　　　　　　　　　(b) 动压分布示意图

图 2.8　滑动轴承结构简图和动压分布示意图

2.1.3　膜厚方程

滑动轴承膜厚 h 可以表示为 θ 的函数。当不考虑轴衬及轴颈变形时，由图 2.8 可以得到

$$h = OA - OB = R - OB = r + c - OB \tag{2.56}$$

将正弦定律应用于 $\triangle O'BO$，可得到如下关系式：

$$\frac{O'B}{\sin(\angle O'OB)} = \frac{e}{\sin\alpha} = \frac{OB}{\sin(\angle OO'B)} \tag{2.57}$$

定义 $\theta = \bar{\theta} - \varphi$，可以得到

$$\frac{r}{\sin\theta} = \frac{e}{\sin\alpha} = \frac{OB}{\sin(\angle OO'B)} \tag{2.58}$$

由于 $\sin\alpha = \dfrac{e}{r}\sin\theta$，$\alpha = \arcsin\left(\dfrac{e}{r}\sin\theta\right)$，$\angle OO'B = \theta - \alpha$，$OB$ 可以用如下公式计算：

$$OB = \frac{r}{\sin\theta}\sin\left[\theta - \arcsin\left(\frac{e}{r}\sin\theta\right)\right] = r\sqrt{1 - \left(\frac{e}{r}\right)^2\sin^2\theta} - e\cos\theta \tag{2.59}$$

其中，$(e/r)^2$ 与 $(c/r)^2$ 在同一数量级，或小于 $(c/r)^2$，但 $c/R = \varepsilon$ 通常非常小，

在 0.001 或更小的数量级。因此，按 10^{-6} 的数量级忽略 $(e/r)^2$，可以得到滑动轴承几何膜厚如下：

$$h = r + c - r + e\cos\theta = c(1 + \varepsilon\cos\theta) = c\left[1 + \varepsilon\cos\left(\overline{\theta} - \varphi\right)\right] \tag{2.60}$$

2.2　简化雷诺方程

2.2.1　无限宽轴承理论

若轴承长径比 $L/D \gg 1$，在滑动轴承内，大部分区域润滑膜主要沿着周向流动，因此流体压力也主要沿着周向变化。在此情形下，可将雷诺方程(2.20)近似[4]为

$$\frac{\partial}{\partial x}\left(\frac{\rho h^3}{12\eta}\frac{\partial p}{\partial x}\right) = \frac{u_2}{2}\frac{\partial(\rho h)}{\partial x} + \frac{\partial(\rho h)}{\partial t} \tag{2.61}$$

在稳态下移除挤压项，并积分式(2.61)，可以得到如下简化表达式：

$$\frac{\mathrm{d}p}{\mathrm{d}x} = 6\eta u_2 \frac{h - h_n}{h^3} \tag{2.62}$$

式中，h_n 是一个积分常数，当 $\partial p/\partial\theta = 0$ 时，$h = h_n$。

当轴承足够长时，即 $L/D \gg 1$，可近似为 z 方向无泄漏的无限宽轴承。忽略润滑膜的曲率，使润滑膜展开成一个平面，可以认为轴颈面以 $u_2 = \omega R$（R 为轴颈半径）的速度运动。用周向角度 θ 代替 x 坐标，可以将简化雷诺方程重写如下：

$$\frac{\mathrm{d}p}{\mathrm{d}\theta} = 6\eta\omega R^2 \frac{h - h_n}{h^3} \tag{2.63}$$

将几何膜厚方程 $h = c(1 + \varepsilon\cos\theta)$ 代入式(2.63)，并对 θ 进行积分，可得到

$$p = \frac{6\eta\omega R^2}{c^2}\left[\int\frac{\mathrm{d}\theta}{(1 + \varepsilon\cos\theta)^2} - \frac{h_n}{c}\int\frac{\mathrm{d}\theta}{(1 + \varepsilon\cos\theta)^3}\right] + C_1 \tag{2.64}$$

式中，C_1 是一个有待确定的积分常数。为了计算式(2.64)中的积分，引入如下替换：

$$\cos\gamma = \frac{\varepsilon + \cos\theta}{1 + \varepsilon\cos\theta} \tag{2.65}$$

由此得到

$$1 + \varepsilon \cos \theta = \frac{1 - \varepsilon^2}{1 - \varepsilon \cos \gamma}, \quad \cos \theta = \frac{\cos \gamma - \varepsilon}{1 - \varepsilon \cos \gamma} \tag{2.66}$$

由于 $\sin^2 \theta + \cos^2 \theta = 1$，可以得到

$$\sin \theta = \frac{(1 - \varepsilon^2)^{0.5} \sin \gamma}{1 - \varepsilon \cos \gamma} \tag{2.67}$$

因此，有

$$\mathrm{d}\theta = \frac{(1 - \varepsilon^2)^{0.5} \mathrm{d}\gamma}{1 - \varepsilon \cos \gamma} \tag{2.68}$$

式(2.64)中的积分可由式(2.69)和式(2.70)计算：

$$\int \frac{\mathrm{d}\theta}{(1 + \varepsilon \cos \theta)^2} = \frac{1}{(1 - \varepsilon^2)^{1.5}} (\gamma - \varepsilon \sin \gamma) \tag{2.69}$$

$$\int \frac{\mathrm{d}\theta}{(1 + \varepsilon \cos \theta)^3} = \frac{1}{(1 - \varepsilon^2)^{2.5}} \left(\gamma - 2\varepsilon \sin \gamma + \frac{\varepsilon^2 \gamma}{2} + \frac{\varepsilon^2}{4} \sin 2\gamma \right) \tag{2.70}$$

可以得出

$$p(\gamma) = \frac{6\eta\omega R^2}{c^2} \left[\frac{\gamma - \varepsilon \sin \gamma}{(1 - \varepsilon^2)^{1.5}} - \frac{h_n}{c(1 - \varepsilon^2)^{2.5}} \left(\gamma - 2\varepsilon \sin \gamma + \frac{\varepsilon^2 \gamma}{2} + \frac{\varepsilon^2}{4} \sin 2\gamma \right) \right] + C_1 \tag{2.71}$$

为了确定常数项 h_n 和 C_1，采用索末菲(Sommerfeld)周期边界条件，即当 $\theta = 0$、$\theta = 2\pi$ 时，$p(0) = p(2\pi) = p_a$（p_a 为外部压力），于是可以得到 $\gamma = \theta$。因此，有

$$C_1 = p_a, \quad h_n = \frac{2c(1 - \varepsilon^2)}{2 + \varepsilon^2} \tag{2.72}$$

最终，压力分布的解可以写成关于 θ 和 ε 的函数：

$$p(\theta) = p_a + \frac{6\eta\omega R^2}{c^2} \frac{\varepsilon(2 + \varepsilon \cos \theta) \sin \theta}{(2 + \varepsilon^2)(1 + \varepsilon \cos \theta)^2} \tag{2.73}$$

这就是 Sommerfeld 完全解析解。当 $p_a \neq 0$ 时，表示具有外部供压作用下的解析解。

由式(2.73)可以看出，压力分布关于 $\theta = \pi$ 和 $p = p_a$ 中心对称，如图2.9所示。需要注意的是，粗实线从 $p_a = 0$（没有外部压力）开始，当 $0 < \theta < \pi$ 时，压力 $p > 0$，

而当液膜形状变得发散时，即 $\pi < \theta < 2\pi$ ，则压力 $p<0$。显然，Sommerfeld 解析解并没有反映工程中润滑剂不能承受负压的实际情况。此外，在正压范围内对式(2.73)进行积分，可以得到承载力。经过一系列数学变换，其表达式如下：

$$\begin{cases} W\sin\varphi = \dfrac{12\pi\eta\omega RL(R/c)^2\varepsilon}{(2+\varepsilon^2)(1-\varepsilon^2)^{0.5}} \\ W\cos\varphi = 0 \end{cases} \tag{2.74}$$

因为 $W\neq 0$，所以 $\cos\varphi = 0$。这意味着当 $\varphi = \pi/2$ 时，轴颈中心 O' 的轨迹是垂直于加载方向的直线。这在实际工况中是不成立的，不成立的原因是积分式(2.73)包含了不现实的负压。

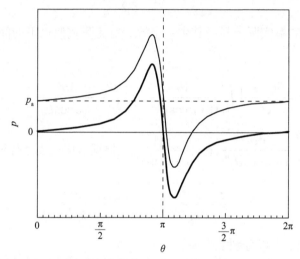

图 2.9　包含发散间隙负压作用的 Sommerfeld 完全解析解

定义轴承单位投影面积上的平均载荷为 P(通常也称为比压)，即 $P = W/(LD)$ ， D 为轴承直径，重新整理式(2.74)得到

$$S = \frac{\eta N}{P\psi^2} = \frac{(2+\varepsilon^2)(1-\varepsilon^2)^{0.5}}{12\pi^2\varepsilon} \tag{2.75}$$

式中，N 为单位时间内的旋转次数；S 是一个无量纲参数，称为 Sommerfeld 数或轴承数，通常用于滑动轴承设计；$\psi=c/R$。对于 Sommerfeld 完全解析解，可以看到 S 仅与偏心率 ε 有关。

如果负压区域用压力为 0 代替，解的正压部分 $p\geqslant 0$ ，仍然在 $\theta \in [0,\pi]$ 范围内，称为半 Sommerfeld 解。然而，该解析解违反了压力曲线末端质量流动的连续性，因此由它得到的承载力普遍偏低。

为了得到更真实的解，使用以下雷诺边界条件：

$$\begin{cases} \theta = 0, & p = 0 \\ \theta = \theta_1, & p = 0 \\ \theta = \theta_1, & \dfrac{\partial p}{\partial \theta} = 0 \end{cases} \tag{2.76}$$

其中，$\theta = 0$ 是润滑膜动压起始点，$\theta = \theta_1$ 是润滑膜破裂点。由于雷诺方程是二阶微分方程，它一般不能同时满足两个以上的边界条件。但是，可将式(2.76)中的后两个条件表示为更一般的形式：

$$\theta = \theta_1, \quad p = \frac{\partial p}{\partial \theta} = 0 \tag{2.77}$$

由式(2.73)得到的解实际上只是其中一个解。对无限宽假设下的简化雷诺方程进行积分得到

$$p = \frac{6\eta\omega R^2}{c^2} \left[\int_{\theta_1}^{\theta} \frac{\mathrm{d}\theta}{(1+\varepsilon\cos\theta)^2} + C_1 \int_{\theta_1}^{\theta} \frac{\mathrm{d}\theta}{(1+\varepsilon\cos\theta)^3} \right] + C_2 \tag{2.78}$$

定义 $I_n = \int_{\theta_1}^{\theta} \dfrac{\mathrm{d}\theta}{(1+\varepsilon\cos\theta)^n}$，$g = \dfrac{1}{1+\varepsilon\cos\theta_1}$，根据雷诺边界条件得到 C_1 和 C_2 为

$$C_1 = \frac{I_2 + kg^2}{I_3 + kg^3}, \quad C_2 = k\frac{g^2 I_3 - g^3 I_2}{I_3 + kg^3} \tag{2.79}$$

因此，p 和 $\partial p / \partial \theta$ 可以分别表示为

$$p = \frac{6\eta\omega R^2}{c^2} \left[\int_{\theta_1}^{\theta} \frac{\mathrm{d}\theta}{(1+\varepsilon\cos\theta_1)^2} - \frac{I_2 + kg^2}{I_3 + kg^3} \int_{\theta_1}^{\theta} \frac{\mathrm{d}\theta}{(1+\varepsilon\cos\theta)^3} \right] + k\frac{g^2 I_3 - g^3 I_2}{I_3 + kg^3} \tag{2.80}$$

$$\frac{\partial p}{\partial \theta} = \frac{6\eta\omega R^2}{c^2} \left[\frac{1}{(1+\varepsilon\cos\theta)^2} - \frac{I_2 + kg^2}{I_3 + kg^3} \frac{1}{(1+\varepsilon\cos\theta)^3} \right] \tag{2.81}$$

由于 $\varepsilon < 0, I_n > 0, g > 0$，分母永远不会为 0，由边界条件 $\theta = \theta_1$，$p = 0$ 可以得出

$$k(g^2 I_3 - g^3 I_2) = 0 \quad \text{或} \quad kg^2(I_3 - gI_2) = 0 \tag{2.82}$$

由另一个边界条件 $\theta = \theta_1$，$\partial p / \partial \theta = 0$ 可以得到

$$g(I_2 - kg^2) = I_3 + kg^3 \quad \text{或} \quad I_3 - gI_2 = 0 \tag{2.83}$$

为了使 $p = 0$，需令 $k = 0$ 或

$$\int_{\theta_1}^{\theta} \frac{\mathrm{d}\theta}{(1+\varepsilon\cos\theta)^2} = (1+\varepsilon\cos\theta_1)\int_{\theta_1}^{\theta} \frac{\mathrm{d}\theta}{(1+\varepsilon\cos\theta)^3} \tag{2.84}$$

显然，如果式 (2.84) 成立，对于任意的 k 包括 $k=0$ 都能满足 $p=0$ 和 $\partial p/\partial\theta=0$。引入 Sommerfeld 替换（如式 (2.65)），可以将压力分布写成如下形式：

$$p = \frac{6\eta\omega R^2}{c^2}\frac{1}{(1-\varepsilon^2)^{1.5}}\left\{\gamma - \varepsilon\sin\gamma - \frac{(2+\varepsilon^2)\gamma - 4\varepsilon\sin\gamma + \varepsilon^2\sin\gamma\cos\gamma}{2[1+\varepsilon\cos(\gamma_1-\pi)]}\right\} \tag{2.85}$$

其中，γ 是式 (2.65) 中的参数，γ_1 相当于 θ_1，计算如下：

$$\varepsilon[\sin(\gamma_1-\pi)\cos(\gamma_1-\pi) - \gamma_1] + 2[\gamma_1\cos(\gamma_1-\pi) - \sin(\gamma_1-\pi)] = 0 \tag{2.86}$$

需要注意的是，式 (2.86) 是当 $\gamma=\gamma_1$ 时令 $p=0$ 由式 (2.85) 推导而来的。由式 (2.86) 计算出 γ_1 后，就可以利用式 (2.85) 计算出没有负压区域满足雷诺边界条件的压力分布。图 2.10 给出了一个由式 (2.85) 和式 (2.86) 得到的 $\varepsilon=0.90$ 时接近实际的典型解。假设 $\beta=\gamma_1-\pi$，可以得到以下公式来计算承载力和偏位角。

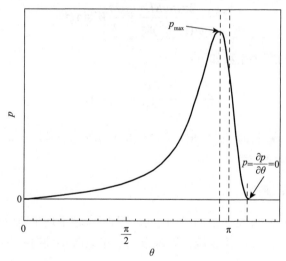

图 2.10　基于雷诺边界的无限宽轴承解析解

沿着水平和竖直方向的承载力分量为

$$W\sin\varphi = \int_0^{\theta} LRp\sin\theta\mathrm{d}\theta = \frac{6\eta\omega RL}{\psi^2}\frac{(\pi+\beta)\cos\beta - \sin\beta}{(1-\varepsilon^2)^{1/2}(1+\varepsilon\cos\beta)} \tag{2.87}$$

$$W\cos\varphi = \int_0^{\theta_1} LRp\cos\theta\mathrm{d}\theta = -\frac{3\eta\omega RL}{\psi^2}\frac{\varepsilon(1+\cos\beta)^2}{(1-\varepsilon^2)(1+\varepsilon\cos\beta)} \tag{2.88}$$

承载力为

$$W = \sqrt{(W\sin\varphi)^2 + (W\cos\varphi)^2}$$

$$= \frac{3\eta\omega RL}{\psi^2(1-\varepsilon^2)^{1/2}(1+\varepsilon\cos\beta)}\left\{\frac{\varepsilon^2(1+\cos\beta^2)^4}{1-\varepsilon^2} + 4\left[(\pi+\beta)\cos\beta - \sin\beta\right]^2\right\}^{1/2} \tag{2.89}$$

偏位角为

$$\varphi = \arctan\left\{-\frac{2(1-\varepsilon^2)^{1/2}\left[\sin\beta - (\pi+\beta)\cos\beta\right]}{\varepsilon(1+\cos\beta)^2}\right\} \tag{2.90}$$

轴承和轴颈表面的剪切应力可由式(2.91)计算：

$$\tau = \eta\frac{\partial u}{\partial z} = \frac{\omega R\eta}{h} \pm \frac{h}{2R}\frac{\partial p}{\partial\theta} \tag{2.91}$$

式中，"+"代表轴颈表面；"−"代表轴承表面。对式(2.91)在$[0,\theta_1]$进行积分，摩擦力可以计算为

$$F = \frac{2\pi\eta\omega RL}{\psi(1-\varepsilon^2)^{1/2}} \pm \frac{\psi\varepsilon}{2}W\sin\varphi \tag{2.92}$$

因此，轴颈表面的摩擦系数如下：

$$\frac{f}{\psi} = \frac{2\pi^2 S}{(1-\varepsilon^2)^{1/2}} + \frac{\varepsilon}{2}\sin\varphi \tag{2.93}$$

当滑动轴承足够长时，式(2.85)～式(2.93)为滑动轴承设计实践提供了一个简单且经过了实验验证的解决方案。

2.2.2　无限短轴承理论

对于长度超过其直径 2 倍的滑动轴承，无限宽轴承理论能够对轴承特性给出合理的估计。然而，在高速领域，短轴承由于可以减小轴向载荷分布不均匀和减少摩擦损失而被广泛使用。

Ocvirk[5]提出的短轴承理论主要适用于足够短的轴承，如 $L/D \leqslant 0.25$。它提供了一个令人满意的解，并已广泛应用于工程设计的第一近似解。一般情况下，当 L/D 较小时，可以将轴承近似为一个无限短的轴承，其中 $\partial p/\partial z$ 引起的横向流动占主导地位，$\partial p/\partial x$ 则相对较小。因此，忽略 x 方向(周向)的压力流，雷诺方程可以简写[5]为

$$\frac{\partial}{\partial z}\left(h^3\frac{\partial p}{\partial z}\right) = 6\eta\omega R\frac{\partial h}{\partial x} \tag{2.94}$$

通常假设轴颈中心轴线与轴承平行，所以液膜厚度仅是 x 的函数，在 z 方向其厚度则是恒定的。因此，对式 (2.94) 中的变量 z 进行两次积分可得

$$p(\theta,z) = \frac{3\eta\omega}{c^2}\left(\frac{L^2}{4} - z^2\right)\frac{\varepsilon\sin\theta}{(1+\varepsilon\cos\theta)^3} \tag{2.95}$$

显然，这个解给出了压力在 z 方向上的抛物线分布，并且是关于点 $\theta=\pi, z=0$ 的中心对称。类似于无限宽轴承的 Sommerfeld 完全解，该解也包括区域 $\theta\in[\pi,2\pi]$ 的负压部分。同时，它自动满足 Sommerfeld 边界条件，即在 $\theta=0, \theta=2\pi$ 时 $p=0$。如果简单地将负压区域用 0 代替，并仅用正压区域 $\theta\in[0,\pi]$ 来评估轴承的承载力，可以得到如下结果：

$$\begin{cases} W_x = -2\int_0^\pi\int_0^{L/2} pR\cos\theta\,\mathrm{d}\theta\mathrm{d}z = -\frac{\eta\omega RL^3}{2c^2}\int_0^\pi\frac{\varepsilon\sin\theta\cos\theta}{(1+\varepsilon\cos\theta)^3}\,\mathrm{d}\theta \\ W_y = 2\int_0^\pi\int_0^{L/2} pR\sin\theta\,\mathrm{d}\theta\mathrm{d}z = -\frac{\eta\omega RL^3}{2c^2}\int_0^\pi\frac{\varepsilon\sin^2\theta}{(1+\varepsilon\cos\theta)^3}\,\mathrm{d}\theta \end{cases} \tag{2.96}$$

用式 (2.65) 替换计算积分，可得出

$$\begin{cases} W_x = \frac{\eta\omega RL^3}{c^2}\frac{\varepsilon^2}{\left(1-\varepsilon^2\right)^2} \\ W_y = \frac{\eta\omega RL^3}{4c^2}\frac{\pi\varepsilon}{\left(1-\varepsilon^2\right)^{3/2}} \end{cases} \tag{2.97}$$

因此，轴承总的承载力为

$$W = \frac{\eta\omega RL^3}{4c^2}\frac{\varepsilon}{\left(1-\varepsilon^2\right)^2}\left[\pi^2\left(1-\varepsilon^2\right)+16\varepsilon^2\right]^{1/2} \tag{2.98}$$

即

$$\frac{\eta N}{P}\left(\frac{L}{c}\right)^2 = S\left(\frac{L}{D}\right)^2 = \frac{\left(1-\varepsilon^2\right)^2}{\pi\varepsilon\left[\pi^2\left(1-\varepsilon^2\right)+16\varepsilon^2\right]^{1/2}} \tag{2.99}$$

偏位角公式如下：

$$\varphi = \arctan\left(\frac{W_y}{W_x}\right) = \arctan\left[\frac{\pi\left(1-\varepsilon^2\right)^{1/2}}{4\varepsilon}\right] \tag{2.100}$$

由于 $\partial p / \partial x\ (\partial p / \partial \theta)$ 可以忽略不计，剪切应力可以简写如下：

$$\tau = \frac{\eta \omega R}{h} \tag{2.101}$$

因此，轴颈和轴承表面的摩擦力为

$$F = \int_{-L/2}^{L/2} \int_{0}^{2\pi} \tau R \mathrm{d}\theta \mathrm{d}z = \int_{0}^{2\pi} \frac{\eta w R^2 L}{c(1 + \varepsilon \cos\theta)} \mathrm{d}\theta \tag{2.102}$$

即

$$F = \frac{\eta \omega R^2 L}{c} \frac{2\pi}{\left(1 - \varepsilon^2\right)^{1/2}}$$

摩擦系数则为

$$\mu = \frac{f}{\psi} = \frac{F}{W} \tag{2.103}$$

根据 z 方向的速度分量表达式，z 方向的流量可计算为

$$q_z = -\frac{h^3}{12\eta} \frac{\partial p}{\partial z} \tag{2.104}$$

因此，轴承两端 $(z = \pm L/2)$ 的润滑油泄漏量可由式 (2.105) 计算：

$$Q_z = 2 \int_{0}^{\pi} \frac{R h^3}{12\eta} \frac{\mathrm{d}p}{\mathrm{d}z}\bigg|_{z = \pm L/2} \mathrm{d}\theta = \varepsilon \omega c R L \tag{2.105}$$

当轴承足够短时，特别是偏心率很小时，式 (2.96) ~ 式 (2.105) 为工程实践提供了一种有用的近似性能评估方法。然而，当轴承较长，$L/D \geqslant 1.0$ 时，误差可能变得不可接受。此外，误差随着偏心率的增大而增大，这将在本书后面的章节中进行分析。

2.3　雷诺方程数值解法

2.3.1　有限差分法

求解雷诺方程的方法有很多，有限差分法是最常用的一种方法，基本求解步骤为：①将所求的方程量纲归一化，目的是减少自变量和因变量的数量，同时用量纲归一化的解具有通性；②将求解域划分成等距或者不等距的网格，网格的划分根据精度要求确定；③将方程写为线性形式。

1. 先展开后离散

图 2.11 为雷诺方程求解域。对雷诺方程的左侧泊肃叶流项进行先展开后离散的过程[2,6]如下：

$$\frac{\partial}{\partial x}\left(\frac{\rho h^3}{\eta}\frac{\partial p}{\partial x}\right)+\frac{\partial}{\partial y}\left(\frac{\rho h^3}{\eta}\frac{\partial p}{\partial y}\right)$$

$$=\frac{\partial}{\partial x}\left(\frac{\rho h^3}{\eta}\right)\frac{\partial p}{\partial x}+\frac{\rho h^3}{\eta}\frac{\partial^2 p}{\partial x^2}+\frac{\partial}{\partial y}\left(\frac{\rho h^3}{\eta}\right)\frac{\partial p}{\partial y}+\frac{\rho h^3}{\eta}\frac{\partial^2 p}{\partial y^2}$$

$$=\frac{1}{2\Delta x}\left[\left(\frac{\rho h^3}{\eta}\right)_{i+1,j}-\left(\frac{\rho h^3}{\eta}\right)_{i-1,j}\right]\frac{p_{i+1,j}-p_{i-1,j}}{2\Delta x}+\left(\frac{\rho h^3}{\eta}\right)_{i,j}\frac{p_{i+1,j}-2p_{i,j}+p_{i-1,j}}{(\Delta x)^2}$$

$$+\frac{1}{2\Delta y}\left[\left(\frac{\rho h^3}{\eta}\right)_{i,j+1}-\left(\frac{\rho h^3}{\eta}\right)_{i,j-1}\right]\frac{p_{i,j+1}-p_{i,j-1}}{2\Delta y}+\left(\frac{\rho h^3}{\eta}\right)_{i,j}\frac{p_{i,j+1}-2p_{i,j}+p_{i,j-1}}{(\Delta y)^2}$$

$$=6U\frac{(\rho h)_{i+1,j}-(\rho h)_{i-1,j}}{2\Delta x} \tag{2.106}$$

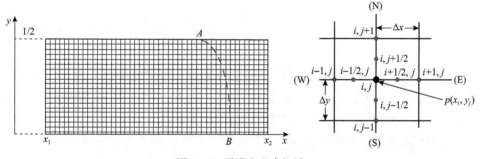

图 2.11　雷诺方程求解域

令 $H_{i,j}=\left(\dfrac{\rho h^3}{\eta}\right)_{i,j}$，可将式(2.106)整理为

$$\frac{H_{i+1,j}-H_{i-1,j}}{4(\Delta x)^2}\left(p_{i+1,j}-p_{i-1,j}\right)+H_{i,j}\frac{p_{i+1,j}-2p_{i,j}+p_{i-1,j}}{(\Delta x)^2}$$

$$+\frac{H_{i,j+1}-H_{i,j-1}}{4(\Delta y)^2}\left(p_{i,j+1}-p_{i,j-1}\right)+H_{i,j}\frac{p_{i,j+1}-2p_{i,j}+p_{i,j-1}}{(\Delta y)^2}$$

$$=6U\frac{(\rho h)_{i+1,j}-(\rho h)_{i-1,j}}{2\Delta x} \tag{2.107}$$

式中，$p_{i,j}$ 的系数为 $-2H_{i,j}\left(\dfrac{1}{(\Delta x)^2}+\dfrac{1}{(\Delta y)^2}\right)$。所求节点 p 的压力可表示为

$$p_{i,j}=\frac{A_{i,j}p_{i+1,j}+B_{i,j}p_{i-1,j}+C_{i,j}p_{i,j+1}+D_{i,j}p_{i,j-1}-F_{i,j}}{E_{i,j}} \tag{2.108}$$

其中，

$$A_{i,j}=\frac{H_{i+1,j}-H_{i-1,j}}{4(\Delta x)^2}+\frac{H_{i,j}}{(\Delta x)^2},\quad B_{i,j}=-\frac{H_{i+1,j}-H_{i-1,j}}{4(\Delta x)^2}+\frac{H_{i,j}}{(\Delta x)^2}$$

$$C_{i,j}=\frac{H_{i,j+1}-H_{i,j-1}}{4(\Delta y)^2}+\frac{H_{i,j}}{(\Delta y)^2},\quad D_{i,j}=-\frac{H_{i,j+1}-H_{i,j-1}}{4(\Delta y)^2}+\frac{H_{i,j}}{(\Delta y)^2} \tag{2.109}$$

$$E_{i,j}=2H_{i,j}\left(\frac{1}{(\Delta x)^2}+\frac{1}{(\Delta y)^2}\right),\quad F_{i,j}=6U\frac{(\rho h)_{i+1,j}-(\rho h)_{i-1,j}}{2(\Delta x)}$$

2. 直接离散

无量纲雷诺方程形式如下：

$$\frac{\partial}{\partial \bar{x}}\left(\bar{h}^3\frac{\partial \bar{p}}{\partial \bar{x}}\right)+\left(\frac{D}{L}\right)^2\frac{\partial}{\partial \bar{y}}\left(\bar{h}\frac{\partial \bar{p}}{\partial \bar{y}}\right)=6\pi\frac{\partial \bar{h}}{\partial \bar{x}} \tag{2.110}$$

式中，上划线 "–" 代表无量纲化；D 为滑动轴承直径；L 为滑动轴承长度；$\bar{x}=x/D$；$\bar{y}=y/D$；$\bar{h}=h/(2c)$；$\bar{p}=p(c/R)^2/(\eta N)$，其中，$c$ 为轴承半径间隙，R 为轴承半径，η 为润滑剂黏度，N 为旋转速度（单位为 r/s）。

采用有限差分法直接离散为

$$\frac{\partial}{\partial \bar{x}}\left(\bar{h}^3\frac{\partial \bar{p}}{\partial \bar{x}}\right)=\frac{\bar{h}_{i+1/2,j}^3\dfrac{\bar{p}_{i+1,j}-\bar{p}_{i,j}}{\Delta \bar{x}}-\bar{h}_{i-1/2,j}^3\dfrac{\bar{p}_{i,j}-\bar{p}_{i-1,j}}{\Delta \bar{x}}}{\Delta \bar{x}} \tag{2.111}$$

$$\frac{\partial}{\partial \bar{y}}\left(\bar{h}^3\frac{\partial \bar{p}}{\partial \bar{y}}\right)=\frac{\bar{h}_{i,j+1/2}^3\dfrac{\bar{p}_{i,j+1}-\bar{p}_{i,j}}{\Delta \bar{y}}-\bar{h}_{i,j-1/2}^3\dfrac{\bar{p}_{i,j}-\bar{p}_{i,j-1}}{\Delta \bar{y}}}{\Delta \bar{y}} \tag{2.112}$$

式中，$\Delta \bar{x}$ 为 x 方向的无量纲网格宽度；$\Delta \bar{y}$ 为 y 方向的无量纲网格宽度。

$$\frac{\partial \bar{h}}{\partial \bar{x}}=\frac{\bar{h}_{i+1/2,j}-\bar{h}_{i-1/2,j}}{\Delta \bar{x}} \tag{2.113}$$

将式 (2.111)～式 (2.113) 代入雷诺方程 (2.110) 得到

$$
\frac{\partial}{\partial \bar{x}}\left(\bar{h}^3 \frac{\partial \bar{p}}{\partial \bar{x}}\right) = \frac{\bar{h}_{i+1/2,j}^3 \dfrac{\bar{p}_{i+1,j} - \bar{p}_{i,j}}{\Delta \bar{x}} - \bar{h}_{i-1/2,j}^3 \dfrac{\bar{p}_{i,j} - \bar{p}_{i-1,j}}{\Delta \bar{x}}}{\Delta \bar{x}}
$$

$$
+\left(\frac{D}{L}\right)^2 \frac{\bar{h}_{i,j+1/2}^3 \dfrac{\bar{p}_{i,j+1} - \bar{p}_{i,j}}{\Delta \bar{y}} - \bar{h}_{i,j-1/2}^3 \dfrac{\bar{p}_{i,j} - \bar{p}_{i,j-1}}{\Delta \bar{y}}}{\Delta \bar{y}}
$$

$$
= 6\pi \frac{\bar{h}_{i+1/2,j} - \bar{h}_{i-1/2,j}}{\Delta \bar{x}} \tag{2.114}
$$

节点压力 $p_{i,j}$ 可表示为

$$
\bar{p}_{i,j} = a_0 + a_1 \bar{p}_{i+1,j} + a_2 \bar{p}_{i-1,j} + a_3 \bar{p}_{i,j+1} + a_4 \bar{p}_{i,j-1}, \quad i = 1,2,\cdots,m; j = 1,2,\cdots,n \tag{2.115}
$$

其中，

$$
a_0 = \frac{-6\pi \dfrac{\bar{h}_{i+1/2,j} - \bar{h}_{i-1/2,j}}{\Delta \bar{x}}}{\dfrac{\bar{h}_{i+1/2,j}^3 + \bar{h}_{i-1/2,j}^3}{(\Delta \bar{x})^2} + \left(\dfrac{D}{L}\right)^2 \dfrac{\bar{h}_{i,j+1/2}^3 + \bar{h}_{i,j-1/2}^3}{(\Delta \bar{y})^2}}
$$

$$
a_1 = \frac{\dfrac{\bar{h}_{i+1/2,j}^3}{(\Delta \bar{x})^2}}{\dfrac{\bar{h}_{i+1/2,j}^3 + \bar{h}_{i-1/2,j}^3}{(\Delta \bar{x})^2} + \left(\dfrac{D}{L}\right)^2 \dfrac{\bar{h}_{i,j+1/2}^3 + \bar{h}_{i,j-1/2}^3}{(\Delta \bar{y})^2}}
$$

$$
a_2 = \frac{\dfrac{\bar{h}_{i-1/2,j}^3}{(\Delta \bar{x})^2}}{\dfrac{\bar{h}_{i+1/2,j}^3 + \bar{h}_{i-1/2,j}^3}{(\Delta \bar{x})^2} + \left(\dfrac{D}{L}\right)^2 \dfrac{\bar{h}_{i,j+1/2}^3 + \bar{h}_{i,j-1/2}^3}{(\Delta \bar{y})^2}}
$$

$$
a_3 = \frac{\left(\dfrac{D}{L}\right)^2 \dfrac{\bar{h}_{i,j+1/2}^3}{(\Delta \bar{y})^2}}{\dfrac{\bar{h}_{i+1/2,j}^3 + \bar{h}_{i-1/2,j}^3}{(\Delta \bar{x})^2} + \left(\dfrac{D}{L}\right)^2 \dfrac{\bar{h}_{i,j+1/2}^3 + \bar{h}_{i,j-1/2}^3}{(\Delta \bar{y})^2}}
$$

$$
a_4 = \frac{\left(\dfrac{D}{L}\right)^2 \dfrac{\bar{h}_{i,j-1/2}^3}{(\Delta \bar{y})^2}}{\dfrac{\bar{h}_{i+1/2,j}^3 + \bar{h}_{i-1/2,j}^3}{(\Delta \bar{x})^2} + \left(\dfrac{D}{L}\right)^2 \dfrac{\bar{h}_{i,j+1/2}^3 + \bar{h}_{i,j-1/2}^3}{(\Delta \bar{y})^2}}
$$

3. 待定系数离散

采用待定系数可将一般形式的雷诺方程表示为

$$A\frac{\partial^2 p}{\partial x^2} + B\frac{\partial^2 p}{\partial y^2} + C\frac{\partial p}{\partial x} + D\frac{\partial p}{\partial y} = E \tag{2.116}$$

其中，A、B、C、D 和 E 为给定的函数。

根据有限差分法，可将方程(2.115)离散为如下格式：

$$p_{i,j} = -\frac{E(\Delta x)^2 (\Delta y)^2}{2A(\Delta y)^2 + 2B(\Delta x)^2} + \frac{B(\Delta x)^2 + \dfrac{D}{2}(\Delta x)^2 \Delta y}{2A(\Delta y)^2 + 2B(\Delta y)^2} p_{i,j+1} + \frac{B(\Delta x)^2 - \dfrac{D}{2}(\Delta x)^2 \Delta y}{2A(\Delta y)^2 + 2B(\Delta x)^2} p_{i,j-1}$$
$$+ \frac{B(\Delta y)^2 + \dfrac{C}{2}(\Delta y)^2 \Delta x}{2A(\Delta y)^2 + 2B(\Delta x)^2} p_{i+1,j} + \frac{A(\Delta y)^2 - \dfrac{C}{2}(\Delta y)^2 \Delta x}{2A(\Delta y)^2 + 2B(\Delta x)^2} p_{i-1,j}$$

$$\tag{2.117}$$

令

$$A_c = \frac{1}{K}\left(\frac{B}{(\Delta y)^2} + \frac{D}{2\Delta y}\right), \quad B_c = \frac{1}{K}\left(\frac{B}{(\Delta y)^2} - \frac{D}{2\Delta y}\right), \quad C_c = \frac{1}{K}\left(\frac{A}{(\Delta x)^2} + \frac{C}{2\Delta x}\right)$$

$$D_c = \frac{1}{K}\left(\frac{A}{(\Delta x)^2} - \frac{C}{2\Delta x}\right), \quad E_c = -\frac{E}{K}, \quad K = 2\left(\frac{A}{(\Delta x)^2} + \frac{B}{(\Delta y)^2}\right)$$

因此，对雷诺方程(2.116)而言，按照上述方法离散后可得到相应系数为

$$A = \left[\frac{1 + \varepsilon \cos(2x)}{2}\right]^3, \quad B = \left(\frac{D}{L}\right)^2 \left[\frac{1 + \varepsilon \cos(2x)}{2}\right]^3$$
$$C = -\frac{3}{8}\varepsilon\left[1 + \varepsilon \cos(2x)\right]^2 \sin(2x), \quad D = 0 \tag{2.118}$$
$$E = -6\pi\varepsilon \sin(2x)$$

2.3.2　有限体积法

图 2.12 为滑动轴承有限体积法节点示意图。

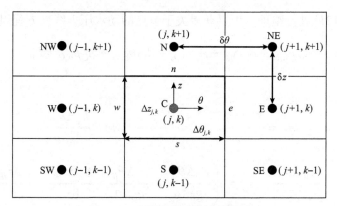

图 2.12 有限体积法节点示意图

为了求解液膜动压力，假设中心体积的流入流量等于流出流量，即流量守恒，对雷诺方程进行积分，可获得基于有限体积法的液膜间隙离散表达式[7]为

$$\left[\left(\frac{1}{R_B^2}\frac{\rho h^3}{12\eta}\frac{\partial p_h}{\partial \theta}\right)_e - \left(\frac{1}{R_B^2}\frac{\rho h^3}{12\eta}\frac{\partial p_h}{\partial \theta}\right)_w\right]\Delta\theta_{j,k} + \left[\left(\frac{\rho h^3}{12\eta}\frac{\partial p_h}{\partial z}\right)_n - \left(\frac{\rho h^3}{12\eta}\frac{\partial p_h}{\partial z}\right)_s\right]\Delta z_{j,k}$$

$$=\frac{\omega}{2}\left[(\rho h)_e - (\rho h)_w\right]\Delta\theta_{j,k} + \frac{\partial\rho h}{\partial t}\Delta\theta_{j,k}\Delta z_{j,k} \tag{2.119}$$

式中，$\Delta\theta_{j,k}$ 和 $\Delta z_{j,k}$ 分别表示节点 (j,k) 的控制体积在周向和轴向上的网格尺寸。以东(E)方向为例，通过界面节点系数 K 对式(2.119)进行简化，可以得到

$$\begin{cases} K_e = 2(1/K_E + 1/K_C) \\ K_w = 2(1/K_W + 1/K_C) \\ K_n = 2(1/K_N + 1/K_C) \\ K_s = 2(1/K_S + 1/K_C) \end{cases} \tag{2.120}$$

其中，

$$K_C = \left(\frac{\rho h^3}{12\eta}\right)_C, \quad K_E = \left(\frac{\rho h^3}{12\eta}\right)_E, \quad K_W = \left(\frac{\rho h^3}{12\eta}\right)_W, \quad K_N = \left(\frac{\rho h^3}{12\eta}\right)_N, \quad K_S = \left(\frac{\rho h^3}{12\eta}\right)_S$$

式(2.119)的线性方程可通过中心差分法获得，如下所示：

$$\frac{1}{R_B^2}\left(K_w\frac{p_{h,W} - p_{h,C}}{\delta\theta} - K_e\frac{p_{h,C} - p_{h,E}}{\delta\theta}\right)\Delta\theta_{j,k}$$

$$+ \left(K_n\frac{p_{h,N} - p_{h,C}}{\delta z} - K_s\frac{p_{h,C} - p_{h,S}}{\delta z}\right)\Delta z_{j,k} = B_P \tag{2.121}$$

对式(2.121)进行整理，可以获得关于节点的动水压力线性方程组为

$$A_N p_{h,N} + A_S p_{h,S} + A_E p_{h,E} + A_W p_{h,W} + A_C p_{h,C} = B_P \qquad (2.122)$$

其中，

$$A_N = \frac{K_n \Delta z_{jk}}{\delta z}, \quad A_S = \frac{K_s \Delta z_{jk}}{\delta z}, \quad A_E = \frac{K_e \Delta \theta_{jk}}{R_B^2 \delta \theta}$$

$$A_W = \frac{K_w \Delta \theta_{jk}}{R_B^2 \delta \theta}, \quad A_C = -\left(\frac{K_e \Delta \theta_{jk}}{R_B^2 \delta \theta} + \frac{K_w \Delta \theta_{jk}}{R_B^2 \delta \theta} + \frac{K_n \Delta z_{jk}}{\delta z} + \frac{K_s \Delta z_{jk}}{\delta z} \right)$$

再通过逐次超松弛方法对其进行迭代计算，迭代方程如下：

$$p_{h,C}^{(new)} = (1-\lambda) p_{h,C}^{(old)} + \lambda \overline{p}_{h,C}^{(new)} \qquad (2.123)$$

式中，λ 为超松弛因子；new 和 old 分别代表当前迭代步与上一迭代步的值。

$$\overline{p}_{h,C}^{(new)} = \left(B_{h,P}^{(old)} - A_N^{(old)} p_{h,N}^{(old)} - A_S^{(old)} p_{h,S}^{(old)} - A_W^{(old)} p_{h,W}^{(old)} - A_E^{(old)} p_{h,E}^{(old)} \right) \bigg/ A_C^{(old)}$$

2.3.3　多重网格法

1. 多重网格法简介

利用有限差分法或有限元法等数值方法求解各种偏微分方程时，总是首先将求解区域划分为网格，然后将偏微分方程离散，导出一组线性或非线性的代数方程组，再直接或迭代解出该方程组。在上述过程中，选择合适的网格是比较困难的，使用稀疏的网格得到的解误差太大，而且对非线性问题常常得不到收敛的解；使用稠密的网格则会导致代数方程组过大，计算时间过长，从而对计算机硬件的运行速度要求较高。使用多重网格法[8-10]可以有效克服上述困难。该方法对硬件的要求较低且在获得相同精度时其运算速度较快，缺点是不易掌握。

多重网格法是为利用迭代法高效求解大型代数方程组而发展的一种方法。在用迭代方法解代数方程组时，近似解与精确解之间的偏差可以分解为多种频率的偏差分量，其中高频分量在稠密的网格上可以很快地消除，而低频分量只有在稀疏的网格上才能很快地消除。多重网格法的基本思想是，对于同一问题，轮流在稠密网格和稀疏网格上进行迭代，从而使高频偏差分量和低频偏差分量都能很快地消除，以最大限度地减少数值运算的工作量。该算法的基本原理如下。

对于非线性方程：

$$LP = f, \quad P \in \Omega$$

在 M 层上的离散形式为

$$L^M P^M = f^M, \quad P^M \in \Omega^M \tag{2.124}$$

式中，L 为非线性微分算子；Ω 为求解域；L^M 为矩阵向量；Ω^M 为步长 h^M 剖分 Ω 的网格点集；P^M、f^M 为 Ω^M 上的列向量。

为了求解式(2.124)，取一系列步长 $\{h^k\}$，使其满足 $h^1 > h^2 > \cdots > h^k > \cdots > h^M (1 \leqslant k \leqslant M)$，并称以上从 k 层到 $k\text{-}1$ 层之间的数值转移过程为限制，从 $k\text{-}1$ 层到 k 层之间的数值转移过程为延拓，在任意 k 层网格 Ω^k 上，利用多重网格法中的全近似存储法(full approximation storage, FAS)求解方程组 $L^k P^k = f^k$ 的详细步骤如下。

（1）设定初始条件和判定条件。

（2）以 $\overline{P}^k$ 为初始值对式(2.124)进行松弛迭代，得到近似解 $\tilde{P}^k$，根据判定条件执行步骤(3)或步骤(4)，或者结束。

（3）由第 k 层上计算所得的 $\tilde{P}^k$ 算出第 $k\text{-}1$ 层网格的初值 $\tilde{P}^{k-1}$：

$$\tilde{P}^{k-1} = I_k^{k-1} \tilde{P}^k \tag{2.125}$$

式中，I_k^{k-1} 为限制算子。计算 $k\text{-}1$ 层网格上的右端向量 f^{k-1}：

$$f^{k-1} = L^{k-1}(I_k^{k-1}\tilde{P}^k) + I_{k-1}^k(f^k - L^k\tilde{P}^k) \tag{2.126}$$

式中，L 为非线性微分算子；I_{k-1}^k 为插值算子；I_k^{k-1} 为限制算子。令 $k = k\text{-}1$（"="为赋值），执行步骤(2)。

（4）利用第 $k\text{-}1$ 层计算所得结果 $\tilde{P}^{k-1}$，修正第 k 层网格上的值，得到下一次光滑松弛迭代的初值 $\overline{P}^k$：

$$\overline{P}^k = \tilde{P}^k + I_{k-1}^k(\tilde{P}^{k-1} - I_k^{k-1}\overline{P}^k) \tag{2.127}$$

式中，I_{k-1}^k、I_k^{k-1} 分别为插值算子和限制算子。令 $k = k+1$（"="为赋值），执行步骤(2)。

根据判定条件 γ 的取值不同，形成了多重网格算法的 V 循环（$\gamma = 1$）、W 循环（$\gamma = 2$）、FMV 循环，由于 W 循环的数值稳定性较 V 循环好，同时为了使程序设计简单，本书建议采用 W 循环。

2. 算法的具体实现

为了使该算法能通过编程计算，不仅要采用上述离散过程，还必须根据上述算法原理写出各方程的缺陷方程。

1) 雷诺方程的缺陷方程

设已知第 $k(k\neq1)$ 层网格上雷诺方程的缺陷方程为

$$L^k P^k = F^k \tag{2.128}$$

式中，F^k 为右端函数向量，表达式为

$$F^k = [F_1^k, F_2^k, \cdots, F_{n^k-1}^k]^{\mathrm{T}} \tag{2.129}$$

只有在 $k=m$ 时 F^k 才是零向量。假设经过 V_1 次松弛迭代后得到式 (2.128) 的近似解 $\tilde{P}^k$，则在第 k–1 层网格上，由上述的算法原理可知，右端函数向量为

$$F^{k-1} = L^{k-1}(I_k^{k-1}\tilde{P}^k) + I_k^{k-1}(F^k - L^k\tilde{P}^k) \tag{2.130}$$

在得到式 (2.130) 后，即可令 $k=k-1$，把操作位置转到下一层网格上，在该层网格上需求解的方程仍具有式 (2.128) 的形式，其离散形式则为

$$\frac{1}{(\Delta^k)^2}\left[\varepsilon_{i-1/2}^k P_{i-1}^k - \left(\varepsilon_{i-1/2}^k + \varepsilon_{i+1/2}^k\right)P_i^k + \varepsilon_{i+1/2}^k P_{i+1}^k\right] - \frac{1}{\Delta^k}\left(\bar{\rho}_i^k H_i^k - \bar{\rho}_{i-1}^k H_{i-1}^k\right) = F_i^k \tag{2.131}$$

由 FAS 计算流程可知，只有在把 $\tilde{P}^k$ 刚刚限制到下一层网格时才需要使用式 (2.131) 计算右端函数向量 F，而在松弛迭代中 F 是作为常向量对待的。另外，在结束本层松弛迭代后，仍需保留用过的 F，留待将来从低层网格延拓到本层网格时继续使用。

2) 无量纲膜厚的计算公式

对于膜厚，对离散形式的方程 (2.124) 进行讨论比对向量形式的方程进行讨论要容易一些，但讨论中有时仍需引用向量方程或使用向量符号。

假设在第 $k(k\neq1)$ 层网格上已得到了压力的近似解 $\tilde{P}^k$，则由缺陷方程的一般原理式 (2.125) 和式 (2.126) 的具体关系，可写出节点 i 处膜厚的缺陷方程为

$$L_i^k H_i^k = H_i^k - H_0 - \frac{X_i^2}{2} - \frac{1}{\pi}\sum_{j=0}^{n^k} K_{i,j}^k \tilde{P}_j^k = f_i^k, \quad i = 0,1,\cdots,n^k \tag{2.132}$$

式中，右端函数 f_i^k 是从上一层网格的结果传递下来的，在本层网格上保持不变，

并且当 $k=m$ 时，即在最高一层网格上，$f_i^k=0$。

在把计算下一层网格右端函数的一般关系式(2.130)应用于式(2.132)时，可以看到，式(2.132)并不需要迭代求解，因此也不存在迭代偏差，必然有

$$f_i^k - L_i^k \tilde{H}_i^k = f_i^k - L_i^k H_i^k = 0 \qquad (2.133)$$

所以正确的关系为

$$f_i^{k-1} = L_i^{k-1}(I_k^{k-1} H^k)_i \qquad (2.134)$$

将式(2.132)所表达的离散关系式代入式(2.134)，得

$$f_i^{k-1} = (I_i^{k-1} H^k)_i - H_0 - \frac{X_i^2}{2} - \frac{1}{\pi} \sum_{j=0}^{n^{k-1}} K_{i,j}^{k-1}(I_k^{k-1} \tilde{P}^k)_j, \quad i=0,1,\cdots,n^{k-1} \qquad (2.135)$$

式(2.135)给出了在 $k \neq m$ 的各层网格上计算膜厚的右端函数的方法。除非把压力新的近似解从上一层网格限制到本层网格，否则膜厚右端函数是不需要重新计算的。在把本层压力的近似解限制到下一层网格后，仍需保存本层的膜厚右端函数向量，因为返回本层后还需要用到。

由以上分析可知，在任何一层网格上，无量纲节点膜厚均可由式(2.136)计算：

$$H_i^k = H_0 + \frac{X_i^2}{2} - \frac{1}{\pi} \sum_{j=0}^{n^k} K_{i,j}^k P_j^k + f_i^k, \quad i=0,1,\cdots,n^k \qquad (2.136)$$

式中，f_i^k 等于 $0(k=m)$ 或者由式(2.135)确定，但需注意，式(2.135)中的 $k-1$ 与式(2.136)中的 k 限定的是同一层网格。

3)各层网格上的载荷方程

离散形式的载荷方程实际上是关于节点压力 P 的代数方程。在第 k 层网格上，其缺陷方程为

$$0.5\Delta^k \sum_{j=0}^{n^k-1}(P_j^k + P_{j+1}^k) = g^k \qquad (2.137)$$

式中，右端项等于 $\pi/2(k=m)$ 时，或者由上一层网格上压力的近似解决定 $(k \neq m)$ 时，总是与本层网格上压力的计算过程或计算结果无关。

将第 k 层网格上节点压力的近似解限制到第 $k-1$ 层网络上，可得

$$g^{k-1} = 0.5\Delta^{k-1} \sum_{j=0}^{n^{k-1}-1} [(I_k^{k-1}\tilde{P}^k)_j + (I_k^{k-1}\tilde{P}^k)_{j+1}] + g^k - 0.5\Delta^k \sum_{j=0}^{n^k-1} (\tilde{P}_j + \tilde{P}_{j+1}) \quad (2.138)$$

由式(2.137)算出 g^k 的数值后，令 $k=k-1$ 将操作位置转移到原第 $k-1$ 层，则在该层载荷的缺陷方程仍为式(2.138)，但其中的 g^k 已具有确定的值。

根据以上求解三个基本方程的缺陷方程，可得出以下结论。

(1)在最高层以下的任一层网格上，需求解的数值方程的右端项总是由上一层网格上的结果所决定，而在最高层，右端项总是已知的，即 $F_i^m = 0(i=1,2,\cdots,n^m-1)$，$f_i^m = 0(i=1,2,\cdots,n^m)$，$g^m = \pi/2$。因此，右端项总是可以确定的。

(2)在本层解方程组的过程中，右端项总是作为已知的不变量。在本层操作结束后，右端项的值仍需保留，留待以后延拓到本层时继续使用。

(3)算法的具体实施过程。

①网格的划分：为了便于编程，使程序较为简单，本书采用等距网格划分，共 6 层，如表 2.1 所示。

表 2.1　每层划分网格节点数

层数	第 1 层	第 2 层	第 3 层	第 4 层	第 5 层	第 6 层
节点数	31	61	121	241	481	961

②其计算过程的 W 循环图如图 2.13 所示。对于上述循环过程，给出如下解释：在最高一层网格上(第 6 层)，首先根据给定的无量纲压力分布初值 $\bar{P}(x)$ 求出无量纲膜厚分布 $H(x)$，再将 $H(x)$ 代入雷诺方程求出新值 $\tilde{P}(x)$，在各层上的迭代次数如图 2.13 所示；然后将 $\tilde{P}(x)$ 向下一个节点所在的层进行数值传递，重复上述迭代过程，限制(向低层传递)时需要计算出其误差损失，以便在延拓(向高一层进行

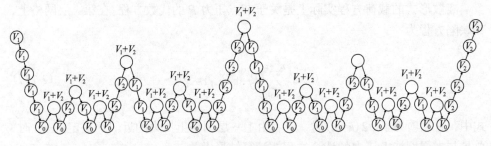

◯表示松弛迭代；V_0、V_1、V_2、V_1+V_2 表示松弛迭代次数；／表示延拓插值；＼表示限制转移

图 2.13　W 循环图

数值传递)时进行补偿; 对 H_0 的初值则根据载荷平衡方程只在最低的一层(第一层)网格上进行调整和修正。

③初值 H_0 的确定有利于计算的稳定性。关于水润滑塑料合金轴承无量纲压力曲线和膜厚曲线的数值计算算例较少, 在计算时发现, 采用 Herrebrugh 最小膜厚公式的无量纲形式计算 H_0 初值的计算过程较为稳定, 能迅速得到收敛解, 其公式如下:

$$\begin{cases} H_0 = H_{\min} - E_c \\ H_{\min} = 2.32(uR)^{0.6} E'^{0.4} w^{-0.2} \\ E_c = -\dfrac{1}{4} - \dfrac{1}{2}\ln 2 \approx -0.59657 \end{cases} \tag{2.139}$$

④在限制插值时采用完全加权法, 延拓时采用分片线性插值, 其原理图分别如图 2.14 和图 2.15 所示, 从而确定其限制算子 I_k^{k-1} 和插值(延拓)算子 I_{k-1}^k。

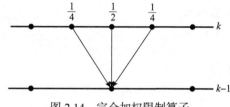

图 2.14　完全加权限制算子

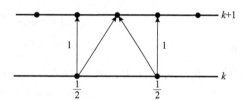

图 2.15　线性插值(延拓)算子

第 $k-1$ 层和第 k 层上的分量计算如下:

$$P^{k-1} = I_k^{k-1} P^k, \quad q^k = I_{k-1}^k q^{k-1}$$

$$P^{k-1} = \begin{bmatrix} P_i^{k-1} \end{bmatrix}, \quad I_k^{k-1} = \begin{bmatrix} \dfrac{1}{4} & \dfrac{1}{2} & \dfrac{1}{4} \end{bmatrix}, \quad P^k = \begin{bmatrix} P_{2i-1}^k \\ P_{2i}^k \\ P_{2i+1}^k \end{bmatrix}$$

$$q^k = \begin{bmatrix} q_{2i}^k \\ q_{2i+1}^k \\ q_{2(i+1)}^k \end{bmatrix}, \quad I_{k-1}^k = \begin{bmatrix} 1 & 0 \\ 0.5 & 0.5 \\ 0 & 1 \end{bmatrix}, \quad q^{k-1} = \begin{bmatrix} q_i^{k-1} \\ q_{i+1}^{k-1} \end{bmatrix}$$

式中, P^{k-1}、q^{k-1} 表示第 $k-1$ 层上的分向量; P^k、q^k 表示第 k 层上的分向量。

⑤收敛判定条件为

$$\frac{\sum\limits_{j=0}^{n^m}\left|P_j^m - \bar{P}_j^m\right|}{\sum\limits_{j=0}^{n^m}P_j^m} < 0.001 \tag{2.140}$$

$$\left(\Delta h^M \sum_{j=0}^{n^m-1}\left|P_j^m\right| - \frac{\pi}{2}\right)\bigg/\left(\frac{\pi}{2}\right) \leqslant 0.005 \tag{2.141}$$

式中，P_j^m 为第 6 层网格上 W 循环结束时得到的节点压力；$\bar{P}_j^m$ 为开始该 W 循环时的节点压力。式 (2.140) 和式 (2.141) 为对载荷方程的检验判据。

2.3.4　Jakobsson-Floberg-Olsson 空穴模型算法

考虑质量守恒的空穴边界条件为

$$\begin{cases} p = p_a, & \text{全膜区域} \\ p = p_c & \text{空穴区域} \end{cases} \tag{2.142}$$

式中，p_a 为环境压力；p_c 为空穴区域的压力。

当设 $p_{cav}=0$ 时，式 (2.142) 就是雷诺边界条件。当流体从楔形收敛区域流向楔形发散区域时，会产生空穴现象，因此有必要引入空穴边界条件，从而使数值仿真结果更加准确。基于质量守恒准则的空穴模型如方程 (2.143) 所示：

$$\frac{\partial}{\partial x}\left(\frac{h^3}{\eta}\frac{\partial(F\phi)}{\partial x}\right) + \frac{\partial}{\partial y}\left(\frac{h^3}{\eta}\frac{\partial(F\phi)}{\partial y}\right) = \tilde{u}\frac{\partial([1+(1-F)\phi]h)}{\partial x} \tag{2.143}$$

式中，$\tilde{u} = 6U/(p_a - p_c)$，$U = U_1 + U_2$，$U_1$ 和 U_2 分别为轴承与轴径表面的速度；h 为水膜厚度；η 为水的黏度；参数 ϕ 和 F 被定义为

$$F \cdot \phi = (p - p_c)/(p_a - p_c) \tag{2.144}$$

$$F = \begin{cases} 1, & \phi > 0 \\ 0, & \phi \leqslant 0 \end{cases} \tag{2.145}$$

流体膜密度定义为

$$\rho/\rho_c = 1 + (1-F)\phi \tag{2.146}$$

式中，ρ_c 为全膜区域的流体膜密度。目标方程可离散为

$$\tilde{A}_N\phi_N + \tilde{A}_S\phi_S + \tilde{A}_E\phi_E + \tilde{A}_W\phi_W - \tilde{A}_P\phi_P = \tilde{B}_P \qquad (2.147)$$

其中，

$$\tilde{A}_N = \frac{K_n\Delta x_{ij}F_N}{(\delta y)_n}, \quad \tilde{A}_S = \frac{K_s\Delta x_{ij}F_S}{(\delta y)_s}, \quad \tilde{A}_E = \frac{K_e\Delta y_{ij}}{(\delta x)_e}F_E$$

$$\tilde{B}_P = \frac{6U(h_e - h_w)\Delta y_{ij}}{p_a - p_c}, \quad \tilde{A}_W = \frac{K_w\Delta y_{ij}F_P}{(\delta x)_w} + \frac{6U(1-F_W)\Delta y_{ij}h_w}{p_a - p_c}$$

$$\tilde{A}_P = \left[\frac{K_n\Delta x_{ij}}{(\delta y)_n} + \frac{K_s\Delta x_{ij}}{(\delta y)_s} + \frac{K_e\Delta y_{ij}}{(\delta x)_e} + \frac{K_w\Delta y_{ij}}{(\delta x)_w}\right]F_P + \frac{6U(1-F_P)\Delta y_{ij}h_e}{p_a - p_c}$$

式中，K_n、K_s、K_e、K_w 等系数的计算方法参见式(2.120)。

求解流程如下：

(1)设置初始值 $\phi^{(old)} = \phi^{(new)} = \phi^{(0)}$，$F^{(old)} = F^{(new)} = F^{(0)}$，以及 $\phi^{(0)} = F^{(0)} = 1$。

(2)求解方程获得 $\phi^{(new)}$，并计算最大绝对误差 $\delta\phi_{max} = \max\left|\phi^{(new)} - \phi^{(old)}\right|$ 和相对误差 $\delta\bar{\phi} = \left\|\phi^{(new)} - \phi^{(old)}\right\| / \left\|\phi^{(new)}\right\|$，然后更新 $\phi^{(new)} = \beta_\phi\phi^{(new)} + (1-\beta_\phi)\phi^{(old)}$ 并设 $\phi^{(old)} = \phi^{(new)}$，其中 $0 < \beta_\phi < 2$ 且 β_F 的取值小于初始值。

(3)引入判断条件 $F^{(new)} = \begin{cases} 1, & \phi^{(new)} \geqslant 0 \\ 0, & \phi^{(new)} < 0 \end{cases}$，计算最大绝对误差 $\delta F_{max} = \max\left|F^{(old)} - F^{(new)}\right|$，并更新 $F^{(new)} = \beta_F F^{(new)} + (1-\beta_F)F^{(old)}$ 且设 $F^{(old)} = F^{(new)}$，其中 $0 < \beta_F \leqslant 1$，且 β_F 的取值比直接迭代法的取值要小。

(4)重复第(2)步直到收敛，即 $\delta\phi_{max} < error_1$、$\delta\bar{\phi} < error_2$ 和 $\delta F_{max} < error_3$，其中 $error_1$、$error_2$ 和 $error_3$ 分别为预定的收敛精度。

2.4　斜网格虚拟节点差分模型

2.4.1　斜坐标系下的多工况平均雷诺方程

对于螺旋槽和人字槽滑动轴承，为了能够更好地表征螺旋槽、人字槽的沟槽形貌，导出斜坐标系下的多工况平均雷诺方程[6,11-13]。斜坐标系与直角坐标系间的关系如图 2.16 所示。

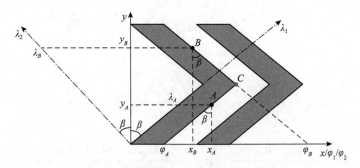

图 2.16 斜坐标系与直角坐标系间的关系

由图 2.16 可知，$\lambda_1 - \varphi_1$ 斜坐标系与直角坐标系间的关系可表示为

$$\begin{cases} x = \varphi + \lambda \sin\beta \\ y = \lambda \cos\beta \end{cases} \Rightarrow \begin{cases} \dfrac{\partial x}{\partial \varphi} = 1, \quad \dfrac{\partial x}{\partial \lambda} = \sin\beta \\ \dfrac{\partial y}{\partial \varphi} = 0, \quad \dfrac{\partial y}{\partial \lambda} = \cos\beta \end{cases} \tag{2.148}$$

$\lambda_2 - \varphi_2$ 斜坐标系与直角坐标系间的关系可表示为

$$\begin{cases} x = \varphi - \lambda \sin\beta \\ y = \lambda \cos\beta \end{cases} \Rightarrow \begin{cases} \dfrac{\partial x}{\partial \varphi} = 1, \quad \dfrac{\partial x}{\partial \lambda} = -\sin\beta \\ \dfrac{\partial y}{\partial \varphi} = 0, \quad \dfrac{\partial y}{\partial \lambda} = \cos\beta \end{cases} \tag{2.149}$$

令

$$g = \begin{cases} -1, \quad y \leqslant y_c \\ 1, \quad y > y_c \end{cases}$$

$\lambda_1 - \varphi_1$ 和 $\lambda_2 - \varphi_2$ 斜坐标系与直角坐标系之间的关系可统一表示为

$$\begin{cases} x = \varphi - g\lambda \sin\beta \\ y = \lambda \cos\beta \end{cases} \Rightarrow \begin{cases} \varphi = x + gy\tan\beta \\ \lambda = y / \cos\beta \end{cases} \Rightarrow \begin{cases} \dfrac{\partial \varphi}{\partial x} = 1, \quad \dfrac{\partial \varphi}{\partial y} = g\tan\beta \\ \dfrac{\partial \lambda}{\partial x} = 0, \quad \dfrac{\partial \lambda}{\partial y} = 1 / \cos\beta \end{cases} \tag{2.150}$$

根据参考文献[12]和[13]有

$$\frac{\partial p}{\partial x} = \frac{1}{|J|}\left(\frac{\partial y}{\partial \lambda}\frac{\partial p}{\partial \varphi} + \frac{\partial y}{\partial \varphi}\frac{\partial p}{\partial \lambda} \right), \quad \frac{\partial p}{\partial y} = \frac{1}{|J|}\left(-\frac{\partial x}{\partial \lambda}\frac{\partial p}{\partial \varphi} + \frac{\partial x}{\partial \varphi}\frac{\partial p}{\partial \lambda} \right) \tag{2.151}$$

其中，雅可比(Jacobian)矩阵为

$$|J| = \left| \frac{\partial x}{\partial \varphi} \frac{\partial y}{\partial \lambda} - \frac{\partial y}{\partial \varphi} \frac{\partial x}{\partial \lambda} \right| = |\cos \beta|$$

由此可得

$$\frac{\partial p}{\partial x} = \frac{\partial p}{\partial \varphi}, \quad \frac{\partial p}{\partial y} = \frac{1}{\cos \beta} \left(\frac{\partial p}{\partial \lambda} + g \frac{\partial p}{\partial \varphi} \sin \beta \right)$$

$$\frac{\partial^2 p}{\partial x^2} = \frac{\partial^2 p}{\partial \varphi^2}, \quad \frac{\partial^2 p}{\partial y^2} = \frac{\partial^2 p}{\partial \varphi^2} \tan^2 \beta + \frac{\partial^2 p}{\partial \lambda^2} \frac{1}{\cos^2 \beta} + g \left(\frac{\partial^2 p}{\partial \varphi \partial \lambda} + \frac{\partial^2 p}{\partial \lambda \partial \varphi} \right) \frac{\sin \beta}{\cos^2 \beta} \quad (2.152)$$

代入直角坐标系平均雷诺方程(将在本书 3.1.1 节中系统阐述平均雷诺方程)后可得式(2.153)和式(2.154)：

$$\frac{\partial}{\partial x} \left(\phi_x \frac{\rho h^3}{\eta} \frac{\partial p}{\partial x} \right) = \frac{\partial}{\partial x} \left(\phi_x \frac{\rho h^3}{\eta} \right) \frac{\partial p}{\partial x} + \phi_x \frac{\rho h^3}{\eta} \frac{\partial}{\partial x} \left(\frac{\partial p}{\partial x} \right)$$

$$= \frac{\partial}{\partial \varphi} \left(\phi_x \frac{\rho h^3}{\eta} \right) \frac{\partial p}{\partial \varphi} + \phi_x \frac{\rho h^3}{\eta} \frac{\partial}{\partial \varphi} \left(\frac{\partial p}{\partial \varphi} \right)$$

$$= \frac{\partial}{\partial \varphi} \left(\phi_x \frac{\rho h^3}{\eta} \right) \frac{\partial p}{\partial \varphi} + \phi_x \frac{\rho h^3}{\eta} \frac{\partial^2 p}{\partial \varphi^2} \quad (2.153)$$

$$\frac{\partial}{\partial y} \left(\phi_y \frac{\rho h^3}{\eta} \frac{\partial p}{\partial y} \right) = \frac{\partial}{\partial y} \left(\phi_y \frac{\rho h^3}{\eta} \right) \frac{\partial p}{\partial y} + \phi_y \frac{\rho h^3}{\eta} \frac{\partial}{\partial y} \left(\frac{\partial p}{\partial y} \right)$$

$$= \left[\frac{\partial}{\cos \beta \partial \lambda} \left(\phi_y \frac{\rho h^3}{\eta} \right) + g \tan \beta \cdot \frac{\partial}{\partial \varphi} \left(\phi_y \frac{\rho h^3}{\eta} \right) \right] g \tan \beta \cdot \frac{\partial p}{\partial \varphi}$$

$$+ \left[\frac{\partial}{\cos \beta \partial \lambda} \left(\phi_y \frac{\rho h^3}{\eta} \right) + g \tan \beta \cdot \frac{\partial}{\partial \varphi} \left(\phi_y \frac{\rho h^3}{\eta} \right) \right] \left(\cos \beta \cdot \frac{\partial p}{\partial \lambda} \right)^{-1}$$

$$+ \phi_y \frac{\rho h^3}{\eta} \left[g^2 \frac{\partial^2 p}{\partial \varphi^2} \tan^2 \beta + g \left(\frac{\partial^2 p}{\partial \lambda \partial \varphi} + \frac{\partial^2 p}{\partial \varphi \partial \lambda} \right) \frac{\tan \beta}{\cos \beta} + \frac{\partial^2 p}{\partial \lambda^2} \frac{1}{\cos^2 \beta} \right]$$

$$(2.154)$$

$$6U \frac{\partial \overline{h}_{\text{T}}}{R_{\text{B}} \partial \theta} - 6U \frac{\partial \phi_s}{R_{\text{B}} \partial \theta} = 6U \frac{\partial \overline{h}_{\text{T}}}{R_{\text{B}} \partial \varphi} - 6U \frac{\partial \phi_s}{R_{\text{B}} \partial \varphi} \quad (2.155)$$

$$6V\frac{\partial \overline{h}_{\mathrm{T}}}{\partial y} - 6V\frac{\partial \phi_s}{\partial y} = 6V\frac{1}{\cos \beta}\left(\frac{\partial \overline{h}_{\mathrm{T}}}{\partial \lambda} + g\frac{\partial \overline{h}_{\mathrm{T}}}{\partial \varphi}\sin \beta\right) - 6V\frac{1}{\cos \beta}\left(\frac{\partial \phi_s}{\partial \lambda} + g\frac{\partial \phi_s}{\partial \varphi}\sin \beta\right) \quad (2.156)$$

$$12\frac{\partial \overline{h}_{\mathrm{T}}}{\partial t} = 12\frac{\partial h}{\partial t} \quad (2.157)$$

将式(2.153)~式(2.157)代入平均雷诺方程,可得斜坐标系下的多工况平均雷诺方程为

$$\left(\phi_x\frac{\rho h^3}{\eta} + \phi_y\frac{\rho h^3}{\eta}g^2\tan^2 \beta\right)\frac{\partial^2 p}{\partial \varphi^2}$$

$$+\left\{\frac{\partial}{\partial \varphi}\left(\phi_x\frac{\rho h^3}{\eta}\right) + \left[\frac{\partial}{\cos \beta \partial \lambda}\left(\phi_y\frac{\rho h^3}{\eta}\right) + g\tan \beta \cdot \frac{\partial}{\partial \varphi}\left(\phi_y\frac{\rho h^3}{\eta}\right)\right]g\tan \beta\right\}\frac{\partial p}{\partial \varphi}$$

$$+\left[\frac{\partial}{\cos^2 \beta \partial \lambda}\left(\phi_y\frac{\rho h^3}{\eta}\right) + g\frac{\tan \beta}{\cos \beta}\frac{\partial}{\partial \varphi}\left(\phi_y\frac{\rho h^3}{\eta}\right)\right]\frac{\partial p}{\partial \lambda} + \frac{\phi_y}{\cos^2 \beta}\frac{\rho h^3}{\eta}\frac{\partial^2 p}{\partial \lambda^2}$$

$$+2\phi_y\frac{\rho h^3}{\eta}g\frac{\tan \beta}{\cos \beta}\cdot\frac{\partial^2 p}{\partial \varphi \partial \lambda}$$

$$= 6U\frac{\partial \overline{h}_{\mathrm{T}}}{R_{\mathrm{B}}\partial \varphi} + 6V\frac{1}{\cos \beta}\left(\frac{\partial \overline{h}_{\mathrm{T}}}{\partial \lambda} + g\frac{\partial \overline{h}_{\mathrm{T}}}{\partial \varphi}\sin \beta\right) - 6U\frac{\partial \phi_s}{R_{\mathrm{B}}\partial \varphi}$$

$$-6V\frac{1}{\cos \beta}\left(\frac{\partial \phi_s}{\partial \lambda} + g\frac{\partial \phi_s}{\partial \varphi}\sin \beta\right) + 12\frac{\partial \overline{h}_{\mathrm{T}}}{\partial t} \quad (2.158)$$

采用有限差分法,方程(2.158)可离散为

$$K_{i-1,j}p_{i-1,j} + K_{i,j}p_{i,j} + K_{i+1,j}p_{i+1,j} + K_{i,j-1}p_{i,j-1} + K_{i,j+1}p_{i,j+1} = D_{i,j} \quad (2.159)$$

关于式(2.153)~式(2.158)中涉及的流量因子ϕ_x、ϕ_y以及剪切因子ϕ_s的物理含义和计算方法将在本书3.1.1节详细阐述。

2.4.2　虚拟节点模型

矩形网格的有限差分法被广泛应用于光滑滑动轴承润滑数值分析中,但是对于人字槽、螺旋槽滑动轴承的润滑性能分析,需要高密网格来表征沟槽的几何形状,这会使润滑分析过程非常耗时。因此,斜网格被引入人字槽/螺旋槽滑动轴承数值分析中,并使网格的倾斜角与沟槽的倾斜角相同,这样就可以采用较稀疏的网格来表征沟槽形貌,如图2.17所示[14-18]。

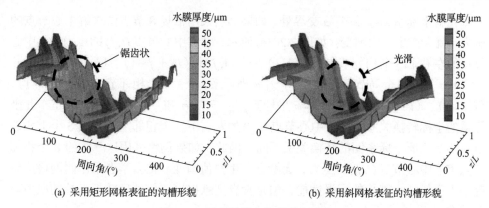

(a) 采用矩形网格表征的沟槽形貌   (b) 采用斜网格表征的沟槽形貌

图 2.17 滑动轴承人字槽几何形状

采用斜网格法分析人字槽滑动轴承时，需要建立两个倾斜角度互补的斜坐标系，这样在两个坐标系临界处的节点就会产生数值奇异，从而导致压力分布产生扭曲。图 2.18 给出了文献[18]采用斜坐标系求解人字槽滑动轴承的压力分布图，可以明显看出在两个斜坐标系交界处发生了扭曲。这是因为当斜坐标的倾斜角为 0° 时（此时斜坐标系转化为直角坐标系），数值求解方程中节点 (i,j) 的压力 $P_{i,j}$ 需要用到节点 (i,j) 的 8 个相邻节点的压力（节点 (i,j) 的 8 个相邻节点为 $(i-1,j-1)$、$(i-1,j)$、$(i-1,j+1)$、$(i,j-1)$、$(i,j+1)$、$(i+1,j-1)$、$(i+1,j)$、$(i+1,j+1)$），如图 2.19 所示。

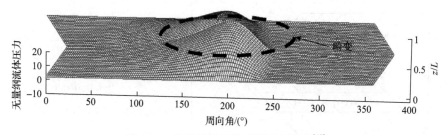

图 2.18 斜坐标系下的畸变压力分布[18]

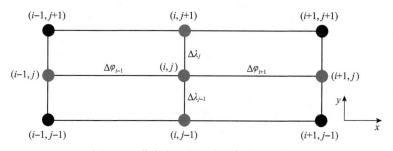

图 2.19 节点 (i,j) 的 8 个相邻节点示意图

　　在斜坐标系 $\lambda_1\text{-}\varphi$ 和 $\lambda_2\text{-}\varphi$ 交界处，如果仍然采用常规 8 节点法求解中心节点的压力，就会产生压力畸变。如图 2.20(a)所示，求解中心节点 (i,j) 的压力时，中心节点的左右下 5 个相邻节点（$(i-1,j)$、$(i+1,j)$、$(i-1,j-1)$、$(i,j-1)$、$(i+1,j-1)$，j 为轴向全局节点编号）属于 $\lambda_1\text{-}\varphi$ 坐标系，而 3 个上相邻节点（$(i-1,j+1)$、$(i,j+1)$、$(i+1,j+1)$）属于 $\lambda_2\text{-}\varphi$ 坐标系，由于 $\lambda_1\text{-}\varphi$ 和 $\lambda_2\text{-}\varphi$ 坐标系与原笛卡儿坐标系的坐标转换关系不同，中心节点 (i,j) 的左右下 5 个相邻节点与其 3 个上相邻节点相对于原坐标系间的转换关系不同。因此，如果仍然采用这真实的 8 个相邻节点求解中心节点 (i,j) 的压力，无疑会产生数值畸变。很多学者采用斜网格法研究了人字槽滑动轴承的润滑性能，但是没有文献提出如何处理转折点处的压力畸变问题。

　　本书提出一种基于虚拟节点法的斜坐标转折点压力畸变矫正模型，有效提高了求解精度。如图 2.20(b)所示，求解中心节点 (i,j) 时，在斜坐标系 $\lambda_2\text{-}\varphi$ 中的 $j+1$ 行上虚拟出 3 个与 $\lambda_1\text{-}\varphi$ 坐标系相对应的节点 $(\tilde{i}-1,j+1)$、$(\tilde{i},j+1)$、$(\tilde{i}+1,j+1)$，这些节点可视为 $\lambda_1\text{-}\varphi$ 坐标系的延伸，如图 2.20(c)所示。采用虚拟节点处的压力（$\tilde{P}_{i-1,j+1}$、$\tilde{P}_{i,j+1}$、$\tilde{P}_{i+1,j+1}$）和膜厚 $\tilde{h}_{i,j+1}$ 分别替代真实节点处的压力（$P_{i-1,j+1}$、$P_{i,j+1}$、$P_{i+1,j+1}$）和膜厚 $h_{i,j+1}$，求解中心节点 (i,j) 的压力，就可以消除压力畸变，有效提高计算精度。

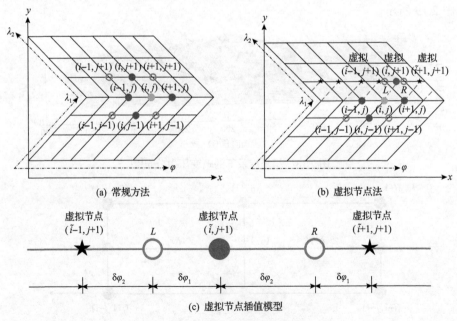

(a) 常规方法　　　　　　　　　　(b) 虚拟节点法

(c) 虚拟节点插值模型

图 2.20　虚拟节点法示意图

虚拟节点不是真实存在的节点，因此虚拟节点处的压力无法通过数值求解，只能通过插值法求解，图 2.20(c) 给出了插值节点示意图。这里给出三种插值求解法。

1) 线性插值法

虚拟节点左右相邻节点处的压力可以通过数值求解得到，然后采用式 (2.160) 线性插值求解虚拟节点压力：

$$\tilde{P}_{i,j+1} = (P_L \cdot \delta\varphi_2 + P_R \cdot \delta\varphi_1)/(\delta\varphi_1 + \delta\varphi_2) \tag{2.160}$$

2) 无限宽轴承理论插值法

由于无限宽轴承理论忽略了轴向压力项，如式 (2.161) 所示：

$$\frac{\partial}{\partial\varphi}\left(\tilde{\psi}_\varphi \frac{\partial P}{\partial\varphi}\right) = \xi \tag{2.161}$$

采用有限差分法，式 (2.161) 可以离散为

$$\tilde{P}_{i,j+1} = \frac{D - K_1 - K_2}{K_3} \tag{2.162}$$

其中，

$$K_1 = \frac{\partial\tilde{\psi}_\varphi}{\partial\varphi}(P_L a_L + P_R a_R), \quad K_2 = (\tilde{\psi}_\varphi)_{\tilde{i},j+1}(P_L b_L + P_R b_R)$$

$$K_3 = \frac{\partial\tilde{\psi}_\varphi}{\partial\varphi_R}a_M + (\tilde{\psi}_\varphi)_{\tilde{i},j+1}b_M, \quad D = \tilde{\xi}$$

且

$$a_L = -\frac{\delta\varphi_2}{\delta\varphi_1(\delta\varphi_1 + \delta\varphi_2)}, \quad a_M = -\frac{\delta\varphi_2 - \delta\varphi_1}{\delta\varphi_1 \delta\varphi_2}, \quad a_R = \frac{\delta\varphi_1}{\delta\varphi_2(\delta\varphi_1 + \delta\varphi_2)}$$

$$b_L = \frac{2}{\delta\varphi_1(\delta\varphi_1 + \delta\varphi_2)}, \quad b_M = -\frac{2}{\delta\varphi_1 \delta\varphi_2}, \quad b_R = \frac{2}{\delta\varphi_2(\delta\varphi_1 + \delta\varphi_2)}$$

虚拟节点左右相邻节点处的压力为已知项，将 P_L 和 P_R 代入方程 (2.162) 即可求得虚拟节点压力。

3) 二次插值法

选用多项式二次插值公式 $P = a\varphi + b\varphi^2 + c$，这样虚拟节点的压力可以表示为

$$\tilde{P}_{i,j+1} = a\delta\varphi_1^2 + b\delta\varphi_1 + c \tag{2.163}$$

式中，$a = \dfrac{\tilde{P}_L + P_R - 2P_L}{(\delta\varphi_1 + \delta\varphi_2)^2 + \delta\tilde{\varphi}_L^2}$，$\tilde{P}_L$ 为 L 节点的前一节点的压力；$b = \dfrac{P_R - \tilde{P}_L}{\delta\varphi_1 + \delta\varphi_2 + \delta\tilde{\varphi}_L}$；

$c = P_L$。

2.4.3　虚拟节点模型计算精度

图 2.21 给出了采用斜坐标系下的虚拟节点模型与普通模型求解人字槽轴承的计算精度。由图可知，虚拟节点模型可以有效提高人字槽轴承的仿真分析计算精度。

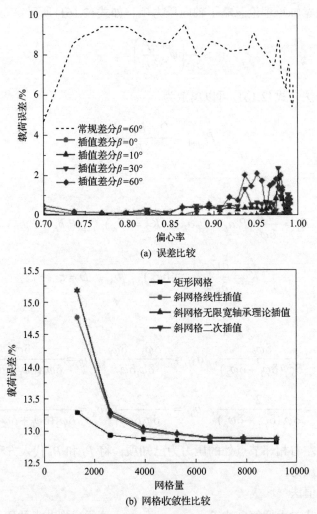

(a) 误差比较

(b) 网格收敛性比较

图 2.21　斜坐标系虚拟节点法的求解误差与网格收敛性

2.5　算例分析

　　算例的轴承结构为无外部供油槽的光滑圆柱滑动轴承。如图 2.22 所示，本节系统比较长径比(L/D)为 0.1～2.0，不同偏心率下无限宽轴承理论、无限短轴承理论与完全数值解得到的无量纲动压载荷的分析结果。在滑动轴承长径比为 0.1 时，无限短轴承理论的计算结果与完全数值解几乎重合，表明在这一长径比下，无限短轴承理论解析解可替代完全数值解。然而，在长径比为 0.1 时，无限宽轴承理论解析解与完全数值解存在较大的偏差。随着长径比增大，无限短轴承理论解析解的求解精度逐渐降低，在长径比为 0.25 时，无限短轴承理论解析解仅在偏心率小于 0.8 时可替代完全数值解。由图 2.22(d) 可以观察到，当长径比达到 0.75 时，无限短轴承理论解析解与完全数值解偏差较大，仅在偏心率小于 0.8 时，无限短轴承理论解析解可替换完全数值解。值得注意的是，当长径比达到 0.75 时，无限宽轴承理论解析解与完全数值解的误差减小。当长径比大于 1.0 时，无限宽

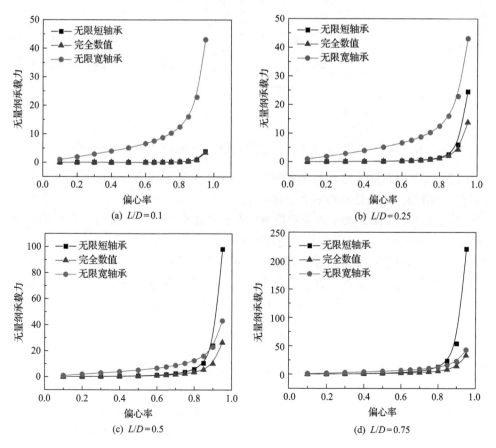

(a) $L/D=0.1$　　　　　　　　(b) $L/D=0.25$

(c) $L/D=0.5$　　　　　　　　(d) $L/D=0.75$

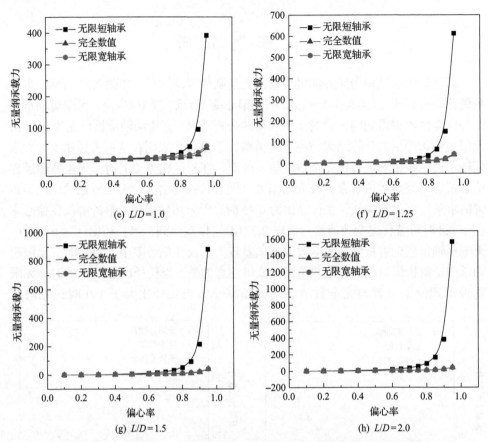

图 2.22　不同长径比下，无限宽、无限短轴承理论解析解与完全数值解的对比

轴承理论解析解可完全替代完全数值解，而无限短轴承理论解析解与完全数值解误差显著增加，特别是偏心率大于 0.6 时。

　　综上所述，无限短轴承理论解析解仅在长径比小于 0.25 时具有优良的求解精度（长径比为 0.1 时，可完全替换完全数值解，长径比为 0.25 时，在偏心率小于 0.8 时可完全替代）；无限宽轴承理论解析解仅在长径比大于 1 时具有良好的求解精度，可替代完全数值解；在长径比大于 1 时，无限短轴承理论解析解仅在偏心率小于 0.6 时具有良好的求解精度，在偏心率大于 0.6 时会产生较大的求解误差。

参 考 文 献

[1] Hamrock B J, Schmid S R, Jacobson B O. Fundamentals of Fluid Film Lubrication[M]. Boca Raton: CRC Press, 2004.

[2] Han Y F, Chan C, Wang Z J, et al. Effects of shaft axial motion and misalignment on the lubrication performance of journal bearings via a fast mixed EHL computing technology[J].

Tribology Transactions, 2015, 58(2): 247-259.

[3] Dowson D. A generalized Reynolds equation for fluid-film lubrication[J]. International Journal of Mechanical Sciences, 1962, 4(2): 159-170.

[4] Sommerfeld A Z. Hydrodynamischen theorie der schmiermittelreibung[J]. Zeitschrift für Mathematik und Physik, 1904, 36(1-2): 50-155.

[5] Ocvirk F W. Short-bearing approximation for full journal bearings[J]. Technical Report Archive & Image Library, 1952, 52: 1-61.

[6] Han Y F, Xiong S W, Wang J X, et al. A new singularity treatment approach for journal-bearing mixed lubrication modeled by the finite difference method with a herringbone mesh[J]. Journal of Tribology, 2016, 138(1): 011704.

[7] Xiong S, Wang Q J. Steady-state hydrodynamic lubrication modeled with the Payvar-Salant mass conservation model[J]. Journal of Tribology, 2012, 134(3): 031703.

[8] 黄平, 温诗铸. 多重网格法求解线接触弹流问题[J]. 清华大学学报(自然科学版), 1992, 32(5): 26-34.

[9] 黄平. 弹性流体动压润滑数值计算方法[M]. 北京: 清华大学出版社, 2013.

[10] 余江波. 高性能水润滑轴承摩擦学性能研究[D]. 重庆: 重庆大学, 2006.

[11] Payvar P, Salant R F. A computational method for cavitation in a wavy mechanical seal[J]. Journal of Tribology, 1992, 114(1): 199-204.

[12] Xiong S W. Simulation of mixed lubrication of rigid plain journal bearing by finite difference method with a skewed discretisation mesh[J]. International Journal of Surface Science and Engineering, 2016, 10(2): 116.

[13] 韩彦峰. 水润滑橡胶轴承多场多因素耦合分析与润滑界面改性研究[D]. 重庆: 重庆大学, 2015.

[14] Jang G H, Chang D I. Analysis of a hydrodynamic herringbone grooved journal bearing considering cavitation[J]. Journal of Tribology, 2000, 122(1): 103-109.

[15] Vijayaraghavan D, Keith T G. Grid transformation and adaption techniques applied in the analysis of cavitated journal bearings[J]. Journal of Tribology, 1990, 112(1): 52-59.

[16] Zirkelback N, San Andre's L. Finite element analysis of herringbone groove journal bearings: A parametric study[J]. Journal of Tribology, 1998, 120(2): 234-240.

[17] Wu J K, Li A F, Lee T S, et al. Operator-splitting method for the analysis of cavitation in liquid-lubricated herringbone grooved journal bearings[J]. International Journal for Numerical Methods in Fluids, 2004, 44(7): 765-775.

[18] Chao P C P, Huang J S. Calculating rotordynamic coefficients of a ferrofluid-lubricated and herringbone-grooved journal bearing via finite difference analysis[J]. Tribology Letters, 2005, 19(2): 99-109.

第3章 滑动轴承等温混合润滑理论

弹流润滑理论的早期发展和应用主要基于光滑表面或全膜润滑条件下粗糙的简单几何表面。此外，所用统计模型只能直接模拟表面接触，而不能处理粗糙表面间存在严重相互作用的恶劣情况（即无量纲间隙λ比值低于0.5）。在工程实际中，没有任何表面是理想光滑的，其表面粗糙度通常与平均润滑膜厚度处于同一数量级，或者大于平均润滑膜厚度，因此使两个表面完全分开的情况在工程实际中很少出现。混合润滑（也称部分弹流润滑）是指润滑膜与表面粗糙接触共存的一种模式，两者都不能忽略。事实上，大多数摩擦元件都在混合润滑的情况下工作，即λ比值低于3，恶劣工况下甚至低于0.5。此外，润滑状态过渡研究和失效分析都要求详细的分布信息，包括流体压力的最大/最小值、最小膜厚、摩擦力（系数）、瞬态温度和具有实际加工粗糙度的混合润滑引起的亚表面应力等结果。因此，研究混合润滑中的确定性模型和实验方法是非常必要的。

自20世纪90年代中期以来，计算机和信息技术的发展加速了薄膜及混合润滑理论研究的步伐。光干涉量度技术不断进步，利用该技术在超薄膜、边界润滑和网纹表面混合润滑领域可以得到更加满意的结果。Gao和Spikes[1,2]、Kaneta和Nishikawa[3]、Luo和Liu[4]、Křupka和Hartl[5,6]等学者对该项成果做出了重要的贡献。目前，润滑薄膜的测量已达到纳米级别，全膜润滑到边界润滑状态的过渡成为研究的一个焦点。另外，在分析混合润滑粗糙面接触模式的试验中，不同类型的网纹表面可以用于验证数值仿真模型的有效性。

目前，混合润滑的确定性求解方法已经得到较大完善。混合润滑仿真有两种基本的方法：一种是同时在润滑区域和粗糙面接触区域运用统一方程系统和求解方法，另一种是对于润滑和接触分别用不同的分离模型。1995年，Chang[7]提出了一种线接触下正弦粗糙度分离求解方法。其后，Jiang等[8]提出了第一个机加工粗糙度下的点接触混合弹流润滑的分离方法模型。2000年，Hu和Zhu[9]提出了第一个三维加工粗糙度下点接触的统一求解方法。其他的学者如Holmes等[10]通过一种耦合微分偏转法、Li和Kahraman[11]通过非对称综合控制容积离散化方法，分别提出了不同的统一求解方法。Zhao等[12]、Holmes等[13]、Zhao和Sadeghi[14]、Popovici等[15]在启动及减速阶段中仍然采用了分离方法，因为在这两个阶段中润滑区域和接触区域是明显分离的，其中的边界状态可以方便地进行处理。

考虑到干接触只是润滑接触在极端工况（如超低黏度、超低速度、高压力作用于极小面积）下的一个特例，理论上，接触与润滑之间并没有界限，如果数值解法足够稳健，就可以利用统一的润滑方程系统同时对润滑膜和粗糙面接触进行仿真。基于 Zhu 提出的混合弹性流体动力学润滑(elasto-hydrodynamic lubrication, EHL)模型，Wang 和 Zhu[16]提出了一种虚拟纹理方法作为一种实际应用中表面优化的设计工具。

3.1　滑动轴承等温混合润滑方程组

3.1.1　平均雷诺方程

在滑动轴承中，转子与轴承之间的接触以面-面相容(或称低副)接触为主。与齿轮和滚动轴承高副接触(点线接触)不同，低副接触面积远大于高副接触面积。若对滑动轴承采用考虑真实粗糙表面的混合润滑完全数值方法，将会产生无法估量的计算量，超出了现有计算机的计算能力。为此，学术与工程界目前主流采用统计方法来模拟滑动轴承中的混合润滑行为。例如，Patir 和 Cheng[17,18]引入了平均雷诺方程来表征界面粗糙度。考虑粗糙度的膜厚概念，如图 3.1 所示，U_1、U_2 分别为两表面沿 x 方向的运动速度，δ_1、δ_2 分别为两表面在 (x,y) 的中心线轮廓偏差，h_T 为两表面在 (x,y) 的间隙，$\bar{h}_T$ 为平均间隙，h 为名义间隙，即变形前两表面中心线间隙。

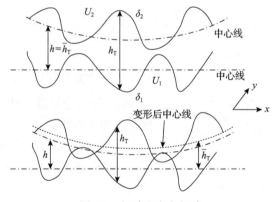

图 3.1　间隙和名义间隙

将 h_T 代入雷诺方程，得

$$\frac{\partial}{\partial x}\left(\frac{h_T^3}{\eta}\frac{\partial p}{\partial x}\right)+\frac{\partial}{\partial y}\left(\frac{h_T^3}{\eta}\frac{\partial p}{\partial y}\right)=6(U_1+U_2)\frac{\partial h_T}{\partial x}+6(V_1+V_2)\frac{\partial h_T}{\partial y}+12\frac{\partial h_T}{\partial t} \tag{3.1}$$

式中，η 为黏度；t 为时间；V_1、V_2 分别为两表面沿 y 方向的运动速度。相应地，x 和 y 方向的流速为

$$q_x = -\frac{h_\mathrm{T}^3}{12\eta}\frac{\partial p}{\partial x} + \frac{U_1+U_2}{2}h_\mathrm{T} \tag{3.2}$$

$$q_y = -\frac{h_\mathrm{T}^3}{12\eta}\frac{\partial p}{\partial y} + \frac{V_1+V_2}{2}h_\mathrm{T} \tag{3.3}$$

则平均流速为

$$\overline{q}_x = \frac{1}{\Delta y}\int_y^{y+\Delta y} q_x \mathrm{d}y = \frac{1}{\Delta y}\int_y^{y+\Delta y}\left(-\frac{h_\mathrm{T}^3}{12\eta}\frac{\partial p}{\partial x} + \frac{U_1+U_2}{2}h_\mathrm{T}\right)\mathrm{d}y \tag{3.4}$$

$$\overline{q}_y = \frac{1}{\Delta x}\int_x^{x+\Delta x} q_y \mathrm{d}x = \frac{1}{\Delta x}\int_x^{x+\Delta x}\left(-\frac{h_\mathrm{T}^3}{12\eta}\frac{\partial p}{\partial y} + \frac{V_1+V_2}{2}h_\mathrm{T}\right)\mathrm{d}x \tag{3.5}$$

定义压力流因子分别为 ϕ_x 和 ϕ_y，定义剪切流因子为 ϕ_s，则式 (3.4) 和式 (3.5)
可改写为

$$\overline{q}_x = -\phi_x\frac{h^3}{12\eta}\frac{\partial \overline{p}}{\partial x} + \frac{U_1+U_2}{2}\overline{h}_\mathrm{T} + \frac{U_1-U_2}{2}\sigma\phi_s \tag{3.6}$$

$$\overline{q}_y = -\phi_y\frac{h^3}{12\eta}\frac{\partial \overline{p}}{\partial y} + \frac{U_1+U_2}{2}\overline{h}_\mathrm{T} + \frac{U_1-U_2}{2}\sigma\phi_s \tag{3.7}$$

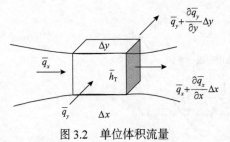

图 3.2　单位体积流量

其中，σ 为复合粗糙度，$\sigma=\left(\sigma_1^2+\sigma_2^2\right)^{1/2}$，$\sigma_1$ 和 σ_2 分别为表面 1 和表面 2 的表面粗糙度；$\overline{p}$ 为平均压力。

下面推导流量连续性方程，如图 3.2 所示，流入该体积的流量等于流出该体积的流量：

$$\overline{h}_\mathrm{T}\Delta y\left(\overline{q}_x + \frac{\partial \overline{q}_x}{\partial x}\Delta x\right) - \overline{h}_\mathrm{T}\Delta y\,\overline{q}_x + \overline{h}_\mathrm{T}\Delta x\left(\overline{q}_y + \frac{\partial \overline{q}_y}{\partial y}\Delta y\right)$$

$$- \overline{h}_\mathrm{T}\Delta x\,\overline{q}_y + \frac{\partial \overline{h}_\mathrm{T}}{\partial t}\Delta x\Delta y\overline{h}_\mathrm{T} = 0 \tag{3.8}$$

$$\frac{\partial \overline{q}_x}{\partial x} + \frac{\partial \overline{q}_y}{\partial y} = -\frac{\partial \overline{h}_\mathrm{T}}{\partial t} \tag{3.9}$$

结合式(3.6)～式(3.8)，得到平均雷诺方程为

$$\frac{\partial}{\partial x}\left(\phi_x \frac{\overline{h}^3}{\eta}\frac{\partial p}{\partial x}\right)+\frac{\partial}{\partial y}\left(\phi_y \frac{\overline{h}^3}{\eta}\frac{\partial p}{\partial y}\right)=6\phi_c\left[(U_1+U_2)\frac{\partial \overline{h}_T}{\partial x}+(V_1+V_2)\frac{\partial \overline{h}_T}{\partial y}\right]$$

$$+6(U_1-U_2)\frac{\partial \phi_s}{\partial x}+6(V_1-V_2)\frac{\partial \phi_s}{\partial y}+12\frac{\partial \overline{h}_T}{\partial t} \tag{3.10}$$

式中，ϕ_c 为接触因子。如果 $U_2=0$，$V_2=0$，且 $U_1=U$，$V_1=V$，那么式(3.10)简化为

$$\frac{\partial}{\partial x}\left(\phi_x \frac{\overline{h}^3}{\eta}\frac{\partial p}{\partial x}\right)+\frac{\partial}{\partial y}\left(\phi_y \frac{\overline{h}^3}{\eta}\frac{\partial p}{\partial y}\right)$$

$$=6\phi_c\left(U\frac{\partial \overline{h}_T}{\partial x}+V\frac{\partial \overline{h}_T}{\partial y}\right)-6U\frac{\partial \phi_s}{\partial x}-6V\frac{\partial \phi_s}{\partial y}+12\frac{\partial \overline{h}_T}{\partial t} \tag{3.11}$$

如果转化为柱坐标系，令 $x=R_B\theta$，R_B 为滑动轴承半径，θ 为圆周角(0°～360°)，则式(3.11)变为

$$\frac{\partial}{R_B\partial \theta}\left(\phi_\theta \frac{\overline{h}^3}{\eta}\frac{\partial p}{R_B\partial \theta}\right)+\frac{\partial}{\partial y}\left(\phi_y \frac{\overline{h}^3}{\eta}\frac{\partial p}{\partial y}\right)$$

$$=6\phi_c\left(U\frac{\partial \overline{h}_T}{R_B\partial \theta}+V\frac{\partial \overline{h}_T}{\partial y}\right)-6U\frac{\partial \phi_s}{R_B\partial \theta}-6V\frac{\partial \phi_s}{\partial y}+12\frac{\partial \overline{h}_T}{\partial t} \tag{3.12}$$

式中，$\phi_\theta=\phi_x$。

对于稳态问题，有

$$\frac{\partial}{R_B\partial \theta}\left(\phi_\theta \frac{\overline{h}^3}{\eta}\frac{\partial p}{R_B\partial \theta}\right)+\frac{\partial}{\partial y}\left(\phi_y \frac{\overline{h}^3}{\eta}\frac{\partial p}{\partial y}\right)$$

$$=6\phi_c\left(U\frac{\partial \overline{h}_T}{R_B\partial \theta}+V\frac{\partial \overline{h}_T}{\partial y}\right)-6U\frac{\partial \phi_s}{R_B\partial \theta}-6V\frac{\partial \phi_s}{\partial y} \tag{3.13}$$

1. 压力流因子

当 h/σ 趋于无穷大，或者 h 趋于无穷大，或者 σ 趋于 0 时，ϕ_x 和 ϕ_y 趋近于 1。

压力流因子等于粗糙表面压力项引起的流量与光滑表面压力项引起的流量之比，即

$$\phi_x = \frac{\overline{q}_x(p)}{q_x(\overline{p})} \tag{3.14}$$

令 $U_1 = U_2$，结合式(3.4)和式(3.6)，得

$$\frac{1}{L_y} \int_0^{L_y} \left(-\frac{h_{\mathrm{T}}^3}{12\eta} \frac{\partial p}{\partial x} + \frac{U_1 + U_2}{2} h_{\mathrm{T}} \right) \mathrm{d}y = -\phi_x \frac{h^3}{12\eta} \frac{\partial \overline{p}}{\partial x} + \frac{U_1 + U_2}{2} \overline{h}_{\mathrm{T}} \tag{3.15}$$

式中，L_y 为 y 方向的计算长度。化简式(3.15)，得 x 方向的压力流因子为

$$\phi_x = \frac{\dfrac{1}{L_y} \displaystyle\int_0^{L_y} \left(\dfrac{h_{\mathrm{T}}^3}{12\eta} \dfrac{\partial p}{\partial x} \right) \mathrm{d}y}{\dfrac{h^3}{12\eta} \dfrac{\partial \overline{p}}{\partial x}} \tag{3.16}$$

同理，y 方向的压力流因子为

$$\phi_y = \frac{\dfrac{1}{L_x} \displaystyle\int_0^{L_x} \left(\dfrac{h_{\mathrm{T}}^3}{12\eta} \dfrac{\partial p}{\partial y} \right) \mathrm{d}x}{\dfrac{h^3}{12\eta} \dfrac{\partial \overline{p}}{\partial y}} \tag{3.17}$$

式中，L_x 为 x 方向的计算长度。ϕ_x 和 ϕ_y 与表面纹理取向参数 γ 有关，γ 为两个正交方向长度自相关函数之比，即

$$\gamma = \frac{\lambda_{0.5x}}{\lambda_{0.5y}} \tag{3.18}$$

当 $\gamma = 0$ 时，表面为横向纹理的粗糙表面；当 $\gamma = 1$ 时，表面为各向同性的粗糙表面；当 $\gamma = \infty$ 时，表面为纵向纹理的粗糙表面。实际数值计算中，当 $\gamma = 1/9$ 时，表面为横向纹理的粗糙表面；当 $\gamma = 9$ 时，表面为纵向纹理的粗糙表面。

对于高斯表面，压力流因子是膜厚比 h/σ 和表面粗糙度纹理 γ 的函数：

$$\phi_x = \phi_x \left(\frac{h}{\sigma}, \gamma \right) \tag{3.19}$$

$$\phi_x = \begin{cases} 1 - C\mathrm{e}^{-r(h/\sigma)}, & \gamma \leqslant 1 \\ 1 + C\left(\dfrac{h}{\sigma} \right)^{-r}, & \gamma > 1 \end{cases} \tag{3.20}$$

式中，各项系数取值如表3.1所示。

表 3.1　压力流公式各项系数取值

膜厚比	γ	C	r
$h/\sigma>1$	1/9	1.48	0.42
$h/\sigma>1$	1/6	1.38	0.42
$h/\sigma>0.75$	1/3	1.18	0.42
$h/\sigma>0.5$	1	0.9	0.56
$h/\sigma>0.5$	3	0.22	1.5
$h/\sigma>0.5$	6	0.52	1.5
$h/\sigma>0.5$	9	0.87	1.5

同理，y 方向的压力流因子与膜厚比 h/σ 和表面粗糙度纹理 γ 的函数为

$$\phi_y = \phi_y\left(\frac{h}{\sigma}, \gamma\right) \tag{3.21}$$

由于 x 和 y 方向正交，故

$$\phi_y\left(\frac{h}{\sigma}, \gamma\right) = \phi_x\left(\frac{h}{\sigma}, \frac{1}{\gamma}\right) \tag{3.22}$$

2. 剪切流因子

与压力流因子类似，剪切流因子也是膜厚比 h/σ 和表面粗糙度纹理 γ 的函数：

$$\phi_s = \left(\frac{\sigma_1}{\sigma}\right)^2 \Phi_s\left(\frac{h}{\sigma}, \gamma_1\right) - \left(\frac{\sigma_2}{\sigma}\right)^2 \Phi_s\left(\frac{h}{\sigma}, \gamma_2\right) \tag{3.23}$$

式中，ϕ_s 为两粗糙表面综合剪切流因子函数；Φ_s 为单个粗糙表面剪切量因子函数。

当膜厚比 $h/\sigma \leqslant 5$ 时，有

$$\Phi_s = A_1 \left(\frac{h}{\sigma}\right)^{\alpha_1} e^{-\alpha_2(h/\sigma)+\alpha_3(h/\sigma)^2} \tag{3.24}$$

当膜厚比 $h/\sigma>5$ 时，有

$$\Phi_s = A_2 e^{-0.25(h/\sigma)} \tag{3.25}$$

不同表面粗糙度纹理 γ 下，式(3.24)和式(3.25)中各项系数取值如表 3.2 所示。

表 3.2　剪切流公式各项系数取值

γ	A_1	A_2	α_1	α_2	α_3
1/9	2.046	1.856	1.12	0.78	0.03
1/6	1.962	1.754	1.08	0.77	0.03
1/3	1.858	1.561	1.01	0.76	0.03
1	1.899	1.126	0.98	0.92	0.05
3	1.56	0.556	0.85	1.13	0.08
6	1.29	0.388	0.62	1.09	0.08
9	1.011	0.295	0.54	1.07	0.08

3. 接触因子

两粗糙表面的间隙 h_T 与名义间隙 h 之间的关系可由接触因子表示：

$$\phi_\mathrm{c} = \frac{\partial h_\mathrm{T}}{\partial h} \tag{3.26}$$

对于高斯表面，接触因子表达式如下：

$$\phi_\mathrm{c} = \begin{cases} \mathrm{e}^{-0.6912+0.782(h/\sigma)-0.304(h/\sigma)^2+0.0401(h/\sigma)^3}, & 0 \leqslant \dfrac{h}{\sigma} < 3 \\ 1, & \dfrac{h}{\sigma} \geqslant 3 \end{cases} \tag{3.27}$$

3.1.2　微凸体接触模型

在统计接触力学领域，广泛应用的粗糙表面接触模型主要有针对弹性接触的 Greenwood-Tripp 模型（简称 GT 模型）[19,20]，以及针对弹塑性接触的 Ren-Lee 模型[21]和 Kogut-Etsion 模型（简称 KE 模型）[22]等。这些粗糙表面的统计接触模型与平均雷诺方程耦合求解，即可获得滑动轴承界面混合润滑特性。下面分别概述这三种粗糙表面统计接触模型。

1. Greenwood-Tripp 模型

粗糙表面接触特性求解是一个非常重要同时又具有挑战性的问题。所有的工程表面都不可避免地具有一定的粗糙度，表面粗糙峰的高度变化通常可以分解为周期性和随机元素。即使对于只有周期性表面结构而没有随机性的接触问题，也可能很难甚至不可能找到解析解。事实上，粗糙表面几何结构的各个方面普遍存在随机性，包括粗糙表面的高度、形状、大小、曲率半径和横向间距分布模式等，这往往使获取解析解变得困难。

为了求解粗糙表面接触问题，需要进行简化和近似。两个名义上平坦但实际上粗糙的表面之间的接触可以简单地看成表面粗糙点之间的大量微观接触。1966 年，Greenwood 和 Williamson[19]提出了基于统计分析的粗糙表面和光滑表面之间弹性和弹塑性接触模型，后来由 Greenwood 和 Tripp[20]扩展了代表性模型，该模型主要进行了以下简化假设：

（1）粗糙表面由大量具有相同球面（或椭球面）顶点的表面所表示，其高度仅与平均粗糙度高度的参考平面有关。

（2）每一对粗糙峰接触的粗糙点是不对齐的，所以通常的接触是在两个粗糙峰之间。

（3）表面粗糙峰高度在统计上服从高斯分布。

（4）接触过程中，每一对非球面独立作用，不同非球面对之间的相互作用被忽略。

两个粗糙表面接触模型如图 3.3 所示。粗糙表面由许多球面组成，其表面粗糙高度 z 相对于平均粗糙高度参考平面是一个随机变量，且常被假设为高斯分布。这个假设适用于许多已加工的粗糙表面。

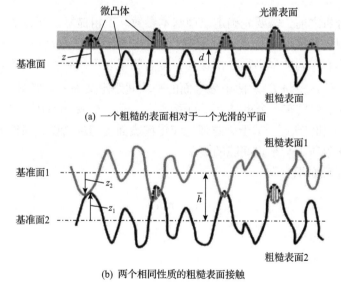

(a) 一个粗糙的表面相对于一个光滑的平面

(b) 两个相同性质的粗糙表面接触

图 3.3　名义上平坦的粗糙表面的接触示意图

如图 3.3(a)所示，在法向载荷作用下，粗糙表面与理想光滑平面接触时，两表面将被平均间隙 d 分开。高度大于 d 的小曲面微接触集合构成了两表面间的接触特性。实际接触面积是由单个微凸体接触引起的接触面积之和，总接触力是单个微凸体接触力之和。需要注意的是，总的实际接触面积通常比公称（或称名义）接触面积小得多。

Greenwood 和 Tripp[20]将该单一粗糙表面接触模型扩展为两粗糙表面接触模型，如图 3.3(b)所示。若 z_1、z_2 分别为粗糙表面 1 和粗糙表面 2 的微凸体高度，R_{q1}、R_{q2} 分别为粗糙表面 1 和粗糙表面 2 的均方根粗糙度，则由此合成的均方根粗糙度为

$$\sigma = \sqrt{R_{q1}^2 + R_{q2}^2} \tag{3.28}$$

σ 通常被称为复合均方根粗糙度。

Greenwood 和 Tripp[20]指出，两个粗糙表面的统计接触模型得出的结果与复合粗糙表面和光滑平面的算术组合模型得出的结果相同，该复合粗糙表面具有均方根粗糙度。复合粗糙表面粗糙度高度的概率密度函数 $\phi(z)$ 通常假设为高斯分布，表达式如下：

$$\phi(z) = \frac{1}{\sigma\sqrt{2\pi}} \exp\left(-\frac{z^2}{2\sigma^2}\right) \tag{3.29}$$

在进行分析之前，需要先确定模型基本参数。设粗糙峰密度为 D，名义接触面积为 A，则名义接触面积 A 内表面微凸体的总数可计算为 DA。同时，假设粗糙峰形状是具有相同曲率半径 β 的球面，复合粗糙表面的弹性模量等效为两个粗糙表面的复合弹性模量 E^*。两个参考面的平均间距定义为 $\bar{h}$，如图 3.3(b)所示。需要注意的是，在只有一个粗糙表面的情况下，$h=d$。Greenwood 和 Williamson[19]及 Greenwood 和 Tripp[20]基于赫兹理论和粗糙表面粗糙度高度的高斯分布假设，推导了平均接触压力与平均间隙的关系。

粗糙面接触面积为

$$A_a = \pi\beta\delta$$

式中，δ 为干涉量。

粗糙面接触力为

$$W_a = \frac{4}{3}E^*\delta^{3/2}\beta^{1/2}$$

式中，E^* 为复合弹性模量。

对于任意给定高度为 z 的粗糙面，其接触的概率为 $\int_d^\infty \phi(z)\mathrm{d}z$，名义接触面积

A 内表面微凸体的总数为 DA 。因此，微凸体接触的实际总数应该为

$$N_T = DA \int_d^\infty \phi(z)\mathrm{d}z \tag{3.30}$$

考虑到 $\delta = z - d$ 及 $A_a = \pi\beta\delta$ ，其中，d 为两粗糙表面中性线距离，可以得到平均接触面积如下：

$$A_{\mathrm{ave}} = \int_d^\infty \pi\beta(z-d)\phi(z)\mathrm{d}z \tag{3.31}$$

总的粗糙接触面积为

$$A_T = \pi D\beta \int_d^\infty \pi\beta(z-d)\phi(z)\mathrm{d}z \tag{3.32}$$

同理，总接触力可以写为

$$P_T = \frac{4}{3} DE^* \beta^{1/2} \int_d^\infty \pi\beta(z-d)^{3/2}\phi(z)\mathrm{d}z \tag{3.33}$$

式 (3.29) ～式 (3.33) 是由 Greenwood 和 Williamson[19] 采用单一粗糙表面接触模型推导的。对于两个粗糙表面，一个重要的参数膜厚比 λ 定义为

$$\lambda = \frac{\bar{h}}{\sigma} \tag{3.34}$$

在使用高斯分布时，其粗糙峰高度分布服从式 (3.29) 所示的分布 $\phi(z)$ ，然后获得粗糙面间接触密度 N (单位名义接触面积中粗糙面接触点的数量)、接触面积比 A (粗糙面实际接触面积与名义接触面积之比) 和平均接触压力 $\tilde{p}$ ，表达式如下：

$$N(\lambda) = N_T / A = 4\pi D(D\beta\sigma)F_1(\lambda) \tag{3.35}$$

$$A(\lambda) = A_T / A = \pi^2 (D\beta\sigma)^2 F_2(\lambda) \tag{3.36}$$

$$\tilde{p}(\lambda) = P_T / A = KE^* F_{2.5}(\lambda) \tag{3.37}$$

其中，

$$K = \frac{16\sqrt{2}\pi}{15}(D\beta\sigma)^2 \sqrt{\frac{\sigma}{\beta}}$$

函数 $F_m(m=1,2,2.5)$ 可表示为

$$F_m(u) = \frac{1}{\sqrt{2\pi}} \int_u^\infty (s-u)^m e^{-s^2/2} ds \qquad (3.38)$$

为了便于计算，Patir 和 Cheng[17]对积分函数 $F_{2.5}$ 进行了经验处理，最终得到如下计算公式($0.5<\lambda<4$)：

$$F_{2.5}(\lambda) = \begin{cases} 4.4086\times10^{-5}(4-\lambda)^{6.804}, & 0.5 < \lambda < 4 \\ 0, & \lambda \geqslant 4 \end{cases} \qquad (3.39)$$

2. Ren-Lee 模型

对于粗糙表面描述和接触分析的统计方法(如 Greenwood 等[19,20]所述)，其主要优点为表达式简单且为显式，这非常有利于封闭形式接触方程的推导和有效地推动接触建模方法的发展。然而，必须指出的是，简化粗糙峰顶形状的基本假设存在一定问题，与实际工程表面形貌的多样性相矛盾。更重要的是，用赫兹理论单独分析每个微凸体接触而忽略相邻微凸体之间的相互作用，可能会导致无法处理大载荷接触的问题。在大载荷接触中，微凸体可能会发生显著的相互影响和深度渗透，相邻的微凸体接触区域往往会发生合并。事实上，上述随机接触模型(GT 模型)只能很好地处理轻载荷的粗糙表面接触。近年来，粗糙表面接触问题越来越多地通过数值模拟来解决。接下来介绍基于数值解的经验公式。

由于数值模拟模型建立在连续介质力学基础上，采用数字化的粗糙表面真实形貌，不需要对粗糙表面的形状、顶点半径和高度分布等进行假设，自动考虑了粗糙表面的相互影响。此外，还可以考虑更多的物理条件，如温度和塑性变形等。

使用数值生成或测量的真实粗糙表面，其表面在地形属性上可能有很大的差异。例如，从各向同性到各向异性，可以根据大量数值模拟的结果，通过数学回归开发经验方程来预测接触性能，通常包括平均接触压力、表面分离(或平均间隙)和实际接触面积等。

1996 年，Lee 和 Ren[21]对大量粗糙表面的完美弹塑性(elastic-perfectly-plastic)接触性能进行了数值模拟，并对仿真结果进行了曲线拟合，建立了预测粗糙表面接触性能参数的经验公式。应用这些公式时，定义两个正交方向的自相关长度之比为粗糙面的纵横比 γ。当 γ 大于 6.0 时，设 γ 为 6.0；当 γ 小于 1.0 时，考虑 x 和 y 的切换，应设 γ 为 $1/\gamma$；当无量纲材料硬度 H_Y 大于 5.0 时，设 H_Y 为 5.0。

实际微凸体接触面积的计算公式为

$$
\overline{A} = \begin{cases} \dfrac{A_{\mathrm{r}}\left(\gamma, H_{\mathrm{Y}}, \overline{P}\right)}{A_{\mathrm{n}}} = \displaystyle\sum_{i=1}^{4}\left(\boldsymbol{\gamma}_{\mathrm{A}}^{\mathrm{T}}\left[A_i\right]\boldsymbol{H}_{\mathrm{Y}}\right)\left(\overline{P}\right)^{i}, & \overline{P} < H_{\mathrm{Y}} \\[3mm] \dfrac{A_{\mathrm{r}}\left(\gamma, H_{\mathrm{Y}}, \overline{P}\right)}{A_{\mathrm{n}}} = 1.0, & \overline{P} \geqslant H_{\mathrm{Y}} \end{cases} \tag{3.40}
$$

式中，A_{r} 为总实际接触面积；A_{n} 为名义接触面积；$\overline{P}$ 为无量纲接触压力。$\boldsymbol{\gamma}_{\mathrm{A}}$ 和 $\boldsymbol{H}_{\mathrm{Y}}$ 的转置表示为

$$
\boldsymbol{\gamma}_{\mathrm{A}}^{\mathrm{T}} = \left[1, \gamma, \gamma^2, \gamma^3\right], \quad \boldsymbol{H}_{\mathrm{Y}}^{\mathrm{T}} = \left[1, H_{\mathrm{Y}}^{-1}, H_{\mathrm{Y}}^{-2}, H_{\mathrm{Y}}^{-3}\right] \tag{3.41}
$$

平均间隙公式为

$$
\overline{H} = \begin{cases} \dfrac{\overline{h}\left(\gamma, H_{\mathrm{Y}}, \overline{P}\right)}{\sigma} = \exp\left\{\displaystyle\sum_{i=1}^{4}\left(\boldsymbol{\gamma}_{\mathrm{G}}^{\mathrm{T}}\left[G_i\right]\boldsymbol{H}_{\mathrm{Y}}\right)\left(\overline{P}\right)^{i}\right\}, & \overline{P} < H_{\mathrm{Y}} \\[3mm] \dfrac{\overline{h}\left(\gamma, H_{\mathrm{Y}}, \overline{P}\right)}{\sigma} = 0.0, & \overline{P} \geqslant H_{\mathrm{Y}} \end{cases} \tag{3.42}
$$

式中，$\boldsymbol{\gamma}_{\mathrm{G}}^{\mathrm{T}} = \left[1, \gamma^{-1}, \gamma^{-2}, \gamma^{-3}\right]$，矩阵 $\left[A_i\right](i=1,2,3,4)$ 及 $\left[G_i\right](i=0,1,2,3,4)$ 由文献[21] 给出，剩余的性能参数如无量纲接触压力 $\overline{P}$，可以通过接触力除以实际接触面积 来计算。

3. Kogut-Etsion 模型

2003 年，Kogut 和 Etsion[22]利用适用于任意弹性或塑性变形模式的本构关系 建立了可变形球体在刚性平面挤压下的无摩擦弹塑性接触有限元模型。该模型提 供了接触力、接触面积和平均接触压力的无量纲表达式，涵盖了从屈服开始到球 形接触区完全塑性的大范围干涉值，且不限于特定的材料或几何尺寸（无量纲表 达）。根据该模型，摩擦副界面无量纲接触力可由式(3.43)计算：

$$
\begin{aligned} F_{\mathrm{c}}^{*} = \frac{F_{\mathrm{c}}}{A_{\mathrm{n}}H_{\mathrm{B}}} = \frac{2}{3}\pi\sigma\beta DK\omega_{\mathrm{c}}^{*}\Bigg(&\int_{h^{*}}^{h^{*}+\omega_{\mathrm{c}}^{*}} I_{\mathrm{c}}^{1.5} + 1.03\int_{h^{*}+\omega_{\mathrm{c}}^{*}}^{h^{*}+6\omega_{\mathrm{c}}^{*}} I_{\mathrm{c}}^{1.425} \\ &+ 1.4\int_{h^{*}+6\omega_{\mathrm{c}}^{*}}^{h^{*}+110\omega_{\mathrm{c}}^{*}} I_{\mathrm{c}}^{1.263} + \frac{3}{K}\int_{h^{*}+110\omega_{\mathrm{c}}^{*}}^{\infty} I_{\mathrm{c}}^{1}\Bigg) \end{aligned} \tag{3.43}
$$

式中，"*" 代表无量纲参数，其中 h^{*} 和 ω_{c}^{*} 的无量纲相对单位都为表面复合粗糙度 参数 σ；β 为粗糙峰曲率半径；D 为粗糙峰密度；K 为一个与泊松比 υ_{B} 相关的无 量纲参数；H_{B} 为轴承硬度；I_{c} 表示积分运算，其具体表达式为

$$I_c^b = \left(\frac{z^* - h^*}{\omega_c^*} \right)^b \phi^*\left(z^*\right) dz^* \tag{3.44}$$

式中，z^* 的无量纲相对单位为 σ；$\phi^*\left(z^*\right)$ 为无量纲粗糙表面概率密度函数，可按式 (3.45) 计算：

$$\phi^*\left(z^*\right) = \frac{1}{\sqrt{2\pi}} \frac{\sigma_s}{\sigma} \exp\left[-0.5\left(\frac{\sigma_s}{\sigma}\right)^2 \left(z^*\right)^2 \right] \tag{3.45}$$

式中，σ_s 为粗糙表面高度均方根值。σ_s 与粗糙峰均方根值 σ 的关系表达式如下：

$$\frac{\sigma_s}{\sigma} = \sqrt{1 - \frac{3.717E-4}{(\sigma\beta D)^2}} \approx 1.0 \tag{3.46}$$

Kogut 和 Etsion 指出，σ_s 与 σ 的比值约等于 1。式 (3.43) 中，ω_c^* 可按式 (3.47) 计算：

$$\omega_c^* = \left(\frac{\pi K H_B}{2E^*} \right)^2 \frac{\beta}{\sigma} \tag{3.47}$$

其中，K 可按式 (3.48) 计算：

$$K = 0.454 + 0.41\upsilon_B \tag{3.48}$$

根据 Kogut-Etsion 模型，两粗糙表面间真实接触面积 A_r 可按式 (3.49) 计算：

$$A_r^* = \frac{A_r}{A_n} = \pi\sigma\beta D\omega_c^* \left(\int_{h^*}^{h^*+\omega_c^*} I_c^1 + 0.93 \int_{h^*+\omega_c^*}^{h^*+6\omega_c^*} I_c^{1.136} \right.$$
$$\left. + 0.94 \int_{h^*+6\omega_c^*}^{h^*+110\omega_c^*} I_c^{1.146} + 2 \int_{h^*+110\omega_c^*}^{\infty} I_c^1 \right) \tag{3.49}$$

式中，A_n 为名义接触面积。

3.1.3　滑动轴承混合润滑力平衡方程

1. 载荷平衡方程

当滑动轴承处于混合润滑状态时，其承载力由流体压力和微凸体接触压力共同承担。

流体润滑中，在承载面上对流体压力 p_h 和流体剪切应力 τ_h 积分即可得到流体承载力分量：

$$\begin{cases} F_{h\xi} = \int_0^L \int_0^{2\pi} p_h(\theta,y)R\sin(\theta-\psi)\mathrm{d}\theta\mathrm{d}y + \int_0^L \int_0^{2\pi} \tau_h(\theta,y)R\cos(\theta-\psi)\mathrm{d}\theta\mathrm{d}y \\ F_{h\eta} = -\int_0^L \int_0^{2\pi} p_h(\theta,y)R\cos(\theta-\psi)\mathrm{d}\theta\mathrm{d}y + \int_0^L \int_0^{2\pi} \tau_h(\theta,y)R\sin(\theta-\psi)\mathrm{d}\theta\mathrm{d}y \end{cases} \tag{3.50}$$

式中，下标 ξ 和 η 分别代表水平和竖直方向；R 代表轴承内径；θ 和 y 分别代表滑动轴承周向和轴向；ψ 代表滑动轴承偏位角。在微凸体接触模型中，对微凸体接触压力 p_c 和剪切应力 τ_c 求和积分得到微凸体承载力分量：

$$\begin{cases} F_{c\xi} = \sum_{i=1}^N \iint_{A_n} p_{ci}(\theta,y)\cos(\theta-\psi)\mathrm{d}A + \sum_{i=1}^N \iint_{A_n} \tau_{ci}(\theta,y)\sin(\theta-\psi)\mathrm{d}A \\ F_{c\eta} = -\sum_{i=1}^N \iint_{A_n} p_{ci}(\theta,y)\sin(\theta-\psi)\mathrm{d}A + \sum_{i=1}^N \iint_{A_n} \tau_{ci}(\theta,y)\cos(\theta-\psi)\mathrm{d}A \end{cases} \tag{3.51}$$

式中，p_{ci} 为微凸体接触压力；A 为微凸体接触面积。

通常情况下，相比于流体压力和接触压力，流体剪切应力和微凸体剪切应力较小，在计算承载力时，一般不考虑它们的作用，即

$$\begin{cases} F_{h\xi} = \int_0^L \int_0^{2\pi} p_h(\theta,y)r\sin(\theta-\psi)\mathrm{d}\theta\mathrm{d}y \\ F_{h\eta} = -\int_0^L \int_0^{2\pi} p_h(\theta,y)r\cos(\theta-\psi)\mathrm{d}\theta\mathrm{d}y \end{cases} \tag{3.52}$$

$$\begin{cases} F_{c\xi} = \sum_{i=1}^N \iint_{A_n} p_{ci}(\theta,y)\cos(\theta-\psi)\mathrm{d}A \\ F_{c\eta} = -\sum_{i=1}^N \iint_{A_n} p_{ci}(\theta,y)\sin(\theta-\psi)\mathrm{d}A \end{cases} \tag{3.53}$$

混合润滑状态下，滑动轴承承载力和偏位角表达式如下：

$$W = \sqrt{\left(F_{h\xi}+F_{c\xi}\right)^2 + \left(F_{h\eta}+F_{c\eta}\right)^2} \tag{3.54}$$

$$\psi = \arctan\left(\frac{F_{h\xi}+F_{c\eta}}{F_{h\xi}+F_{c\eta}}\right) \tag{3.55}$$

2. 摩擦力和摩擦系数

混合润滑状态下，滑动轴承的摩擦力为流体剪切应力 τ_h 和微凸体剪切应力 τ_c

在作用面积内的积分：

$$f = \int_0^L \int_0^{2\pi} \tau_{\mathrm{h}}(\theta, y) r \mathrm{d}\theta \mathrm{d}y + \sum_{i=1}^{N} \iint\limits_{A_{\mathrm{n}}} \tau_{ci} \mathrm{d}A \tag{3.56}$$

流体润滑中，流体产生的剪切应力可计算为

$$\tau_{\mathrm{h}}(\theta, y) = \frac{\eta \omega r}{h} + \frac{h}{2r} \frac{\partial p_{\mathrm{h}}}{\partial \theta} \tag{3.57}$$

微凸体接触模型中，单个微凸体产生的剪切应力可计算为

$$\tau_{ci} = \mu_{\mathrm{c}} p_{ci} \tag{3.58}$$

式中，μ_{c} 为边界摩擦系数；p_{ci} 为接触压力。

将式(3.57)和式(3.58)代入式(3.56)中，得到摩擦力为

$$f = \int_0^L \int_0^{2\pi} \left(\frac{\eta \omega r^2}{h} + \frac{h}{2} \frac{\partial p_{\mathrm{h}}}{\partial \theta} \right) \mathrm{d}\theta \mathrm{d}y + \sum_{i=1}^{N} \iint\limits_{A_{\mathrm{n}}} \mu_{\mathrm{c}} p_{ci} \mathrm{d}A \tag{3.59}$$

因此，摩擦系数可计算为

$$\mu = \frac{f}{W} \tag{3.60}$$

式中，W 为滑动轴承外载荷。

3.2　多线程并行计算方法

3.2.1　OpenMP 多线程并行计算模型

混合润滑模型虽然可以比较准确地模拟实际润滑状态，但是需要将雷诺方程与弹性变形、粗糙面接触的求解相耦合，使模型收敛变得非常困难，需要消耗较长的求解时间。随着计算机的高速发展，多核多线程并行计算成为提高混合润滑数值计算速度有效可行的方法。由于 OpenMP 多线程并行计算语言简洁易懂且与 Fortran 等语言融合性好，被广泛用来求解流体力学问题。OpenMP 采用 Fork-Join 执行模型[23](图 3.4)，当主线程在运行过程中遇到并行编译制导语句时，根据环境变量如循环迭代次数等派生出若干线程(Fork，即创建新线程或从线程池中唤醒已有线程)来执行并行任务，此时主线程与派生线程同时并行运行。在运行过程中，当某一派生线程遇到另一并行编译制导语句时，会继续派生出另一组线程，新的线程组与原有线程组之间相当于一块并行程序。当执行完并行程序块时，派生线程退出或挂起，控制流程恢复为单独主线程执行模式(Join，即多线程会和)。

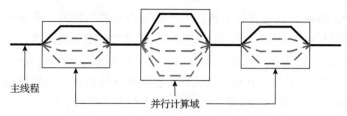

主线程

并行计算域

图 3.4 OpenMP 采用的 Fork-Join 执行模型

Wang 和 Chang[24]针对滑动轴承提出了基于 OpenMP 的区域法和棋盘法快速并行计算模型，显著提高了弹性流体动压润滑计算速度，如图 3.5 所示。此外，Wang 和 Chang[24]还比较了区域法和棋盘法并行数值计算的效率，结果表明，棋盘法并行计算模型优于区域法并行计算模型。原因为：区域法并行计算模型中，两个计算块的交界处会出现数据争用现象，如图 3.5(a)中虚线包围的两个区域。Chan 等[25]采用棋盘法分析了表面微观沟槽对滑动轴承润滑特性的影响，并比较了不同线程和计算机配置对表面微观织构润滑问题的求解速度和计算效率。

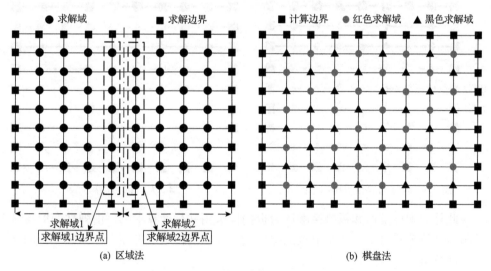

● 求解域　■ 求解边界　　　　■ 计算边界　● 红色求解域　▲ 黑色求解域

求解域1　求解域2

求解域1边界点　求解域2边界点

(a) 区域法　　　　　　　　　　(b) 棋盘法

图 3.5 并行计算差分模型

本书针对混合润滑数值计算模型比较耗时的难题，基于 OpenMP 提出一种特殊的快速并行计算方法——红黑线交叉并行计算法，与棋盘法相比，该方法进一步加快了滑动轴承混合润滑求解速度[26, 27]。

雷诺方程多线程并行数值计算是将求解域的节点随机分配给中央处理器 (central processing unit, CPU) 的 m 个线程，然后 m 个 CPU 线程同时并行求解，从而显著加快求解速度。然而雷诺方程的节点之间不是相互独立的，如求解第 n 行时需要用到 $n-1$ 和 $n+1$ 行的值，如图 3.6 所示。因此，如果直接将雷诺方程求解域随机分配给 CPU 的 m 个线程并行求解，就会导致 CPU 读写混乱，使得程序无法收敛或收敛但无法得到正确结果。例如，采用两个线程对雷诺方程直接并行求解，当线程 1 求解 n 行时，线程 2 可能在求解 $n+1$ 行。这时线程 1 会读取 $n+1$ 行和 $n-1$ 行的数据，并将求解结果写入 n 行，而线程 2 会读取 n 行和 $n+2$ 行的数据，并将求解结果写入 $n+1$ 行。这样，当线程 1 在读取 $n+1$ 行节点值时，线程 2 正在将新的求解结果写入 $n+1$ 行，从而导致线程间的读写混乱，影响求解结果，甚至导致不收敛。

因此，本书提出一种并行计算方法，如图 3.7 所示。将雷诺方程求解域分成相互独立的两个子求解域(红色求解域和黑色求解域)，并依次将两求解区域并行求解(如先求解红色求解域，再求解黑色求解域)。当 CPU 求解红色求解域时只用到黑色求解域的节点值，同样，CPU 求解黑色求解域时只用到红色求解域的节点值。这样红色求解域和黑色求解域各自的求解过程完全相互独立，互不影响，从而加快了雷诺方程的收敛速度。

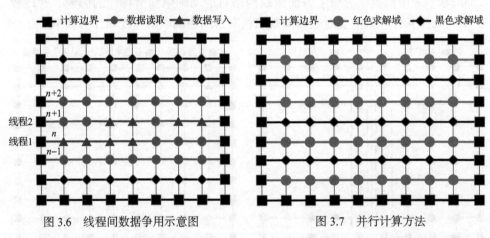

图 3.6　线程间数据争用示意图　　　　　　　　图 3.7　并行计算方法

此外，弹性变形和粗糙接触压力也同样采用并行计算求解。由弹性变形与接触压力计算公式可知，各个节点的弹性变形和粗糙接触压力完全相互独立，因此这两部分可以直接并行求解。

3.2.2　并行速度与效率

并行计算所采用的工作站配置如表 3.3 所示。图 3.8(a)给出了本书提出的奇偶并行计算模型与 Chan 等[25]采用棋盘并行计算模型和 Wang 等[28]采用非并行计算模型求解结果的比较。由图可以看出，奇偶并行计算模型与棋盘并行计算模型和非并行计算模型的求解结果非常吻合。此外，图 3.8(b)还给出了奇偶并行计算模型求解结果与 Wang 等[28]采用非并行计算模型求解结果之间的相对误差，求解误差随着偏心率的增加呈现出增长趋势，但最大误差仅为 0.05%。

表 3.3　工作站参数

参数	工作站 1(Hp Z420)	工作站 2(ThinkStation D30)
CPU	Intel Xeon E5-1650 v2	Intel Xeon E5-2630 v2
核心	6 核	12 核(两个 CPU)
主频	3.5GHz	2.6GHz
缓存	12MB	15MB
内存	16GB	32GB

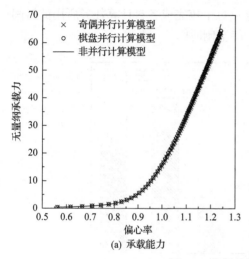
(a) 承载能力

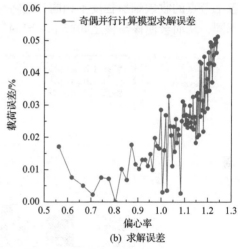
(b) 求解误差

图 3.8　奇偶并行计算模型验证

　　图 3.9 和图 3.10 给出了工作站配置、网格数量和并行计算核数对并行计算性能的影响。由图 3.9 可知，采用相同的核心数进行计算，工作站 1 的计算速度比工作站 2 大约高 43%，表明提高 CPU 主频能够显著加快 CPU 并行处理速度，提高计算效率。

　　当网格数量较少时，工作站 1 的满核(6 核)计算速度甚至高于工作站 2 的满核(12 核)计算速度，但这种优势随着网格数量的增加而减弱，且当网格数量较多时工作站 2 的满核计算速度明显高于工作站 1 的满核计算速度。这是由于当网格数量较少时，程序完成一次迭代耗时较短，同时并行计算的核数越多，核与核之间因交换数据信息而消耗的时间占总时间的比例就越大，从而增加了计算时间。但当网格数量较多时，由于程序完成一次迭代耗时较长，从而降低了核与核之间因交换数据信息而消耗的时间占总时间的比例，使计算速度相对提高。这表明多核并行计算尤其适用于多网格、难收敛和极耗时的复杂计算模型。

　　由图 3.10 可知，并行计算时间随着并行计算核数的增加而降低，加速比随着并行计算核数的增加而增加，但计算速度的降低幅度和加速比的增加幅度随着并行计算核数的增加而降低。其中，加速比为非并行程序计算时间与并行程序计算时间的比值。加速比的理想值等于所执行计算的 CPU 核数，如采用 2 核 CPU 计算的理想加速比为 2，但实际加速比小于理想加速比，且实际加速比的增幅随着计算核数的增加而降低，原因如下：

(1)采用多核计算时，核与核之间的数据信息交换与传递将会消耗一部分时间，且并行计算核数越多，由数据信息交换与传递所带来的额外时间消耗就越多。

(2)并行计算时，CPU 的每个核所分配到的计算量相同(网格节点数相同)，但各个节点的收敛难易程度不相同，这将导致每个核完成各自计算任务所用的时间不同，从而会使核与核之间产生一定的等待空闲时间。

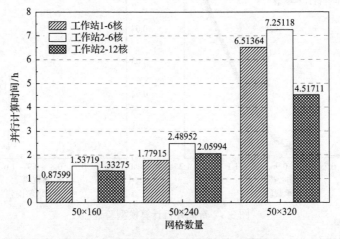

图 3.9　工作站配置对并行计算性能的影响

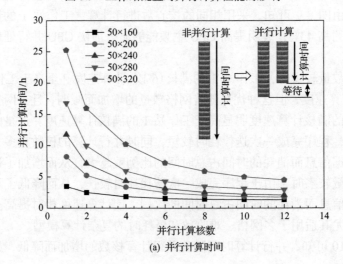

(a) 并行计算时间

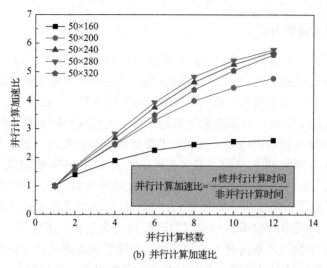

(b) 并行计算加速比

图 3.10　网格数量与并行计算核数对并行计算性能的影响

（3）计算程序中，除了压力、变形、膜厚、载荷的计算程序采用并行处理外，其余的一些辅助程序均无法采用并行处理，仍然采用单核计算。

此外，计算时间随着网格数量的增加而增加，加速比随着网格数量的增加而先增加后降低。

图 3.11 给出了并行计算时间随偏心率的变化曲线（网格数为 50×320）。由图可知，与动压润滑区（全膜润滑区）相比，混合润滑区并行计算时间的波动较大，这是由于接触压力的产生使程序的收敛程度发生了较大的变化。

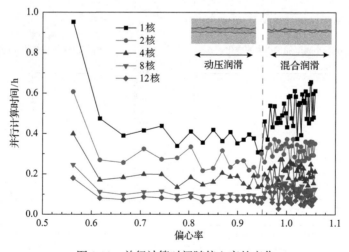

图 3.11　并行计算时间随偏心率的变化

3.2.3　混合润滑算例分析

滑动轴承混合润滑典型算例中的基本参数(材料、尺寸、结构、表面等)与文献[28]保持一致。如图 3.12(a)所示,随着偏心率的增大,最小膜厚逐渐减小;当偏心率从 0.86 增加到 1.09 时,最小膜厚从 6.8μm 减小到 1.5μm 左右。如图 3.12(b)所示,在动压润滑阶段,摩擦系数随偏心率的增大有减小的趋势,但在偏心率大于 1.01 之后摩擦系数略微增大,这是由界面接触力所导致的。如图 3.12(c)所示,当偏心率从 0.86 增加到 1.09 时,最大流体压力从 12.99MPa 增加到 171.82MPa。如图 3.12(d)所示,当偏心率小于 1.01 时,最大接触压力为 0,此时滑动轴承处于流体动压润滑阶段;而当偏心率大于 1.01 时,接触压力开始出现且随着偏心率的增大而增大,说明滑动轴承从动压润滑阶段转变为混合润滑阶段。如图 3.12(e)和(f)所示,无量纲流体载荷和无量纲接触力均随着偏心率的增大而增大。值得注意的是,无量纲接触力仅在偏心率大于 1.01 时开始出现,这与最大接触压力对应。

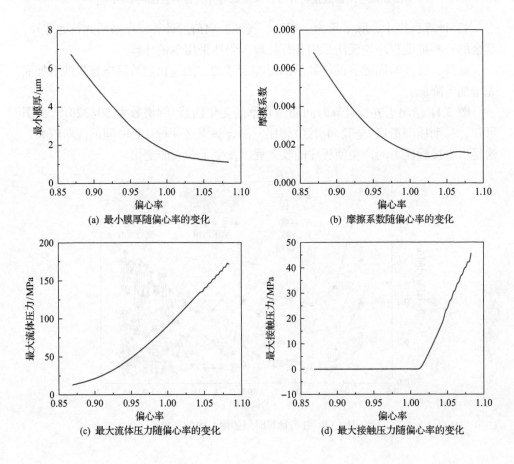

(a) 最小膜厚随偏心率的变化　　　　(b) 摩擦系数随偏心率的变化

(c) 最大流体压力随偏心率的变化　　　(d) 最大接触压力随偏心率的变化

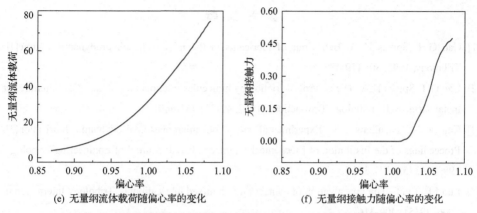

(e) 无量纲流体载荷随偏心率的变化　　(f) 无量纲接触力随偏心率的变化

图 3.12　最小膜厚、摩擦系数、最大流体压力、最大接触压力、
无量纲流体载荷和无量纲接触力随偏心率的变化

图 3.13(a)～(d)分别展示了偏心率为 1.08 时，滑动轴承流体压力分布、接触压力分布、流体膜厚度分布和弹性变形分布。可以看出，流体压力最大为 172.0MPa，接触压力最大为 45.60MPa，流体膜厚度最大为 106.0μm，弹性变形最大为 3.420μm，轴承的接触压力呈现显著的“边缘接触”特点，这是由轴承两侧的动压端泄效应导致的压降使得轴承内表面的压力分布呈现“中间高、两端低”的特点，导致在轴承两端发生粗糙峰接触的概率大于在轴承中间部分。

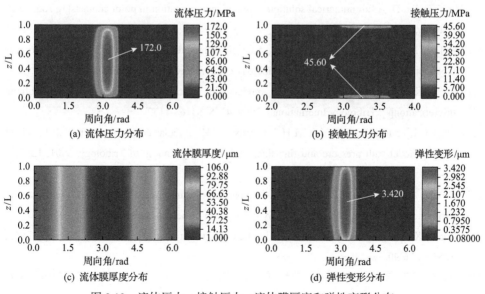

(a) 流体压力分布　　　　　　　(b) 接触压力分布

(c) 流体膜厚度分布　　　　　　(d) 弹性变形分布

图 3.13　流体压力、接触压力、流体膜厚度和弹性变形分布

参 考 文 献

[1] Gao G T, Spikes H A. Behaviour of lubricants in the mixed elastohydrodynamic regime[J]. Tribology, 1995, 30: 479-485.

[2] Gao G T, Spikes H A. The control of friction by molecular fractionation of base fluid mixtures at metal surfaces[J]. Tribology Transactions, 1997, 40(3): 461-469.

[3] Kaneta M, Nishikawa H. Experimental study on microelastohydrodynamic lubrication[J]. Proceedings of the Institution of Mechanical Engineers, Part J: Journal of Engineering Tribology, 1999, 213(5): 371-381.

[4] Luo J B, Liu S. The investigation of contact ratio in mixed lubrication[J]. Tribology International, 2006, 39(5): 409-416.

[5] Křupka I, Hartl M. The effect of surface texturing on thin EHD lubrication films[J]. Tribology International, 2007, 40(7): 1100-1110.

[6] Křupka I, Hartl M. The influence of thin boundary films on real surface roughness in thin film, mixed EHD contact[J]. Tribology International, 2007, 40(10-12): 1553-1560.

[7] Chang L. A deterministic model for line-contact partial elastohydrodynamic lubrication[J]. Tribology International, 1995, 28(2): 75-84.

[8] Jiang X F, Hua D Y, Cheng H S, et al. A mixed elastohydrodynamic lubrication model with asperity contact[J]. Journal of Tribology, 1999, 121(3): 481-491.

[9] Hu Y Z, Zhu D. A full numerical solution to the mixed lubrication in point contacts[J]. Journal of Tribology, 2000, 122(1): 1-9.

[10] Holmes M J A, Evans H P, Snidle R W. Analysis of mixed lubrication effects in simulated gear tooth contacts[C]. International Joint Tribology Conference, Long Beach, 2004: 24-27.

[11] Li S, Kahraman A. A mixed EHL model with asymmetric integrated control volume discretization[J]. Tribology International, 2009, 42(8): 1163-1172.

[12] Zhao J X, Sadeghi F, Hoeprich M H. Analysis of EHL circular contact start up: Part I—Mixed contact model with pressure and film thickness results[J]. Journal of Tribology, 2001, 123(1): 67-74.

[13] Holmes M J A, Evans H P, Snidle R W. Comparison of transient EHL calculations with start-up experiments[C]. The 29th Leeds-Lyon Symposium on Tribology, Leeds, 2002: 91-99.

[14] Zhao J X, Sadeghi F. Analysis of EHL circular contact shut down[J]. Journal of Tribology, 2003, 125(1): 76-90.

[15] Popovici G, Venner C H, Lugt P M. Effects of load system dynamics on the film thickness in EHL contacts during start up[J]. Journal of Tribology, 2004, 126(2): 258-266.

[16] Wang Q J, Zhu D. Virtual texturing: Modeling the performance of lubricated contacts of

engineered surfaces[J]. Journal of Tribology, 2005, 127(4): 722-728.

[17] Patir N, Cheng H S. An average flow model for determining effects of three-dimensional roughness on partial hydrodynamic lubrication[J]. Journal of Lubrication Technology, 1978, 100(1): 12-17.

[18] Patir N, Cheng H S. Effect of surface roughness orientation on the central film thickness in EHD contacts[J]. Proceedings Society of Photo-Optical Instrumentation Engineers, 1979, (1): 15-21.

[19] Greenwood J, Williamson J. Contact of nominally flat surfaces[J]. Proceedings of the Royal Society of London Series A Mathematical and Physical Sciences, 1966, 295: 300-319.

[20] Greenwood J A, Tripp J H. The contact of two nominally flat rough surfaces[J]. Proceedings of the Institution of Mechanical Engineers, 1970, 185(1): 625-633.

[21] Lee S C, Ren N. Behavior of elastic-plastic rough surface contacts as affected by surface topography, load, and material hardness[J]. Tribology Transactions, 1996, 39(1): 67-74.

[22] Kogut L, Etsion I. A finite element based elastic-plastic model for the contact of rough surfaces[J]. Tribology Transactions, 2003, 46(3): 383-390.

[23] 金跃. 基于 OpenMP 的热点级猜测并行化编译研究[D]. 杭州: 浙江大学, 2015.

[24] Wang N, Chang S H. Parallel iterative solution schemes for the analysis of air foil bearings[J]. Journal of Mechanics, 2012, 28(3): 413-422.

[25] Chan C, Han Y, Wang Z J, et al. Exploration on a fast EHL computing technology for analyzing journal bearings with engineered surface textures[J]. Tribology Transactions, 2014, 57: 206-215.

[26] Han Y, Chan C, Wang Z J, et al. Effects of shaft axial motion and misalignment on the lubrication performance of journal bearings via a fast mixed EHL computing technology[J]. Tribology Transactions, 2015, 58: 247-259.

[27] 韩彦峰, 王家序, 周广武, 等. 滑动轴承混合润滑多线程并行计算数值方法[J]. 华中科技大学学报(自然科学版), 2016, 44(6): 7-12.

[28] Wang Q J, Shi F H, Lee S C. A mixed-TEHD model for journal-bearing conformal contact: Part II: Contact, film thickness, and performance analyses[J]. Journal of Tribology, 1998, 120(2): 206-213.

第4章 滑动轴承热混合润滑理论

4.1 热混合润滑方程

4.1.1 滑动轴承传热模型

1. 润滑介质热对流模型

在柱坐标系下对单位体积 $r\Delta\theta\Delta r\Delta z$，有热平衡方程[1-5]为

$$\rho C_p\left(V_r\frac{\partial T}{\partial r}+V_\theta\frac{\partial T}{r\partial\theta}+V_y\frac{\partial T}{\partial y}\right)=\frac{\partial}{\partial r}\left(k_r\frac{\partial T}{\partial r}\right)+\frac{\partial}{r\partial\theta}\left(k_\theta\frac{\partial T}{r\partial\theta}\right)+\frac{\partial}{\partial y}\left(k_y\frac{\partial T}{\partial y}\right)+\varPhi \quad (4.1)$$

式中，ρ 为流体或固体材料密度；C_p 为流体或固体材料比热容；k_r、k_θ 和 k_y 分别为 r（膜厚方向）、θ（周向）和 y（轴向）方向上的导热系数；V_r、V_θ 和 V_y 分别为 r、θ 和 y 方向上的速度分量。对于刚体，V_r、V_θ 和 V_y 分别为轴或轴承在相应方向上的速度分量；对于流体，V_r、V_θ 和 V_y 分别为流体在相应方向上的流速。

为求解粗糙表面流体速度，首先定义流量因子如下：

$$\begin{cases}\phi'_\theta=\dfrac{h^3}{h_T^3}\phi_\theta\\[2mm]\phi'_y=\dfrac{h^3}{h_T^3}\phi_y\\[2mm]\phi'_s=\phi_s\end{cases} \quad (4.2)$$

流体在 r 方向上的流速 V_r 忽略不计，而在 θ 和 y 方向上的流速分别为

$$V_\theta=\phi'_\theta\frac{1}{2\eta}\frac{\partial p}{R_B\partial\theta}\left(C^2-Ch_T\right)+\frac{C}{h_T}U+\frac{\phi'_s\sigma}{h_T}\frac{C}{h_T}U \quad (4.3)$$

$$V_y=\phi'_y\frac{1}{2\eta}\frac{\partial p}{\partial y}\left(C^2-Ch_T\right) \quad (4.4)$$

式中，C 为轴承半径间隙，$C=R_B-r$。

混合润滑下，滑动轴承摩擦副热源 $\varPhi$ 包含两部分，一部分是流体黏性耗散热，

另一部分是微凸体接触摩擦热，计算公式如下：

$$\varPhi = \frac{\varPhi_l \mathrm{d}V_e + \varPhi_c \mathrm{d}A_e}{\mathrm{d}V_e} \tag{4.5}$$

式中，$\varPhi_l$ 为流体黏性耗散热；V_e 为单位体积；$\varPhi_c$ 为微凸体接触滑动摩擦热；A_e 为接触面积。

微凸体接触滑动摩擦热 $\varPhi_c$ 可计算为

$$\varPhi_c = \mu_c p_c U \tag{4.6}$$

式中，μ_c 为边界摩擦系数。

流体黏性耗散热 $\varPhi_l$ 表达式为

$$\begin{aligned}
\varPhi_l &= \eta \left[\left(\frac{\partial V_\theta}{\partial r} \right)^2 + \left(\frac{\partial V_y}{\partial y} \right)^2 \right] \\
&= \left[\frac{\phi_\theta'}{2\eta} \frac{\partial p}{R_B \partial \theta} (h_T - 2c) + \frac{U}{h_T} + \frac{U \phi_s' \sigma}{h_T^2} \right]^2 + \left[\frac{\phi_y'}{2\eta} \frac{\partial p}{\partial y} (h_T - 2c) \right]^2
\end{aligned} \tag{4.7}$$

外部热交换对流边界条件为

$$k \frac{\partial T}{\partial n} = -h_h (T - T_\infty) \tag{4.8}$$

式中，k 为导热系数；h_h 为对流换热系数。

2. 轴/轴承热传递模型

最常用于轴承热分析的三维热传导公式为

$$\frac{\partial}{r \partial r} \left(r k_r \frac{\partial T}{\partial r} \right) + \frac{\partial}{r^2 \partial \theta} \left(k_\theta \frac{\partial T}{\partial \theta} \right) + \frac{\partial}{\partial z} \left(k_z \frac{\partial T}{\partial z} \right) = 0 \tag{4.9}$$

其中，润滑介质与轴承之间的连续边界条件设置为

$$T_l = T_b, \quad k_l \frac{\partial T}{\partial r} = k_b \frac{\partial T}{\partial r} \tag{4.10}$$

假设轴为等温体，则润滑介质与轴之间的连续边界可表示为

$$k_j \frac{\partial T}{\partial r} = -\frac{1}{2\pi} k_l \int_0^{2\pi} \frac{\partial T}{\partial y} \mathrm{d}\theta \tag{4.11}$$

也可以采用 Euler 法则将轴、润滑介质和轴承的运动集成一个整体来描述，表示为式(4.8)所示的一般传热方程。采用式(4.8)对轴和轴承进行热分析时，热源边界设置为 0。

3. 流固耦合热传递边界条件

滑动轴承热边界条件示意图如图 4.1 所示。

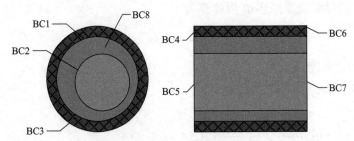

图 4.1　滑动轴承热边界条件示意图

（1）润滑界面边界条件：BC1 和 BC2 分别为润滑介质-轴承和润滑介质-轴界面间的等温连续边界条件。

（2）外边界条件：BC3～BC7 为轴承热场外边界条件，可分别表示如下。

①供水温度：$T = T_0, (r, \theta, z) \subset \Gamma_1$。

②绝热边界：$k \dfrac{\partial T}{\partial h} = 0, (r, \theta, z) \subset \Gamma_2$。

③对流边界：$k \dfrac{\partial T}{\partial h} = -h(T - T_\infty), (r, \theta, z) \subset \Gamma_3$。

（3）空穴边界热边界条件：BC8 为空穴边界条件，采用 Knight 和 Niewiarowski[6]提出的气泡模型。在空穴区，水的密度为

$$\frac{1}{\varsigma} = \frac{1 - \psi}{\varsigma_g} + \frac{\psi}{\varsigma_1} \tag{4.12}$$

式中，ς 为 η、C_p、k 的函数；$\psi = h_c / h$，h_c 为水膜破裂处的膜厚。

4.1.2　滑动轴承结构变形方程

轴或轴承的变形包括各自的径向弹性变形和热变形。对于滑动轴承内衬的弹性变形，当前主要有以下几种方法评估求解。

1. 基于 Winkler 假定的弹性位移方程

一种最简单的处理方法就是引用关于弹性基础梁的 Winkler 假定[7]。假定认

为，梁在弯曲时受到基础的连续分布的反作用力作用，各点上反作用力的强度（单位长度上的力）与梁在该点的位移成正比。这本来是在铁道工程计算中使用的一个假定，现在借用来处理弹性流体动力润滑理论中的弹性位移。把轴瓦假设为无穷多个紧密排列的弹簧，弹簧一端固定在刚性的轴承座上，另一端承受油膜压力，每一个弹簧在压力作用下的位移相互独立。引入 Winkler 假定后的轴承模型如图 4.2 所示，可以表示为

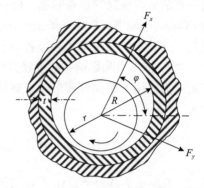

图 4.2　引入 Winkler 假定后的轴承模型

$$\delta h = \frac{pt(1 - \upsilon_0^2)}{E} \tag{4.13}$$

式中，E 为材料的弹性模量；υ_0^2 为常数，在平面应变条件下，轴瓦连接在刚性的轴承座上时，υ_0^2 取 $\upsilon^2 \sim 2\upsilon^2/(1-\upsilon)$ 之间的值，前者对应于切向应力等于零的情况，后者对应于切向应变等于零的情况，υ 为材料的泊松比。

2. 基于 DC-FFT 的影响系数法

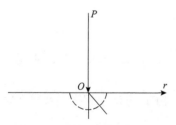

图 4.3　半无限空间体受压示意图

经典的弹性流体动力润滑理论只能处理非共形接触的摩擦表面问题，此时，表面上受到油膜压力的区域与固体元件整体的几何区域相比很小，因此常由 Boussinesq 的弹性半无限空间体受集中力作用的解来导出线性位移方程（图 4.3）。在滑动轴承应用中，也有部分学者采用 Boussinesq 弹性变形公式计算轴承内衬弹性变形：

$$v_e(x, y, t) = \frac{2}{\pi E'} \iint_\Omega \frac{p(\xi, \varsigma, t)}{\sqrt{(x - \xi)^2 + (y - \varsigma)^2}} \mathrm{d}\xi \mathrm{d}\varsigma \tag{4.14}$$

式中，$E' = \left(\dfrac{1 - \upsilon_1^2}{E_1} + \dfrac{1 - \upsilon_2^2}{E_2} \right)^{-1}$ 为等效弹性模量，υ_1 和 υ_2 分别为两表面泊松比，E_1 和 E_2 分别为两表面弹性模量。

由式（4.14）可以看出，求解域上任一点的弹性变形与每节点处的压力分布均有关，需要在整个求解域进行积分。弹性变形是弹流润滑重要的部分，其计算问

题一直是学者研究的热点问题。Liu 等[8]开发的离散卷积快速傅里叶变换（discrete convolution and fast Fourier transform, DC-FFT）算法为弹性变形计算带来了极大的便利，其基本思路是求出表面各节点压力对于求解点弹性变形影响系数（压力-变形系数），将压力和影响系数变换到频域，通过对应项相乘得出整个表面任意点在表面压力作用下的弹性变形。求解域上的压力分布引起点 (k,l) 处的弹性变形可以写为

$$v_e(k,l) = \sum_j \sum_i D(i-k, j-l)p(i,j) \tag{4.15}$$

式中，$D(i-k, j-l)$ 为坐标 (i, j) 位置的单位载荷在点 (k,l) 处引起弹性变形的影响系数。假定影响系数的求解中心为坐标原点 $(0,0)$，根据矩形近似法[8]求得其表达式为

$$\begin{aligned} D(i,j) = \frac{2}{\pi E'} &\left\{ y_m \ln\left(x_m + \sqrt{x_m^2 + y_m^2}\right) + x_m \ln\left(y_m + \sqrt{x_m^2 + y_m^2}\right) - y_m \ln\left(x_p + \sqrt{x_p^2 + y_m^2}\right) \right. \\ &- x_p \ln\left(y_m + \sqrt{x_p^2 + y_m^2}\right) - y_p \ln\left(x_m + \sqrt{x_m^2 + y_p^2}\right) - x_m \ln\left(y_p + \sqrt{x_m^2 + y_p^2}\right) \\ &\left. + y_p \ln\left(x_p + \sqrt{x_p^2 + y_p^2}\right) + x_p \ln\left(y_p + \sqrt{x_p^2 + y_p^2}\right) \right\} \end{aligned}$$

$$\tag{4.16}$$

式中，$x_m = x_i + \Delta x/2$；$x_p = x_i - \Delta x/2$；$y_m = y_i + \Delta y/2$；$y_p = y_i - \Delta y/2$。

计算表面弹性变形的步骤如下：

(1) 使用式 (4.16) 求解影响系数。

(2) 扩展影响系数的求解域，扩展的区域使用 wrap-around order 方式[8]赋值，扩展后的系数转换至复数。

(3) 利用快速傅里叶变换（fast Fourier transform, FFT）方法求解影响系数在频域内的值。

(4) 扩展压力，扩展的区域补零，扩展后的压力转换至复数。

(5) 利用 FFT 方法求解压力在频域内的值。

(6) 将压力和影响系数在频域内的值对应相乘，得到频域内的解。

(7) 通过逆快速傅里叶变换将频域的变形转换到时域，并将其转化为实数，即可得到求解域上各点的弹性变形。

3. 基于有限元的影响系数法

根据影响系数法，轴或轴承的变形方程如下：

$$\delta_J(\theta, y, \Delta T, p) = \delta_{JE}(\theta, y, p) + \delta_{JT}(\theta, \Delta T) \tag{4.17}$$

$$\delta_{\mathrm{B}}\left(\theta,y,\Delta T,p\right)=\delta_{\mathrm{BE}}\left(\theta,y,p\right)+\delta_{\mathrm{BT}}\left(\theta,y,\Delta T\right) \tag{4.18}$$

对于轴或轴承的弹性变形，可以用影响系数法求得[1-4]。思路如下：首先计算弹性变形影响系数矩阵，然后在计算弹性变形时，只需要将弹性变形影响系数矩阵乘以压力或节点载荷，即可得到相应的弹性变形量。轴或轴承的弹性变形影响系数，是指轴或轴承表面指定点 (θ_ξ, y_η) 处的单位力引起其他各点 (θ_j, y_k) 的表面法向弹性变形量。应用有限元法可计算弹性变形，轴的弹性变形影响系数矩阵用 $G_{\mathrm{JE}}(\theta_j, y_k, \theta_\xi, y_\eta)$ 来表示，轴承的弹性变形影响系数矩阵用 $G_{\mathrm{BE}}(\theta_j, y_k, \theta_\xi, y_\eta)$ 来表示，则在轴和轴承指定点 (θ_ξ, y_η) 处，由流体动压提供的承载力 $w_{\mathrm{h}}(\theta_\xi, y_\eta)$ 和表面微凸体提供的承载力 $w_{\mathrm{asp}}(\theta_\xi, y_\eta)$，在其他各点 (θ_j, y_k) 产生的弹性变形可表示为

$$\delta_{\mathrm{JE}}\left(\theta_j, y_k\right)=\sum_\xi\sum_\eta G_{\mathrm{JE}}\left(\theta_j, y_k, \theta_\xi, y_\eta\right)\left[w_{\mathrm{h}}\left(\theta_\xi, y_\eta\right)+w_{\mathrm{asp}}\left(\theta_\xi, y_\eta\right)\right] \tag{4.19}$$

$$\delta_{\mathrm{BE}}\left(\theta_j, y_k\right)=\sum_\xi\sum_\eta G_{\mathrm{BE}}\left(\theta_j, y_k, \theta_\xi, y_\eta\right)\left[w_{\mathrm{h}}\left(\theta_\xi, y_\eta\right)+w_{\mathrm{asp}}\left(\theta_\xi, y_\eta\right)\right] \tag{4.20}$$

主轴旋转时，其温度可以近似认为是均匀的，其热弹性变形量通过线膨胀公式计算：

$$\delta_{\mathrm{JT}}\left(\theta_j, \Delta T_{\mathrm{J}}\right)=\alpha_{\mathrm{J}}\Delta T_{\mathrm{J}} r[1+\varepsilon\cos(\theta_j-\psi)] \tag{4.21}$$

式中，α_{J} 为轴线膨胀系数；ΔT_{J} 为轴平均温升；ε 为偏心率；ψ 为偏位角。

轴承的热弹性变形量计算同样可以采用弹性变形量计算方法。首先确定热弹性变形影响系数矩阵，然后将热弹性变形影响系数矩阵乘以温升，即可得到热弹性变形量。轴承的热弹性变形影响系数，是指在轴承内指定点 $(\theta_\xi, y_\eta, r_\zeta)$ 处的单位温升引起其他各点 (θ_j, y_k) 表面的热弹性变形量。同样，用有限元法获得热弹性变形影响系数矩阵 $G_{\mathrm{JT}}(\theta_j, y_k, \theta_\xi, y_\eta, r_\zeta)$，则在轴承指定点 $(\theta_\xi, y_\eta, r_\zeta)$ 处，由温升 $\Delta T(\theta_\xi, y_\eta, r_\zeta)$ 在其他各点 (θ_j, y_k) 产生的热弹性变形量为

$$\delta_{\mathrm{BT}}\left(\theta_j, y_k\right)=\sum_\xi\sum_\eta\sum_\zeta G_{\mathrm{BT}}\left(\theta_j, y_k, \theta_\xi, y_\eta, r_\zeta\right)\Delta T\left(\theta_\xi, y_\eta, r_\zeta\right) \tag{4.22}$$

4.2　流固热耦合快速数值计算模型

4.2.1　热影响函数快速算法

图 4.4 给出了接触界面单元摩擦生热示意图。边界条件包括对流、生热、绝

热和预设环境温度[1]。

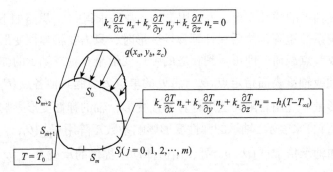

图 4.4　单元摩擦生热示意图

热传导方程可表示为

$$\frac{\partial}{\partial x}\left(k_x\frac{\partial T}{\partial x}\right) + \frac{\partial}{\partial y}\left(k_y\frac{\partial T}{\partial y}\right) + \frac{\partial}{\partial z}\left(k_z\frac{\partial T}{\partial z}\right) = 0, \quad (x,y,z)\in\Omega \tag{4.23}$$

引入 S_0 面的生热边界条件可得

$$k_x\frac{\partial T}{\partial x}n_x + k_y\frac{\partial T}{\partial y}n_y + k_z\frac{\partial T}{\partial z}n_z = -q(x,y,z) - h_0(T-T_{\infty 0}), \quad (x,y,z)\subset S_0 \tag{4.24}$$

引入 S_m 区域的环境对流边界条件可得

$$k_x\frac{\partial T}{\partial x}n_x + k_y\frac{\partial T}{\partial y}n_y + k_z\frac{\partial T}{\partial z}n_z = -h_i(T-T_{\infty i}), \quad (x,y,z)\subset S_i; i=1,2,\cdots,m \tag{4.25}$$

引入 S_{m+1} 区域的预设环境温度边界条件可得

$$T = T_0, \quad (x,y,z)\subset S_{m+1} \tag{4.26}$$

引入 S_{m+2} 区域的绝热边界条件可得

$$k_x\frac{\partial T}{\partial x}n_x + k_y\frac{\partial T}{\partial y}n_y + k_z\frac{\partial T}{\partial z}n_z = 0, \quad (x,y,z)\subset S_{m+2} \tag{4.27}$$

假设 $T(x,y,z) = T_c(x,y,z) + T_q(x,y,z), (x,y,z)\subset\Omega\bigcap\notin S_{m+1}$，其中，$T_c$ 与不均匀对流和预设的环境温度有关，T_q 取决于热通量和均匀对流，则式(4.23)~式(4.27)可以被分成两组(第一组为式(4.28)~式(4.32)，第二组为式(4.33)~式(4.37))：

$$\frac{\partial}{\partial x}\left(k_x\frac{\partial T_c}{\partial x}\right) + \frac{\partial}{\partial y}\left(k_y\frac{\partial T_c}{\partial y}\right) + \frac{\partial}{\partial z}\left(k_z\frac{\partial T_c}{\partial z}\right) = 0, \quad (x,y,z)\in\Omega \tag{4.28}$$

$$k_x \frac{\partial T_c}{\partial x} n_x + k_y \frac{\partial T_c}{\partial y} n_y + k_z \frac{\partial T_c}{\partial z} n_z = -h_0 \left(T_c - T_{\infty 0} \right), \quad (x, y, z) \subset S_0 \tag{4.29}$$

$$k_x \frac{\partial T_c}{\partial x} n_x + k_y \frac{\partial T_c}{\partial y} n_y + k_z \frac{\partial T_c}{\partial z} n_z = -h_i \left(T_c - T_{\infty i1} \right), \quad (x, y, z) \subset S_i; i = 1, 2, \cdots, m \tag{4.30}$$

$$T = T_0, \quad (x, y, z) \subset S_{m+1} \tag{4.31}$$

$$k_x \frac{\partial T_c}{\partial x} n_x + k_y \frac{\partial T_c}{\partial y} n_y + k_z \frac{\partial T_c}{\partial z} n_z = 0, \quad (x, y, z) \subset S_{m+2} \tag{4.32}$$

$$\frac{\partial}{\partial x} \left(k_x \frac{\partial T_q}{\partial x} \right) + \frac{\partial}{\partial y} \left(k_y \frac{\partial T_q}{\partial y} \right) + \frac{\partial}{\partial z} \left(k_z \frac{\partial T_q}{\partial z} \right) = 0, \quad (x, y, z) \in \Omega \tag{4.33}$$

$$k_x \frac{\partial T_q}{\partial x} n_x + k_y \frac{\partial T_q}{\partial y} n_y + k_z \frac{\partial T_q}{\partial z} n_z = -q - h T_q, \quad (x, y, z) \subset S_0 \tag{4.34}$$

$$k_x \frac{\partial T_q}{\partial x} n_x + k_y \frac{\partial T_q}{\partial y} n_y + k_z \frac{\partial T_q}{\partial z} n_z = -h_i T_q, \quad (x, y, z) \subset S_i; \ i = 1, 2, \cdots, m \tag{4.35}$$

$$T = 0, \quad (x, y, z) \subset S_{m+1} \tag{4.36}$$

$$k_x \frac{\partial T_q}{\partial x} n_x + k_y \frac{\partial T_q}{\partial y} n_y + k_z \frac{\partial T_q}{\partial z} n_z = 0, \quad (x, y, z) \subset S_{m+2} \tag{4.37}$$

求解式 (4.28) ～式 (4.32) 可得出一个恒定的温度场 $T_c(x, y, z)$，温度场 $T_c(x, y, z)$ 只与所设定的边界条件有关，即温度场 $T_c(x, y, z)$ 不随摩擦热通量的改变而改变。因此，温度场 $T_c(x, y, z)$ 可以通过下面的有限元变分方法求解：

$$\int_{\Omega} \left\{ k_x \frac{\partial T_c}{\partial x} \frac{\partial v}{\partial x} + k_y \frac{\partial T_c}{\partial y} \frac{\partial v}{\partial y} + k_z \frac{\partial T_c}{\partial z} \frac{\partial v}{\partial z} \right\} \mathrm{d}\Omega + \sum_{i=0}^{m} \left\{ \int_{s_i} h_i T_c v \mathrm{d}s_i \right\} = \sum_{i=0}^{m} \left\{ \int_{s_i} h_i T_{\infty i} v \mathrm{d}s_i \right\} \tag{4.38}$$

式中，v 为变分算子。

同样，T_q 可以采用与接触表面区域热通量相关的变分公式求解：

$$\int_{\Omega} \left\{ k_x \frac{\partial T_q}{\partial x} \frac{\partial v}{\partial x} + k_y \frac{\partial T_q}{\partial y} \frac{\partial v}{\partial y} + k_z \frac{\partial T_q}{\partial z} \frac{\partial v}{\partial z} \right\} \mathrm{d}\Omega + \sum_{i=0}^{m} \left\{ \int_{s_i} h_i T_q v \mathrm{d}s_i \right\} = \int_{s_0} q(x, y, z) v \mathrm{d}s_0 \tag{4.39}$$

由于作用在微分区域 ΔS_0 的单元热通量 q_0，在表面点 (x_a, y_b, z_c) 处产生温度

$\tau_{\mathrm{t}}\left(x_i, y_j, z_k, x_a, y_b, z_c\right)$，$\left(x_i, y_j, z_k\right) \in \Omega \bigcap \notin S_{m+1}$ 可以表示为

$$\int_{\Omega}\left\{k_x \frac{\partial \tau_{\mathrm{t}}}{\partial x} \frac{\partial v}{\partial x} + k_y \frac{\partial \tau_{\mathrm{t}}}{\partial y} \frac{\partial v}{\partial y} + k_z \frac{\partial \tau_{\mathrm{t}}}{\partial z} \frac{\partial v}{\partial z}\right\} \mathrm{d}\Omega + \sum_{i=0}^{m}\left\{\int_{s_i} h_i \tau_i v \mathrm{d}s_i\right\} \quad (4.40)$$

$$= q_0\left(x_a, y_b, z_c\right) \Delta S_0$$

因此，在区域 S_0 上由热通量产生的温度 T_{q} 可以表示为

$$T_{\mathrm{q}}\left(x_i, y_j, z_k\right) = \sum_{a,b,c \subset s_0} \tau_{\mathrm{t}}\left(x_i, y_j, z_k, x_a, y_b, z_c\right) q\left(x_a, y_b, z_c\right) \Delta S_0 \quad (4.41)$$

式中，$\tau_{\mathrm{t}}\left(x_i, y_j, z_k, x_a, y_b, z_c\right)$ 为温度场的热影响系数。

总温度可表示为

$$\begin{aligned} T\left(x_i, y_j, z_k\right) &= T_{\mathrm{c}}\left(x_i, y_j, z_k\right) + T_{\mathrm{q}}\left(x_i, y_j, z_k\right) \\ &= T_{\mathrm{c}}\left(x_i, y_j, z_z\right) + \sum_{a,b,c \subset s_0} \tau_{\mathrm{t}}\left(x_i, y_j, z_k, x_a, y_b, z_c\right) q\left(x_a y_b z_c\right) \Delta S_0 \end{aligned} \quad (4.42)$$

式中，$\left(x_i, y_j, z_k\right) \in \Omega \bigcap \notin S_{m+1}$。式 (4.42) 为复杂边界条件下的原始微分方程解数学表达式，只需解出热影响函数 $\tau_{\mathrm{t}}\left(x_i, y_j, z_k, x_a, y_b, z_c\right)$ 和给定边界条件下的恒温场，可以在热混合润滑迭代求解过程中被反复使用。

4.2.2　热弹性变形影响系数快速算法

由温度上升引起的热变形同样可以用影响系数法来求解。假设在 $\left(x_l, y_m, z_n\right)$ 附近的一个微分体积 $\Delta\Omega$ 内温度上升 ΔT_0，点 $\left(x_i, y_j, z_k\right)$ 热变形 $\{d_{\mathrm{t}}\}$ 的影响函数为

$$\left\{d_{\mathrm{t}}\left(x_i, y_j, z_k, x_l, y_m, z_n\right)\right\} = \left\{\begin{array}{l} d_{\mathrm{tx}}\left(x_i, y_j, z_k, x_l, y_m, z_n\right) \\ d_{\mathrm{ty}}\left(x_i, y_j, z_k, x_l, y_m, z_n\right) \\ d_{\mathrm{tz}}\left(x_i, y_j, z_k, x_l, y_m, z_n\right) \end{array}\right\}, \quad \left(x_i, y_j, z_k\right) \in \Omega; \left(x_l, y_m, z_n\right) \in \Omega$$

$$(4.43)$$

$\{d_{\mathrm{t}}\}$ 可以通过下面的变分公式求解：

$$\begin{aligned} \int_{\Omega}\left\{\left[(\lambda + 2G)\frac{\partial d_{\mathrm{tx}}}{\partial x} + \lambda\frac{\partial d_{\mathrm{ty}}}{\partial y} + \lambda\frac{\partial d_{\mathrm{tz}}}{\partial z}\right]\frac{\partial v_x}{\partial x} + G\left(\frac{\partial d_{\mathrm{ty}}}{\partial x} + \frac{\partial d_{\mathrm{tx}}}{\partial y}\right)\frac{\partial v_x}{\partial y}\right. \\ \left. + G\left(\frac{\partial d_{\mathrm{tx}}}{\partial x} + \frac{\partial d_{\mathrm{tx}}}{\partial z}\right)\frac{\partial v_x}{\partial x}\right\} \mathrm{d}\Omega = \frac{\alpha E}{1 - 2v}\Delta T_0\left(x_l, y_m, x_n\right)\Delta\Omega \end{aligned} \quad (4.44)$$

$$\int_{\Omega}\left\{\left[\lambda\frac{\partial d_{tx}}{\partial x}+(\lambda+2G)\frac{\partial d_{ty}}{\partial y}+\lambda\frac{\partial d_{tz}}{\partial z}\right]\frac{\partial v_y}{\partial x}+G\left(\frac{\partial d_{tx}}{\partial x}+\frac{\partial d_{ty}}{\partial y}\right)\frac{\partial v_y}{\partial x}\right.$$
$$\left.+G\left(\frac{\partial d_{ty}}{\partial y}+\frac{\partial d_{ty}}{\partial z}\right)\frac{\partial v_y}{\partial z}\right\}\mathrm{d}\Omega=\frac{\alpha E}{1-2v}\Delta T_0\left(x_l,y_m,x_n\right)\Delta\Omega \tag{4.45}$$

$$\int_{\Omega}\left\{\left[\lambda\frac{\partial d_{tx}}{\partial x}+\lambda\frac{\partial d_{ty}}{\partial y}+(\lambda+2G)\frac{\partial d_{tz}}{\partial z}\right]\frac{\partial v_z}{\partial x}+G\left(\frac{\partial d_{tx}}{\partial z}+\frac{\partial d_{tz}}{\partial x}\right)\frac{\partial v_z}{\partial x}\right.$$
$$\left.+G\left(\frac{\partial d_{tz}}{\partial y}+\frac{\partial d_{ty}}{\partial z}\right)\frac{\partial v_z}{\partial x}\right\}\mathrm{d}\Omega=\frac{\alpha E}{1-2v}\Delta T_0\left(x_l,y_m,x_n\right)\Delta\Omega \tag{4.46}$$

热变形 $\{u_{\mathrm{T}}\}$ 取决于固体的温升，热变形影响系数 $\{d_{\mathrm{t}}\}$ 通过叠加可以求解：

$$\{u_{\mathrm{T}}\}\begin{Bmatrix}u_{\mathrm{T}x}\left(x_i,y_j,z_k\right)\\u_{\mathrm{T}y}\left(x_i,y_j,z_k\right)\\u_{\mathrm{T}z}\left(x_i,y_j,z_k\right)\end{Bmatrix}=\begin{Bmatrix}\sum_{\Omega}d_{tx}\left(x_i,y_j,z_k,x_l,y_m,z_n\right)\Delta T\left(x_l,y_m,z_n\right)\\\sum_{\Omega}d_{ty}\left(x_i,y_j,z_k,x_l,y_m,z_n\right)\Delta T\left(x_l,y_m,z_n\right)\\\sum_{\Omega}d_{tz}\left(x_i,y_j,z_k,x_l,y_m,z_n\right)\Delta T\left(x_l,y_m,z_n\right)\end{Bmatrix} \tag{4.47}$$

在热混合润滑分析中，耦合界面节点的变形将会显著影响求解结果，因此式(4.47)可以采用表面节点 (x_a,y_b,z_c) 表示：

$$\{u_{\mathrm{T}}\}\begin{Bmatrix}u_{\mathrm{T}x}\left(x_a,y_b,z_c\right)\\u_{\mathrm{T}y}\left(x_a,y_b,z_c\right)\\u_{\mathrm{T}z}\left(x_a,y_b,z_c\right)\end{Bmatrix}=\begin{Bmatrix}\sum_{\Omega}d_{tx}\left(x_a,y_b,z_c,x_l,y_m,z_n\right)\Delta T\left(x_l,y_m,z_n\right)\\\sum_{\Omega}d_{ty}\left(x_a,y_b,z_c,x_l,y_m,z_n\right)\Delta T\left(x_l,y_m,z_n\right)\\\sum_{\Omega}d_{tz}\left(x_a,y_b,z_c,x_l,y_m,z_n\right)\Delta T\left(x_l,y_m,z_n\right)\end{Bmatrix}, \tag{4.48}$$

$$(x_a,y_b,z_c)\subset S;(x_l,y_m,z_n)\subset\Omega$$

4.3 算 例 分 析

4.3.1 油润滑滑动轴承算例

为达到验证的目的，对比分析所采用的模拟参数与 Shi 和 Wang[1]参数的一致性。算例分析所采用的几何模型和工况参数如表 4.1 所示。

表 4.1　验证模型参数

参数	数值	参数	数值
轴承内径 R_B/mm	12.2	轴承转速 w/(r/min)	500
轴承外径 R_O/mm	14.2	润滑介质密度 ρ/(kg/m³)	860
轴承间隙 c/μm	25.4	润滑介质黏度 η/(Pa·s)	0.01
长径比	2/3	粗糙度 R_q/μm	0.5

图 4.5 给出了偏心率为 0.8、环境温度为 23℃、供油温度为 33℃时的轴承周向温度分布图(轴向中截面),其中最外层为橡胶衬层,中间层为润滑介质,中心部分为钢轴。由图可知,轴、润滑介质和橡胶衬层的温度分布呈连续性,表明轴-润滑介质和润滑介质-橡胶衬层界面间的边界条件设置合理。供油孔周围的温度约为 34.03℃,最高温度发生在最小膜厚处的润滑介质-橡胶衬层界面间,这与滑动轴承实际温升分布相同。

图 4.6 给出了偏心率为 1.19、环境温度为 40℃、供油温度为 40℃时轴承径向温度分布图(最高温处径向切面),其中横坐标 0~4 部分为轴,4~8 部分为润滑介质,8~16 部分为轴承。图 4.7 给出了偏心率为 1.19、环境温度为 40℃、供油温度为 40℃时轴承轴向温度分布图(最高温处,沿圆周方向的轴向切面)。由图 4.6 和图 4.7 可知,最高温度发生在轴承两端的润滑介质-轴承界面交界处,而不是轴承沿轴向中截面处,这是由于润滑介质端泄效应使得轴承两端流体压力比中心部位小,轴承两端产生的弹性变形量较小,进而使得轴承两端产生相对较大的粗糙界面接触。轴与轴瓦粗糙界面接触会产生较高的摩擦热量和较大的热膨胀变形,使轴端润滑间隙进一步减小而产生更大的粗糙接触压力,会引起进一步的温升,如此反复。

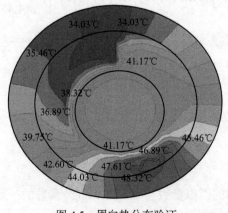

图 4.5　周向热分布验证

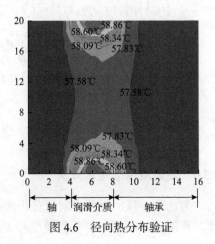

图 4.6　径向热分布验证

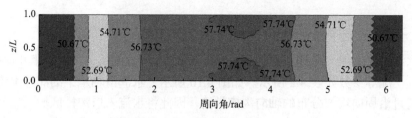

图 4.7　轴向热分布验证

图 4.8 给出了几种耦合模型的承载力分布。图中，THD 代表热动压润滑模型，HD 代表等温动压润滑模型，EHD 代表弹性流体动力润滑模型，TEHD 代表热弹性流体动压润滑模型。由图可知，各种耦合状态下的承载力均随着偏心率的增大而增大，相对于流场和流热耦合模型，流固耦合和流固热耦合状态下的承载力随偏心率的变化较平缓，这是因为流固耦合和流固热耦合模型考虑了轴承的弹性变形，弹性变形会使膜厚增加，从而使承载力低于刚性轴承（无变形）。热膨胀变形会抵消一部分弹性变形，因此流固热耦合模型所求解的承载力高于流固耦合模型。此外，图 4.9 给出了流固热耦合状态下偏心率为 1.19、环境温度为 40℃、供油温度为 40℃时膜厚分布图，进一步说明本模型和程序的正确性。

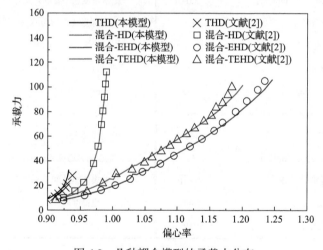

图 4.8　几种耦合模型的承载力分布

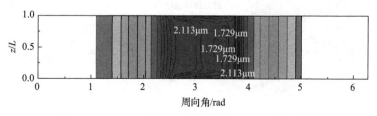

图 4.9　膜厚分布

4.3.2　水润滑滑动轴承算例

水润滑算例中，以水润滑橡胶滑动轴承为特例。算例所采用的轴承几何模型、材料、工况等参数如表 4.2 所示。如图 4.10 所示，水润滑轴承中的润滑水流基本上是通过沿周向均匀分布的轴向沟槽供给，因此将水流入口沟槽区域的温度边界设置为环境温度，将水流出口沟槽区域的温度边界设置为自然温度，其他温度边界条件详见 4.1.1 节。

表 4.2　水润滑橡胶滑动轴承基本参数

参数	数值	参数	数值
轴承内径 R_B/mm	22.5	橡胶密度 ρ_B/(kg/m³)	1500
轴承外径 R_O/mm	25.0	橡胶导热系数 k_B/[W/(m·K)]	0.288
轴承半径间隙 c/mm	0.15	橡胶比热容 C_{pB}/[J/(kg·K)]	1700
轴承长度 L/mm	80	橡胶热膨胀系数/[μm/(m·K)]	121
沟槽半径 R_3/mm	1.5	水黏度 η/(Pa·s)	8.994×10⁻⁴
过渡圆弧半径 R_4/mm	3.0	水密度 ρ_l/(kg/m³)	1000
沟槽数量 n	8	水导热系数 k_l/[W/(m·K)]	0.61
轴弹性模量 E_J/Pa	2.1×10¹¹	水比热容 C_{pl}/[J/(kg·K)]	4200
轴泊松比 υ_J	0.3	对热换热系数 h_h/[W/(m²·K)]	80
轴密度 ρ_J/(kg/m³)	7800	环境温度 T_∞/℃	20
轴导热系数 k_J/[W/(m·K)]	50	入口温度 T_C/℃	20
轴比热容 C_{pJ}/[J/(kg·K)]	460	边界摩擦系数 μ_c	0.15
轴热膨胀系数/[μm/(m·K)]	11.9	轴表面粗糙度 δ_1/μm	0.2
橡胶弹性模量 E_B/Pa	7.85×10⁸	橡胶表面粗糙度 δ_2/μm	0.5
橡胶泊松比 υ_B	0.47	粗糙度取向 λ	3
橡胶硬度 H/Pa	5×10⁷	供水速度 V_y/(m/s)	1

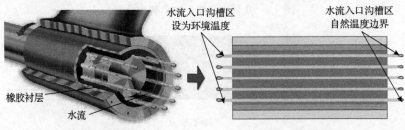

(a) 安装与工作原理　　　　　　(b) 水流温度边界

图 4.10　算例轴承几何与温度边界条件

1. 压力分布

图 4.11 和图 4.12 分别给出了转速为 1500r/min、水流供给速度为 1.0m/s、轴承间隙为 0.15mm、载荷为 500N(偏心率约为 1.01)和 2000N(偏心率约为 1.043)时水膜压力和轴-橡胶衬层接触压力三维(3D)分布图。由图可知,水膜压力和接触压力主要分布在轴承最下端承载"脊"处,沟槽区的水膜压力和接触压力均为 0,其他区域的水膜压力约为 0、接触压力为 0。当外载荷为 500N 时,水润滑橡胶轴承接触力发生在轴端,而不是轴承沿轴向的中截面处,这是润滑介质端泄效应使轴承两端流体压力比中心部位小,从而使轴承两端产生的弹性变形量较小,即轴承两端的水膜厚度小于轴承中心部位,因此轴承两端最先产生相对较大的粗糙界面接触。当外载荷为 2000N 时,最大水膜压力为 2.5MPa,而粗糙接触压力高达 7.0MPa,此时粗糙接触压力起主要承载作用,水润滑橡胶轴承逐步由混合润滑状态转变为边界润滑状态。值得注意的是,此时水膜压力和接触压力沿轴向呈非对称分布,这是由于水润滑橡胶轴承出水端的温度远大于供水端的环境温度,出水端会产生较大的热膨胀变形而使间隙变小,从而产生较大的接触压力。不难发现,当外载荷为 500N 时,压力、接触压力沿轴向同样呈非对称分布,但由于此时轴承基本处于全膜润滑状态,具有低黏度和较高比热容的水使得由黏性剪切产生的温升非常小,即轴承出水端的温升非常小,轴向非对称现象不太明显。

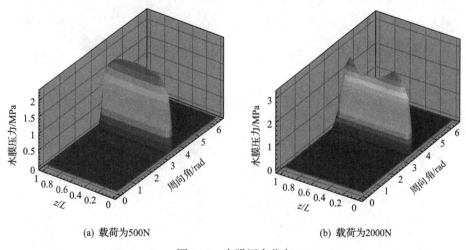

(a) 载荷为500N　　　　　　　　　　(b) 载荷为2000N

图 4.11　水膜压力分布

2. 水润滑橡胶轴承温度场分布

图 4.13～图 4.15 给出了转速为 1500r/min、水流供给速度为 1.0m/s、轴承间隙为 0.15mm、载荷为 500N(偏心率约为 1.01)和 2000N(偏心率约为 1.043)、供水温

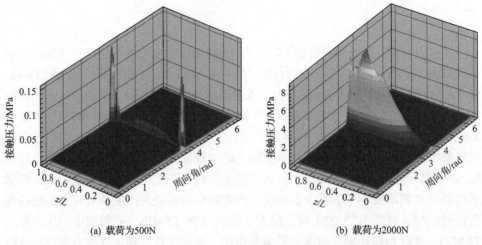

(a) 载荷为500N　　　　　　　　　　(b) 载荷为2000N

图 4.12　接触压力分布

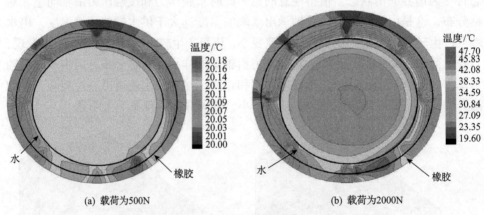

(a) 载荷为500N　　　　　　　　　　(b) 载荷为2000N

图 4.13　周向温度分布

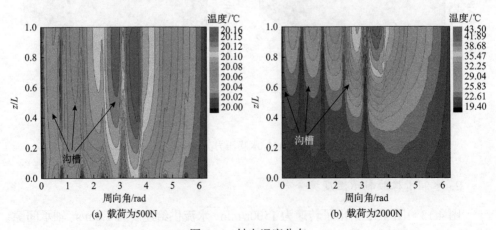

(a) 载荷为500N　　　　　　　　　　(b) 载荷为2000N

图 4.14　轴向温度分布

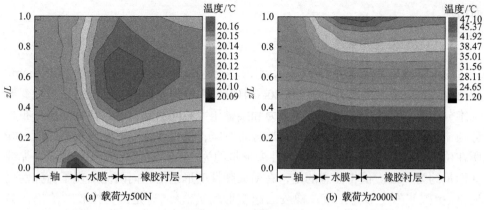

(a) 载荷为500N　　　　　　　　　　　(b) 载荷为2000N

图 4.15　径向温度分布

度为 20℃时，水润滑橡胶轴承周向(轴向中截面)、轴向(径向水膜与橡胶衬层结合面)和径向(最高温度处沿径向的截面)热分布图。

由图 4.13 可以看出，载荷为 500N 和 2000N 时的最高温度分别为 20.18℃和 47.70℃，均发生在最小膜厚处。水润滑橡胶轴承的运转过程中引起温升的热源包含两部分：①动压水膜黏性剪切应力产生的温升；②轴与橡胶衬层粗糙表面直接接触引起的摩擦生热。当载荷为 500N 时，由图 4.12 可知，轴与橡胶衬层间的粗糙接触压力非常小，水润滑橡胶轴承基本处于全膜润滑状态。此时的温升主要由动压水膜黏性剪切应力产生，而水的黏度非常小(8.994×10^{-4}Pa·s)、比热容又非常大(4200J/(kg·K))，因此处于全膜润滑状态的水润滑轴承系统温升会非常小。但当外载荷为 2000N 时，轴与橡胶衬层间发生非常大的粗糙接触压力(图 4.12)，且橡胶的边界润滑摩擦系数相对较大，使得此时的水润滑轴承系统温升相对较高。此外，水润滑橡胶轴承的沟槽相对较深(本算例的沟槽深度为 1.5mm)，沟槽区的流体动压力和接触压力均为 0(图 4.11 和图 4.12)，使得沟槽区的热源为 0，且供水水流流经沟槽区时会带走大量的热量。因此，沟槽区的温升非常小，最高温度约为 27℃，轴承空穴区的沟槽部分温升基本为 0，而整个轴承系统最高温度高达 48℃。其中，最上端的沟槽区出现温度低于供水温度的现象，这是由于此处处于空穴区的最末端，高压区对此处的温升影响基本降为 0，加上流体压缩功在空穴区为负值，使得空穴区末端沟槽部分出现低于供水温度的现象。

由图 4.14 和图 4.15 可以看出，水润滑橡胶轴承供水端温升明显低于出水端，这是由于沿轴向流动的水流会把供水端产生的热量带到出水端，使出水端的温度升高，较高的温度又会引起较大的热膨胀变形，使出水端水膜厚度小于供水端，而较小的水膜厚度又会引起较大的流体动压力和粗糙接触压力，从而使此处的温升进一步升高，如此反复。此外，温升沿轴向分布的不对称性会随着载荷的增加而增加。

3. 橡胶衬层变形分布

图4.16给出了转速为1500r/min、水流供给速度为1.0m/s、轴承间隙为0.15mm、载荷为500N（偏心率约为1.01）和2000N（偏心率约为1.043）时橡胶衬层弹性变形三维分布图。弹性变形量由流体压力和接触压力共同引起，因此弹性变形分布趋势与流体压力和接触压力总的分布趋势相对应，最大弹性变形发生在流体压力峰所在位置。载荷为500N时最大弹性变形量约为2μm，载荷为2000N时最大弹性变形量约为6μm。值得注意的是，在最大弹性变形量沿周向两侧出现了负弹性变形量（橡胶凹陷变形为正值，橡胶凸起变形为负值）。这是因为橡胶的泊松比为0.47，非常接近0.5，即橡胶基本上为不可压缩体，因此橡胶在最大压力峰处产生凹陷变形后，在凹陷变形沿周向两侧必然会产生凸起变形，图4.16(c)给出了橡胶不可压缩变形示意图。

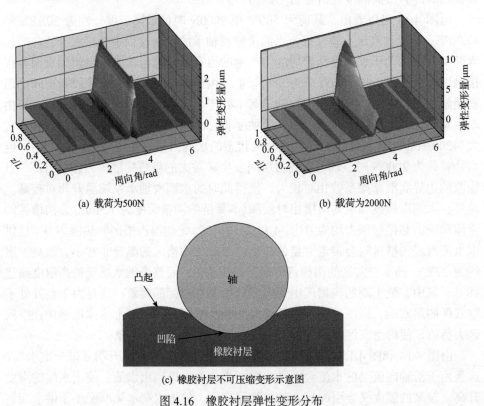

(a) 载荷为500N (b) 载荷为2000N

(c) 橡胶衬层不可压缩变形示意图

图4.16　橡胶衬层弹性变形分布

图4.17给出了转速为1500r/min、水流供给速度为1.0m/s、载荷为500N（偏心率约为1.01）和2000N（偏心率约为1.043）时橡胶衬层热变形三维分布图。热变形

分布趋势与温度场分布趋势相对应，即温度越大的部位热变形量越大，沟槽区的热膨胀变形明显小于承载"脊"处的变形。在温度场的作用下，橡胶衬层会发生热膨胀，因此热变形量为负值(橡胶衬层向上凸起变形为负)。载荷为 500N 时最大热变形量仅为 0.03μm，远小于最大弹性变形量；载荷为 2000N 时最大热变形量约为 4μm，与最大弹性变形量为同一数量级，这说明随着载荷的增加，热变形量的增加幅度大于弹性变形量的增加幅度。

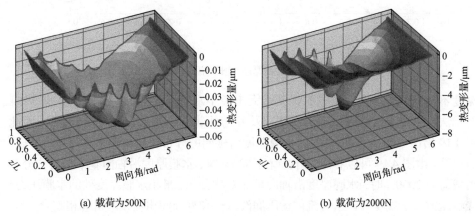

(a) 载荷为500N　　　　　　　　　　　(b) 载荷为2000N

图 4.17　橡胶衬层热变形分布

4. 水膜厚度分布

图 4.18 和图 4.19 给出了转速为 1500r/min、水流供给速度为 1.0m/s、轴承间隙为 0.15mm、载荷为 500N(偏心率约为 1.01)和 2000N(偏心率约为 1.043)时水润滑橡胶轴承水膜厚度分布及其与水膜压力和接触压力的关系。沟槽的深度为 1.5mm，而偏心率大于 1.0 时的最小水膜厚度不到 1μm，即最小水膜厚度与沟槽

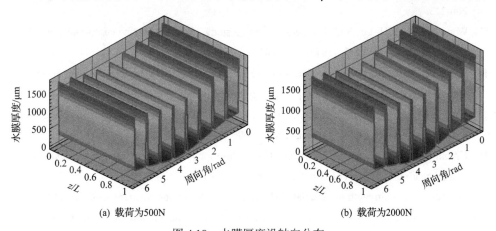

(a) 载荷为500N　　　　　　　　　　　(b) 载荷为2000N

图 4.18　水膜厚度沿轴向分布

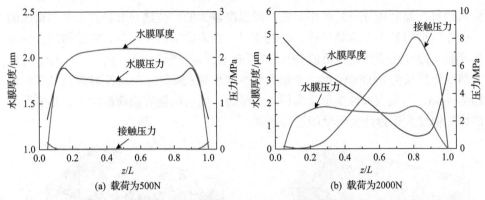

图 4.19 水膜厚度和压力沿轴向分布

深度不在同一数量级，沟槽的深度远大于最小水膜厚度，致使从三维水膜分布图上无法辨别最小水膜厚度的分布情况及其与外载荷的关系，如图 4.18 所示。因此，图 4.19 给出了最小水膜厚度处，水膜厚度沿轴向的分布及其与水膜压力和接触压力的关系。由图 4.19 可以看出，当载荷为 500N 时，水膜厚度沿轴向基本呈对称分布。当载荷为 2000N 时，水膜厚度沿轴向呈非对称分布，最小水膜厚度处的水膜压力与接触压力均出现峰值，这与流体动压润滑理论和界面间粗糙接触机理相吻合。

参 考 文 献

[1] Shi F H, Wang Q J. A mixed-TEHD model for journal-bearing conformal contacts: Part I: Model formulation and approximation of heat transfer considering asperity contact[J]. Journal of Tribology, 1998, 120(2): 198-205.

[2] Wang Q J, Shi F H, Lee S C. A mixed-TEHD model for journal-bearing conformal contact: Part II: Contact, film thickness, and performance analyses[J]. Journal of Tribology, 1998, 120(2): 206-213.

[3] Wang Q J, Shi F H, Lee S C. A mixed-lubrication study of journal bearing conformal contacts[J]. Journal of Tribology, 1997, 119(3): 456-461.

[4] Wang Y S, Zhang C, Wang Q J, et al. A mixed-TEHD analysis and experiment of journal bearings under severe operating conditions[J]. Tribology International, 2002, 35(6): 395-407.

[5] Wang Y S, Wang Q J, Lin C, et al. Development of a set of stribeck curves for conformal contacts of rough surfaces[J]. Tribology Transactions, 2006, 49(4): 526-535.

[6] Knight J D, Niewiarowski A J. Effects of two film rupture models on the thermal analysis of a journal bearing[J]. Journal of Tribology, 1990, 112(2): 183-188.

[7] Timoshenko S P. Strength of Materials[M]. 3rd ed. New York: Van Nostrand Company, 1956.

[8] Liu S B, Wang Q, Liu G. A versatile method of discrete convolution and FFT (DC-FFT) for contact analyses[J]. Wear, 2000, 243(1/2): 101-111.

第5章 滑动轴承瞬态磨损数值计算方法

恶劣工况(如低速重载)条件下，滑动轴承将处于典型的混合润滑阶段。从微观的角度来看，混合润滑状态下滑动轴承轴瓦表面粗糙峰与轴颈表面粗糙峰在相对运动中产生循环接触，导致粗糙峰材料疲劳剥落，最终诱发轴承表面瞬态磨损。在滑动轴承润滑-磨损耦合理论研究领域，1983 年，Dufrane 等[1]基于实验观测首次提出了用于描述滑动轴承磨损深度分布的几何函数。该研究为分析磨损条件下滑动轴承稳态/瞬态润滑性能提供了有力的手段，因此得到诸多学者的广泛采用。然而，这一模型的局限性在于无法评估滑动轴承摩擦副界面接触压力与界面磨损的依赖关系。为了克服这一局限，2007 年，摩擦学者朱东教授[2]首次集成了考虑真实粗糙表面的瞬态混合润滑模型与 Archard 黏着磨损模型，建立了混合润滑-磨损瞬态耦合模型。然而，这一研究局限于非共形接触(如齿轮和滚动轴承中存在的接触)的情况。2015～2019 年，奥地利学者 Sander[3-5]成功将朱东教授提出的模型延拓至滑动轴承。需要注意的是，朱东和 Sander 均采用了 Archard 黏着磨损模型，并假定磨损系数为某一常数。研究表明[6-8]，磨损系数与摩擦副界面的润滑状态相关。因此，这一假定可能会给处于混合润滑的摩擦副瞬态磨损行为预测带来一定的误差。以水润滑轴承为例，由于它以低黏度水作为润滑介质而无法形成有效的动压水膜完全隔离转子与衬层表面，从而处于典型的混合润滑状态，甚至是边界润滑状态。在水润滑轴承动态服役工况下，水润滑轴承衬层界面混合润滑行为必然引起衬层磨损，并由此扩展水膜间隙增加转子跳动量，恶化水润滑轴承瞬态摩擦学性能(如过量摩擦热、热膨胀及转子系统失稳等)，最终大大降低水润滑轴承传动系统的安全性与可靠性。因此，水润滑轴承摩擦副界面存在的瞬态磨损行为是其失效的主要表现形式。

1965 年，Kragelskii[9]在黏着磨损与微凸体摩擦疲劳机理关联性方面做出了开创性的研究。研究发现，摩擦副之间的黏着磨损在微观层面上是由微凸体的摩擦疲劳剥落机理所驱动的，并且 Archard 黏着磨损模型中的磨损系数近似等于 3 倍摩擦副微凸体发生疲劳剥落的临界次数 N 的倒数(即 $1/(3N)$)。Kragelskii 这一研究观点得到了国内外学者的广泛采纳[10-14]。因此，从轴瓦表面和轴承表面微凸体微观摩擦疲劳机理出发，集成润滑力学、接触力学及传热学等机理，建立针对滑动轴承在混合润滑状态下的磨损预测机理模型具有重要的科学意义和工程价值。

5.1　基于摩擦疲劳机理的滑动磨损

为克服 Archard 黏着磨损模型在预测混合润滑状态下滑动轴承磨损行为的局限性，Xiang 等[15]从摩擦疲劳磨损的角度来研究发生在滑动轴承摩擦副界面混合润滑区内的滑动磨损现象。图 5.1 为混合润滑状态下滑动轴承坐标系及微凸体摩擦疲劳示意图。图 5.2 展示了滑动轴承混合润滑区内微凸体在反复摩擦力作用下的疲劳剥落现象。如图 5.2 所示，记滑动轴承在第 i 个滑动周期(第 i 个时间步长 Δt 内的滑动距离为 ΔL，即 $\Delta L = \omega R_B \Delta t$，$R_B$ 为轴承内径)内转子表面与轴承表面微凸体发生的总接触次数为 N_i，单个微凸体发生疲劳剥落需经历的接触循环临界次数为 n_i，单个微凸体疲劳剥落的体积为 ΔV_i。于是，滑动轴承在一个滑动周期内所产生的平均磨损体积可以计算为

$$V_i = \frac{N_i}{n_i} \Delta V_i \tag{5.1}$$

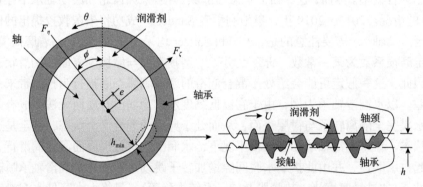

图 5.1　滑动轴承坐标系及混合润滑界面示意图

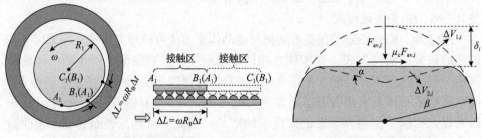

(a) 滑动轴承磨损机理示意图　　　　　　(b) 微凸体疲劳磨损示意图

图 5.2　滑动轴承衬层摩擦疲劳磨损机理

如图 5.2 所示，式(5.1)中的 ΔV_i 由两部分组成：一部分为微凸体因变形而产生

的磨耗量 $\Delta V_{1,i}$，另一部分为微凸体疲劳剥落体积 $\Delta V_{2,i}$。$\Delta V_{1,i}$ 可按式 (5.2) 计算：

$$\Delta V_{1,i} = \frac{\pi \delta_{a,i}^2 \left(3\beta - \delta_{a,i} \right)}{3} \tag{5.2}$$

式中，$\delta_{a,i}$ 为微凸体在接触力作用下的变形量。基于赫兹接触理论，$\delta_{a,i}$ 计算式为

$$\delta_{a,i} = \left(\frac{9F_{av,i}^2}{16\beta E^*} \right)^{1/3} \tag{5.3}$$

式中，$F_{av,i}$ 为作用于单个微凸体的平均接触力，可表示为 $F_{av,i} = F_{c,i}/m_i$，其中 $F_{c,i}$ 和 m_i 分别为第 i 个滑动周期内摩擦副界面接触力及发生接触的微凸体个数，计算方法将随后给出。此外，β、E^* 分别为粗糙峰综合曲率半径和复合弹性模量，可由式 (5.4) 计算：

$$\frac{1}{\beta} = \frac{1}{\beta_B} + \frac{1}{\beta_J}, \qquad \frac{1}{E^*} = \frac{1 - \upsilon_B^2}{E_B} + \frac{1 - \upsilon_J^2}{E_J} \tag{5.4}$$

式中，β_B、β_J 分别为轴承和转子表面微凸体的接触曲率半径；E_B 和 υ_B 分别为滑动轴承的弹性模量和泊松比；E_J 和 υ_J 分别为转子的弹性模量和泊松比。

根据图 5.2 所示的几何关系，单个微凸体疲劳剥落体积可计算为

$$\Delta V_{2,i} = \frac{2}{3} \pi \tan\alpha \cdot \beta^{3/2} \delta_{a,i}^{3/2} \tag{5.5}$$

式中，α 为疲劳裂纹与水平面的夹角，根据文献 [16]，通常取 $\alpha=20°$。假设磨损深度与摩擦副界面接触压力成正比，这一假定也被众多学者采用。因此，只要求解得到第 i 个滑动周期内摩擦副界面接触压力分布，第 i 个滑动周期内产生的磨损体积即可计算为

$$V_{total,i} = R_B \iint\limits_{\Omega} h_w \left(\theta, z, t_i \right) \mathrm{d}\theta \mathrm{d}z \tag{5.6}$$

式中，$V_{total,i}$ 为磨损体积；h_w 为轴承磨损深度；z 为滑动轴承轴向方向。综合式 (5.1)～式 (5.6) 可知，只需要进一步求解得到接触循环参数 N_i 和 n_i，即可求解滑动轴承摩擦副界面的瞬态磨损分布 h_w。

Kragelskii 等 [17] 研究发现，单个微凸体在往复接触摩擦作用下发生剥落的临界循环次数可以表达为指数函数的形式，具体如下：

$$n_i = \left(\frac{\sigma_b A_{r,i}}{3\mu_c F_{c,i}} \right)^\kappa \tag{5.7}$$

式中，σ_b 为轴承材料的抗拉强度；κ 为材料参数，通过实验测定；μ_c 为摩擦副界面边界摩擦系数；$A_{r,i}$ 为摩擦副界面的真实接触面积，可由 Kogut-Etsion 弹塑性接触模型求解（详见 3.1.2 节）。根据 Tan 等[18]推导的公式，在第 i 个滑动周期内，摩擦副之间微凸体总的接触次数 N_i 可计算为

$$N_i = 2m_i \beta D \Delta L \tag{5.8}$$

式中，m_i 为第 i 个滑动周期内，混合润滑区内发生循环接触的微凸体个数，其可由式(5.9)计算：

$$m_i = S_i D \int_{h_i}^\infty \phi(k') \mathrm{d}k' \tag{5.9}$$

式中，S_i 为接触副名义接触面积；D 为滑动轴承表面微凸体密度；h_i 为第 i 个滑动周期的膜厚；$\phi(k')$ 为滑动轴承粗糙表面概率密度函数。结合式(5.8)与式(5.9)，可得到第 i 个滑动周期内摩擦副界面微凸体发生的总接触次数为

$$N_i = 2S_i D^2 \beta \Delta L \int_{h_i}^\infty \phi(k') \mathrm{d}k' \tag{5.10}$$

综合式(5.1)～式(5.10)可以发现，滑动轴承混合润滑区内的磨损量与界面间的瞬态等温(热)混合润滑性能包括粗糙峰接触、瞬态膜厚及热-弹性变形等密切相关。不仅如此，滑动磨损还将通过实时改变滑动轴承润滑间隙影响等温(热)混合润滑结果。因此，滑动轴承摩擦副界面间存在磨损与等温(热)混合润滑的实时交互作用机制。

5.2　滑动轴承瞬态磨损模型求解方法

在求解滑动轴承瞬态磨损之前，需获得滑动轴承在特定工况条件下的稳态等温(热)混合润滑性能。滑动轴承的稳态等温/热混合润滑仿真方法已分别在第 3 章和第 4 章详细论述。求解稳态等温(热)混合润滑模型的主要目的在于获得预定工况下滑动轴承系统的稳态等温(热)混合润滑性能，求解得到的结果将作为瞬态磨损预测模型的初始输入。

图 5.3 为滑动轴承瞬态磨损预测模型求解流程。由图可见，在该算法模块中由于时变磨损的引入，动压力、粗糙峰接触、弹性变形及热分布均需要求其瞬态

解。每一个时间步长内摩擦疲劳磨损模型将求解出一个瞬态的磨损分布，求解得到的磨损分布将在下一时间循环中集成到膜厚方程中。值得注意的是，热混合润滑解将会因膜厚的改变而改变，并在下一时间步内影响摩擦疲劳磨损模型的预测结果。因此，这一模型的核心问题在于解决瞬态热混合润滑与疲劳磨损的动态耦合关系。

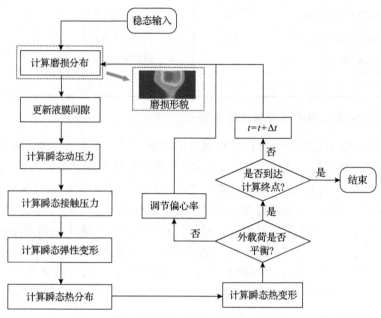

图 5.3　滑动轴承瞬态磨损预测模型求解流程

5.3　基于摩擦疲劳的滑动轴承磨损算例分析

5.3.1　油润滑滑动轴承算例

本节的数值模拟采用典型滑动轴承系统参数[15]，包括尺寸、材料、润滑剂和表面粗糙度，如表 5.1 所示。表 5.1 中，104.6rad/s 等于 1000r/min。

表 5.1　数值模拟的基本参数

参数	数值	参数	数值
轴承内径 R_B/mm	12.19	粗糙度曲率半径 β/μm	1.5
轴承外径 R_O/mm	14.22	轴承抗拉强度 σ_b/GPa	0.42
轴承宽度 L/mm	8.128	综合粗糙度 σ/μm	0.55

参数	数值	参数	数值
半径间隙 C/mm	0.055	纹理取向 γ	1
角速度 ω/(rad/s)	104.6	润滑剂黏度(40℃) η/(Pa·s)	0.0375
轴承弹性模量 E_1/GPa	73	润滑油密度 ρ/(kg/m³)	833
轴颈弹性模量 E_2/GPa	210	边界摩擦系数 μ_c	0.1
轴承泊松比 υ_1	0.37	外载荷 F/N	5000
轴颈泊松比 υ_2	0.3	粗糙峰密度 D/(个/m²)	$2×10^9$
轴承密度 ρ_B/(kg/m³)	2710	时间步长 Δt/s	0.001

1. 运行时间对润滑和磨损性能的影响

假设滑动轴承受到竖直方向的外部恒定载荷。图 5.4 为滑动轴承衬层磨损几何形貌随运行时间的演化规律。可以看到，磨损主要集中在轴承的两侧(特别是当运行时间小于 8h 时)，滑动轴承的磨损演化趋势与文献[3]中的实验现象一致。随着运行时间的增加，磨损区逐渐向轴颈中心位置移动，同时沿周向略有增长。这些观察结果也可以在参考文献[3]、[6]、[18]中发现。事实上，滑动轴承在混合润滑状态下，动压膜的"端泄"效应造成了滑动轴承两侧的变形小于中间部分，从而引发了两端接触大于中间接触的现象，最终导致"边缘接触效应"[19-21]，正是这种边缘接触效应导致边缘磨损现象。滑动轴承衬层界面的磨损-润滑耦合性能如图 5.5 所示。

图 5.6(a)～(d)为混合润滑性能和磨损特性的轴向分布随着时间的演化。由图可以看出，轴承混合润滑性能(包括流体压力和接触压力)、磨损深度及油膜厚度沿着轴向呈对称分布，且随着磨损时间的变化而变化。由图 5.6(a)可以看出，最大流体压力随着运行时间的增加而逐渐增大，并且在滑动轴承中心线附近出现两个对称的流体压力峰值，这是磨损过程中边缘磨损现象导致油膜厚度沿轴向变化而引起的，如图 5.6(d)所示。图 5.6(a)还表明，随着运行时间的增加，位于滑动轴承边缘附近的流体压力分布轮廓变得越来越平缓。这一结果表明，滑动轴承两端的磨损轮廓减缓了两侧流体压力的下降程度。图 5.6(b)表明，滑动轴承最大接触压力在磨损过程中不断减小，特别是在磨损的初始阶段尤其明显。图 5.6(d)所示的油膜厚度演变规律可解释这一现象，磨损过程增大了轴承边缘附近的润滑间隙，导致该区域的粗糙峰接触减少。此外，由图 5.6(b)还可以观察到，由于图 5.6(c)和(d)所示的磨损表面轮廓的变化，接触压力峰值沿轴向从边缘位置逐渐移动到轴承的中心位置。这些结果表明，混合润滑和磨损行为之间的相互作用在滑动轴承的摩擦学研究中不可忽视。

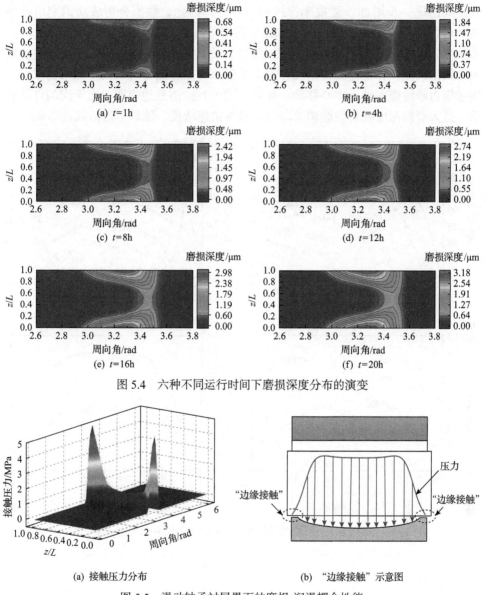

图 5.4　六种不同运行时间下磨损深度分布的演变

(a) 接触压力分布　　　　　　　(b) "边缘接触"示意图

图 5.5　滑动轴承衬层界面的磨损-润滑耦合性能

2. 润滑与磨损性能的瞬态分析

如图 5.7(a)~(e)所示，在不同的外载荷下，运行过程中混合润滑和磨损性能具有显著的时间依赖性。在当前的模拟中，定义磨损率为每滑动周期的材料去除体积。图 5.7(a)表明，在不同的外载荷下，磨损率在运行前 5h 迅速下降，随着磨损时间的进一步增加，磨损率保持相对稳定。因此，数值分析成功识别出滑动轴承运行过程中的初始磨损阶段和稳定磨损阶段，如图 5.7(a)所示。图 5.6(b)和图 5.7(d)的结果表明，在初始磨损阶段，最大接触压力显著降低，接触主要集中在轴承两侧；在稳态磨损阶段，最大接触压力随着运行时间的增加平稳减小，接触压力峰缓慢向轴承中心移动。此外，图 5.7(b)清楚地表明，在不同的外载荷下，最大磨损深度在初始磨损阶段呈非线性快速增长，随后呈近似线性增长。

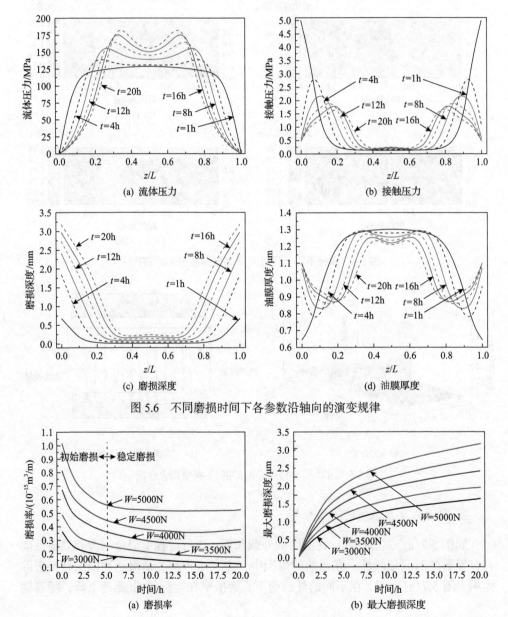

(a) 流体压力   (b) 接触压力

(c) 磨损深度   (d) 油膜厚度

图 5.6 不同磨损时间下各参数沿轴向的演变规律

(a) 磨损率   (b) 最大磨损深度

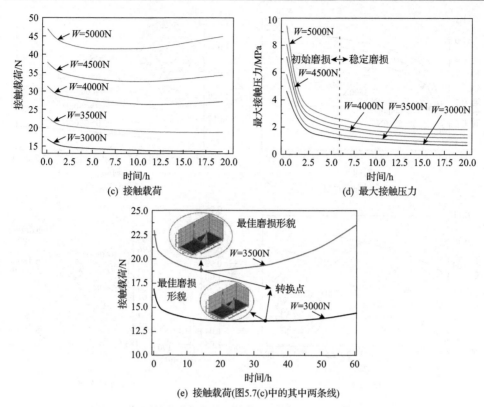

(c) 接触载荷　　　　　　　　　　　　(d) 最大接触压力

(e) 接触载荷(图5.7(c)中的其中两条线)

图 5.7　不同外载荷下润滑、磨损性能随运行时间的演化规律

由图 5.7(c) 和 (e) 可知，随着运行时间的增加，接触力首先减小到最小值，然后随着运行时间的进一步增加而逐渐增大，即存在一个转换点。这是因为初始磨损阶段形成的磨损轮廓增强了流体动压效应，然而，随着运行时间的进一步增加，累积的磨损几何形貌开始对流体动压产生负面影响，最终导致接触力的增加。这一结果表明，可能存在最优的磨损形貌以产生最大的动压载荷。此外，由图 5.7(c) 和 (e) 还可以观察到，较低的外载荷导致较大的转换点，这是因为低外载荷比高外载荷情况下的磨损率更低，因此需要更多的运行时间来产生最佳磨损几何形状。

图 5.8 给出了最小油膜厚度、偏心率、偏位角、轴心轨迹、最小油膜厚度和周向流体压力随运行时间的变化规律。如图 5.8(a) 所示，最小油膜厚度的变化趋势与最大接触压力的变化趋势具有对应关系(图 5.7(d))，即最大接触压力随着最小油膜厚度的减小而增大。由图 5.8(b) 和 (c) 可知，偏心率和偏位角均随着运行时间的增加而增大，对应的轴心轨迹随着运行时间的变化规律如图 5.8(d) 所示。如图 5.8(e) 所示，轴心轨迹的变化引起了最大流体压力沿旋转方向的缓慢移动。

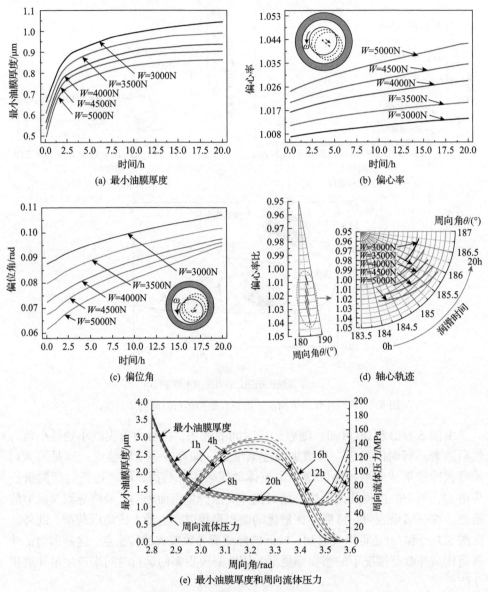

图 5.8 不同外载荷下油膜厚度相关性能随运行时间的变化规律

5.3.2 水润滑滑动轴承算例

相比于油润滑滑动轴承，水润滑滑动轴承更易处于混合润滑阶段，因此更易诱发磨损。本节将基于滑动轴承瞬态磨损预测模型，给出水润滑轴承在等温混合润滑下的瞬态磨损预测分析。算例采用某系列聚氨酯高分子(后简称高分子)复合材料参数，如表 5.2 所示。表 5.2 不仅列出了轴承轴衬材料的物理、表面及热特性参数，还列出了水和转子的相关参数。需要注意的是，在没有指明参数取值的情况下，默认采用表 5.2 中列出的参数。此外，在磨损模拟中，取磨损时间为 10h，时间步长为 $0.1s^{[19]}$。

表 5.2　水润滑滑动轴承系统基本参数

参数	数值	参数	数值
轴承内径 R_B/mm	22.5	水比热容 C_{pW}/[J/(kg·K)]	4200
轴承外径 R_O/mm	25	轴密度 ρ_J/(kg/m³)	7800
轴承长度 L/mm	80	轴弹性模量 E_J/GPa	210
轴承半径间隙 C/mm	0.05	轴泊松比 υ_J	0.3
沟槽深度 G_d/mm	1.5	轴导热系数 k_J/[W/(m·K)]	50
沟槽占比 χ	1:3	轴比热容 C_{pJ}/[J/(kg·K)]	460
轴承弹性模量 E_B/GPa	2.32	轴热膨胀系数/[μm/(m·K)]	11.9
轴承泊松比 υ_B	0.327	对流换热系数 h_h/[W/(m·K)]	80
轴承硬度 H_B/GPa	0.3	环境温度 T_∞/℃	20
轴承密度 ρ_B/(kg/m³)	1300	入口温度 T_{inlet}/℃	20
轴承导热系数 k_B/[W/(m·K)]	11	边界摩擦系数 μ_c	0.1
轴承比热容 C_{pJ}/[J/(kg·K)]	1005	轴表面粗糙度 σ_J/μm	0.2
轴承热膨胀系数/[μm/(m·K)]	50	轴承表面粗糙度 σ_B/μm	0.6
水密度 ρ_W/(kg/m³)	1000	纹理取向 γ	1
水黏度 η_W/(Pa·s)	0.001	接触模型参数 $\sigma\beta D$	0.04
水导热系数 k_W/[W/(m·K)]	0.599	接触模型参数 σ/β	0.01

1. 磨损-热混合润滑分布演变规律

1）磨损形貌随时间的演化历程

图 5.9 为处于瞬态热混合润滑状态下的水润滑轴承摩擦副界面在不同模拟时间下（t =1h, 2h, 3h, 4h, 7h, 10h）的磨损形貌演化历程。需要注意的是，为了使轴承内衬磨损分布显示更清晰，图 5.9 选取了周向 2.4～4.0rad 的局部区域绘制分布图。从图中可以看到，磨损面积与磨损深度随着时间的增加而增加。当磨损时间为 10h 时，最大磨损深度可达到 3.3μm，这一数值对处于混合润滑状态下的水润滑轴承界面润滑性能影响显著，其细节将在后续详述。从图中还可以观察到，水润滑轴

承出现偏磨现象，其磨损主要集中在出水端，这与水润滑轴承内表面的不均匀热膨胀有关；随着磨损时间的增加，磨损形貌逐渐向着轴承周向及进水端扩展；出水端端面的磨损量略大于水润滑轴承其余轴向截面，这是由于水膜压力在轴承两端泄压引起的弹性变形小于中间部分的变形，增加了轴承与转子在轴承边缘的粗糙峰接触，因此增加了磨损量。

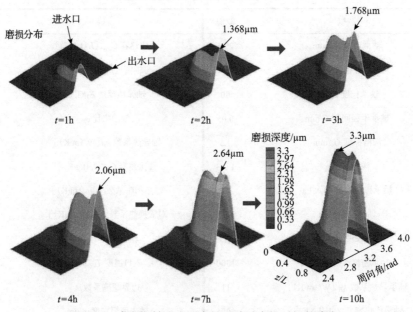

图 5.9　水润滑轴承表面磨损形貌随磨损时间的演变

2)磨损前后温度分布对比

如前文所述，瞬态磨损形貌通过实时改变水润滑轴承摩擦副的润滑间隙进一步影响了其热混合润滑性能。图 5.10 为水润滑轴承磨损前后沿着最大水膜温度处的径向截面温度分布。可以观察到，温升主要集中在底部承载"脊"附近，这是由于在表 5.2 所列的工况下，轴承偏位角为 0.054rad，承载主要集中于底部承载"脊"。此外，沟槽区供水的冷却作用，使得沟槽区温度明显低于承载"脊"温度。水润滑轴承系统最低温度位于油膜破裂位置附近的沟槽区，这是由于空穴区内流体压缩功为负值，进而降低了该区域的温度。由图 5.10 还可以发现，由于动压水膜的周向热对流及转子周向的热传递效应，将承载区产生的热量传递至润滑间隙整个周向截面。此后又进一步发生了动压水膜界面与轴承界面的径向热传递行为，最终产生了如图 5.10 所示的温度分布特性。通过对比磨损前(t=0h，图 5.10(a))与磨损后(t=10h，图 5.10(b))径向截面温度分布可以发现，磨损后的水润滑轴承系统温升降低。这一结论表明，水润滑轴承系统在经历磨合阶段之后，其系统温升将低于初始磨损阶段。

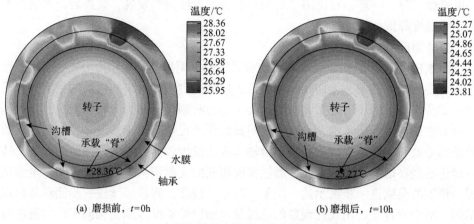

(a) 磨损前，$t=0$h　　　　　　　　　　(b) 磨损后，$t=10$h

图 5.10　水润滑轴承磨损前后径向截面温度分布

　　图 5.11 为磨损前后水润滑轴承系统沿着最大水膜温度处的周向截面温度分布。由图可见，由于环境水（20℃）通过进口端的水膜间隙（主要通过沟槽）流入水润滑轴承内部，进水过程中带走了相当部分产生于摩擦副界面的热量。然而，进水的散热能力将会随着进水距离的增大而逐渐削弱，因此造成从进水端到出水端

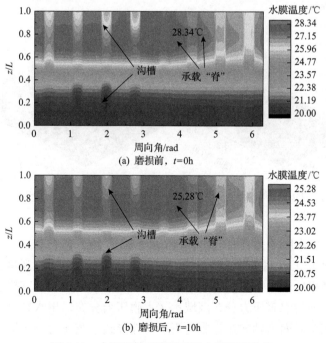

(a) 磨损前，$t=0$h

(b) 磨损后，$t=10$h

图 5.11　水润滑轴承磨损前后水膜温度分布

温度逐渐升高的现象。此外，出水端的对流传热效应引起出水端(尤其是沟槽区)温度略微下降。同理，对比图 5.11(a)与(b)的温度分布发现，磨损后，水润滑轴承水膜温度降低。

3)磨损前后接触压力分布对比

图 5.12 对比了磨损前后水润滑轴承系统摩擦副界面接触压力分布。通过观察主要可得到三点发现：①初始时刻的最大接触压力明显大于磨损后的最大接触压力；②磨损后接触压力分布区域明显大于初始时刻接触压力分布区域；③接触压力分布主要聚集于出水端，呈现出较明显的偏磨现象。对于发现①，出现此现象的原因是处于初期磨损阶段的水润滑轴承界面发生较为强烈的摩擦接触效应，这一结论已经在诸多针对摩擦元件磨损实验研究的文献资料中得到了证实，本节从理论模型的角度进一步揭示这一现象。对于发现②，将在后续进一步阐释其物理机制。对于发现③，出现此现象的原因是水润滑轴承摩擦副沿轴向不均匀温度分布(图 5.11)引起不均匀热膨胀，从而造成了偏磨现象。如图 5.13 所示，出水端的热膨胀大于进水端，从而使得出水端更容易产生转子与轴承表面的接触。因此，水润滑轴承内表面沿着轴向的不均匀热膨胀引起了接触压力沿轴向的不均匀分布，进一步引起了轴向偏磨现象(图 5.11)。此外，由图 5.13 还可以发现，磨损后的水润滑轴承摩擦副界面的热膨胀量小于初始轴承。

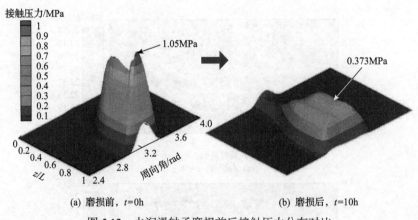

(a) 磨损前，$t=0$h　　　　　　　　(b) 磨损后，$t=10$h

图 5.12　水润滑轴承磨损前后接触压力分布对比

4)磨损前后水膜压力分布对比

图 5.14 比较了水润滑轴承磨损前后的动压性能分布。通过观察主要可得到三点发现：①磨损后最大水膜压力小于磨损前最大水膜压力；②磨损前水膜压力分布区域大于磨损后水膜压力分布区域；③水膜压力分布向出水端聚集。同理，水润滑轴承摩擦副界面沿轴向热膨胀的不均匀性导致水膜压力分布沿轴向不均匀。具体来讲，出水端由于有更大的热膨胀减小了润滑间隙，从而产生了更大的水膜

压力，最终呈现出如图 5.14 所示的分布特性。

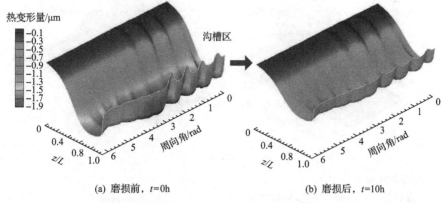

(a) 磨损前，t=0h　　　　　　　　　　(b) 磨损后，t=10h

图 5.13　磨损前和磨损后水润滑轴承的热变形量对比

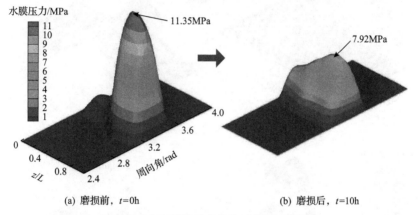

(a) 磨损前，t=0h　　　　　　　　　　(b) 磨损后，t=10h

图 5.14　水润滑轴承磨损前后水膜压力对比

2. 磨损-热混合润滑瞬态性能

本节的主要目的在于展示水润滑轴承系统磨损-热混合润滑性能（包括磨损率、磨损深度、磨损体积、水膜压力、弹塑性接触及热特性等）随着磨损时间的变化规律，并给出这些预测性能在特征截面内的分布变化历程。此外，本节还将细致地对比热模型与等温模型的瞬态磨损预测结果，论证在水润滑轴承瞬态磨损模拟中考虑轴承 3D 瞬态热效应的重要性。

图 5.15 为考虑热与不考虑 3D 瞬态热时，水润滑轴承在磨损 10h 后的摩擦副界面瞬态润滑-磨损的三维分布对比。由图 5.15(a)可见，不考虑 3D 瞬态热时，界面水膜压力呈对称分布，且最大水膜压力小于热模型结果。这是由于考虑 3D 瞬态热时，轴承内衬沿轴向不均匀的热膨胀减小了出水端的水膜间隙，从而增大了

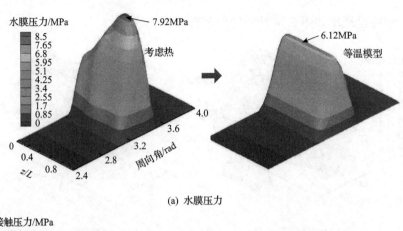

(a) 水膜压力

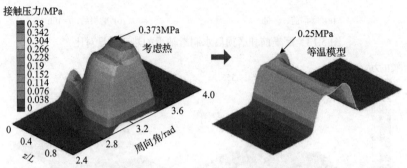

(b) 接触压力

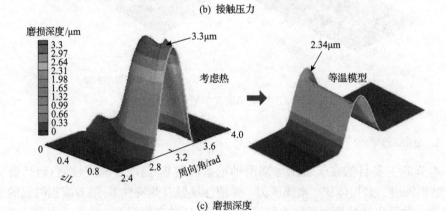

(c) 磨损深度

图 5.15　考虑热与不考虑 3D 瞬态热时水润滑轴承瞬态摩擦学性能对比

界面最大水膜压力。正如预期，当忽略 3D 瞬态热效应时，水润滑轴承界面接触压力呈对称分布，且最大接触压力低于热模型的数值预测结果。这是由于水润滑轴承沿轴向的不均匀热膨胀增加了转子与轴承内衬的粗糙峰接触，从而引起了热模型预测的最大接触压力大于等温模型。与接触压力分布相对应的是，等温模型预测得到的接触分布呈对称特征，且轴承边缘的磨损深度略大于中间区域，这一现象与水膜造成的内衬不均匀弹性变形有关[20-24]。此外，由图 5.15(c)还可以发现，热模型预测得到的最大磨损深度大于等温模型。具体来讲，热模型预测得到的最大磨损深度比等温模型大 28%。由以上分析结果可以看出，在混合润滑状态下，水润滑轴承的 3D 热特性显著影响摩擦副瞬态磨损预测结果。这一结果表明，在恶劣工况条件下预测水润滑轴承瞬态磨损不能忽略热特性的影响。

1) 瞬态磨损性能

如图 5.16(a)所示，水润滑轴承摩擦副界面磨损率随着磨损时间先迅速减小，继而趋于平缓，具体来讲，在磨损 8h 之后磨损率逐渐趋于平稳。因此，仿真识别了两个磨损阶段：初期磨损阶段和稳定磨损阶段。而最大磨损深度及磨损体积随着磨损时间的增加逐渐增大，且呈现出先快后慢的非线性特点，这与磨损率变化规律相对应。图 5.16(b)显示了过最大磨损深度点的轴向截面磨损形貌分布随磨损时间的演变规律，可以发现，磨损主要集中在出水端(z/L=0.5~1)，这是由轴向不均匀热膨胀引起的，而磨损形貌随着磨损时间逐渐向进水端移动。图 5.16(a)中，热模型(实线表示)预测得到的瞬态最大磨损深度大于等温模型(虚线表示)的预测

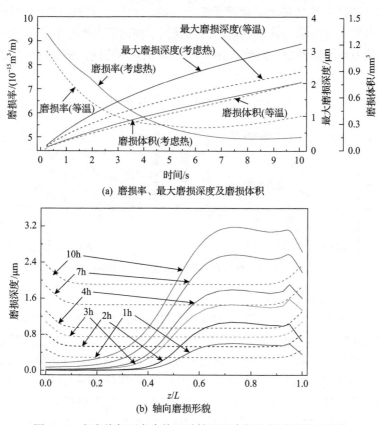

(a) 磨损率、最大磨损深度及磨损体积

(b) 轴向磨损形貌

图 5.16　考虑热与不考虑热两种情况下磨损性能随时间的变化

结果，而热模型预测得到的磨损体积几乎等于（略大于）等温模型的结果。通过图 5.16(b) 的比较进一步表明，水润滑轴承 3D 瞬态热效应主要影响磨损分布和最大深度，对磨损量的影响相对较小。

2) 热混合润滑性能随时间的变化规律

(1) 瞬态水膜动压性能。

图 5.17 为水膜动压性能（包括水膜承载力及最大水膜压力）随磨损时间的变化规律（虚线为等温模型结果，实线为热模型结果）。由图 5.17(a) 可见，最大水膜压力随着磨损时间的增加而持续减小，这是由于界面磨损形貌扩大了水膜间隙，从而减小了最大水膜压力。然而结合图 5.17(b) 可以发现，最大水膜压力随着磨损时间减小，但是水膜压力分布区域沿着轴向逐渐扩展，最终引起了水膜承载力随着磨损时间逐渐增加的现象。如图 5.17(a) 所示，水膜承载力随着磨损时间先迅速增加，在磨损时间达到 6h 之后，水膜承载力变化趋于平缓，这一现象表明，水润滑轴承瞬态磨损初始形貌（达到磨合期之前）有利于增强界面水膜动压效应。此外，图 5.17(a) 还表明，等温模型的最大水膜压力明显低于热模型的预测结果，而等温模型相比于热模型计算出的水膜承载力更高。如图 5.17(b) 所示，等温模型得到的最大水膜压力沿轴向分布更均匀，且受到磨损时间的影响较小，积分所得到的水膜承载力高于热模型。因此，如果不考虑 3D 热特性，将会高估界面水膜承载力。

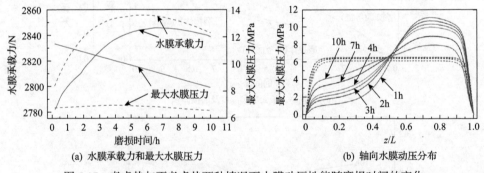

(a) 水膜承载力和最大水膜压力　　　　　(b) 轴向水膜动压分布

图 5.17　考虑热与不考虑热两种情况下水膜动压性能随磨损时间的变化

(2) 瞬态粗糙峰接触性能。

图 5.18 为水润滑轴承摩擦副界面接触特性（包括接触力和最大接触压力）随磨损时间的变化规律。由图可见，当磨损时间小于 6h 时，接触力和最大接触压力都随着磨损时间的增加而降低，这是因为界面磨损量延展了润滑间隙，从而减小了轴承表面与轴颈表面微凸体之间的接触效应，这一解释在图 5.18(b) 中得到证实，可以发现，沿着最大接触压力点的轴向截面接触压力随着磨损时间持续降低。而图 5.18(a) 中的对比结果表明，当不考虑 3D 热特性时，将会低估界面瞬态接触力

与最大接触压力。图 5.18(b)还表明,轴向不均匀热膨胀导致的非对称接触压力分布现象随着磨损时间的递增逐渐减弱。

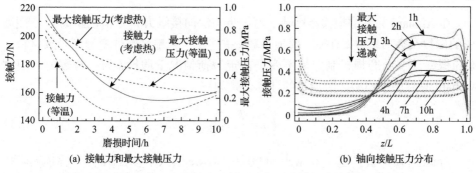

(a) 接触力和最大接触压力　　　　　　(b) 轴向接触压力分布

图 5.18　考虑热与不考虑热两种情况下粗糙峰接触性能随时间的变化

(3)瞬态热性能。

如图 5.19(a)所示,最大转子温度、最大轴承温度及最大热变形均随着磨损时间的增加而降低,降低的趋势呈现明显的先快后慢的非线性特点。这一趋势与水润滑轴承磨损阶段的划分相对应,即在初始磨损阶段热特性随着时间先快速下降,而在稳定磨损阶段,水润滑轴承系统热特性随着时间变化趋于平缓。图 5.19(b)为沿轴承最大温度点的轴向截面内温度随磨损时间的演变规律,可以看到,在不同磨损时刻,温度仍主要集中在出水端。

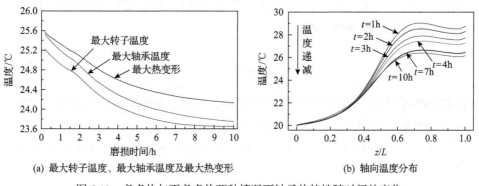

(a) 最大转子温度、最大轴承温度及最大热变形　　　(b) 轴向温度分布

图 5.19　考虑热与不考虑热两种情况下轴承热特性随时间的变化

5.4　主流滑动轴承磨损预测模型的对比分析

对于混合润滑状态下的滑动轴承磨损模拟,目前通常采用的磨损模型主要有 Archard 黏着磨损模型[25]、Fleischer 磨损模型[26]、Chun 磨损模型[27]、Lijesh 磨损模型[28]及 Xiang 磨损模型[15]。本节将着重比较当前主流滑动轴承磨损模型预测结

果，对不同模型的适用性进行一定的分析和评价。

5.4.1 不同磨损模型的建模方法

在 Archard 黏着磨损模型[25]中，磨损量与法向接触力 F_k 、滑动距离 s_R 、硬度 H 的倒数及磨损系数 k 有关。磨损系数 k 描述了由粗糙峰塑性变形而导致材料去除的概率。假设磨损机制保持不变，恒定载荷情况下假设 k 为一常数值。根据 Archard 黏着磨损模型，磨损量的计算公式为

$$V_V = \frac{k}{H} F_k s_R \tag{5.11}$$

Chun 磨损模型[27]基于 Rowe[29]的方法。Rowe 引入了参数 ψ，用于描述实际接触面积与名义接触面积的比值，并以正十六烷作为润滑剂测试磨损行为，开发了计算参数 ψ 的方法，该方法在磨损计算中考虑了润滑剂的影响。ψ 的计算公式为

$$\psi = 1 - \exp\left(\frac{X}{Ut_0} e^{-\frac{E_a}{RT}} \right) \tag{5.12}$$

式中，X 为被吸附在表面的分子所影响的直径；t_0 为吸附在表面的润滑剂分子的振动周期；R 为摩尔气体常数；E_a 为吸附能；U 为两个表面之间的相对滑动速度；T 为润滑膜的温度。由式 (5.12) 可以看出，ψ 的数值依赖于润滑剂的化学性质，并描述了吸附在粗糙金属表面的分子被随后的粗糙峰接触所取代的比例。将 ψ 代入 Archard 黏着磨损模型，得到

$$V_V = \psi \frac{k}{H} F_k s_R \tag{5.13}$$

Fleischer[26]假设滑动过程中产生摩擦能，滑动过程中摩擦能在材料中积累，直至达到其临界极限。这一过程可用摩擦能量密度 e_R^* 来描述，它代表了产生的磨损量和所产生的摩擦能量的比值。按照这种方法，磨损量可以用摩擦系数 μ 表示为

$$V_V = \frac{\mu}{e_R^*} F_k s_R \tag{5.14}$$

Lijesh 等[28]提出的退化系数将磨损率 $\dot{v}_v$ 与熵产率 $\dot{S}_g$ 联系起来，其计算公式如下：

$$\frac{\dot{v}_v(t)}{\dot{S}_g(t)} = B(t) = \frac{\dot{v}_v(t)T(t)}{UF_k\mu(t)} \tag{5.15}$$

通过使用与时间相关的退化系数 $B(t)$，绘制摩擦系统在磨合阶段的瞬态行为。温度的变化是由摩擦产生的摩擦热引起的，因此随时间变化的温度分布取决于摩擦系数。

当使用 Fleischer 和 Lijesh 开发的磨损计算方法时，需用式(5.16)计算摩擦系数[20]，以描述混合润滑工况下的摩擦系数：

$$\mu_{\text{lokal}} = \mu_{\text{Coulomb}} \mathrm{e}^{-\sqrt{bL_{\text{N}}}} + cr_{\text{c}} L_{\text{N}} \left(1 - \mathrm{e}^{-\sqrt{bL_{\text{N}}}}\right) \tag{5.16}$$

式中的参数物理含义及参数取值范围可参考文献[21]。

Xiang 等磨损模型[15]的建模方法参见 5.1 节。

5.4.2　不同磨损模型的参数范围选取

以上涉及的磨损模型都遵循一定的物理机制，同时包括需要事先确定的经验参数(通常通过试验测定)。因此，不同的磨损模型的参数不确定性程度是不同的。下面将展示每种磨损模型所需要的具体参数及其测定方法，以便对不同磨损模型完全参数化的总体难度进行评估。磨损模型的参数及其测定方法如表 5.3 所示。

表 5.3　磨损模型的参数及其测定方法

磨损模型	参数	参数测定方法	来源
Archard 模型	磨损系数 k	销盘磨损试验	文献[21]
	硬度 H	查表	
Fleischer 模型	摩擦能量密度 e_{R}^{*}	销盘磨损试验	文献[21]
	摩擦系数 μ	销盘磨损试验	文献[21]
Lijesh 模型	退化系数 B	销盘磨损试验	文献[28]
	摩擦系数 μ	销盘磨损试验	文献[28]
Xiang 等 模型	疲劳断裂扩展角 α	无法预判*	文献[15]
	弹性模量 E	查表	
	粗糙峰曲率半径 β	表面测量，如白光干涉仪	文献[22]
	粗糙峰密度 D	表面测量	文献[22]
	疲劳系数 κ	销盘磨损试验	文献[30]
	摩擦系数 μ	销盘磨损试验	文献[19]

续表

磨损模型	参数	参数测定方法	来源
Chun 模型	吸附状态下的润滑剂振动时间 t_0	计算	文献[29]
	吸附能 E_a	销盘磨损试验	文献[31]
	润滑膜分子的影响面积 α_χ	计算	文献[32]
	磨损系数 k	销盘磨损试验	文献[29]

*在磨损发生前无法确定扩展角。因此，必须假设一个介于 15°~30° 的值[9]。

5.4.3　不同磨损模型的参数灵敏度分析

本节开展不同磨损模型在其参数典型范围内的灵敏度分析。令某一参数在其典型范围之间（通过文献调研获得）变化，而其余参数假设为恒定的参考值。每个参数所选择的方差点数为 $i=50$。由于缺乏确定所有相关参数所需的实验数据，在不同磨损模型研究范围内选择参考参数，以确保不同磨损模型能够产生相同的最大磨损深度。参考磨损深度根据 Fleischer 磨损方法确定，利用 König[21] 确定的摩擦能量密度，所选择的参考值如表 5.4 所示。磨损计算所需的粗糙接触压力和润滑膜厚度来源于滑动轴承混合润滑仿真结果。

表 5.4　不同磨损模型的极限值和参考值

磨损模型	参数	下限	上限	参考值	来源
Archard 模型	磨损系数 k	10^{-7}	10^{-2}	1.703415×10^{-6}	文献[25]
Fleischer 模型	摩擦系数 μ	0.05	0.5	0.2	文献[23]
	摩擦能量密度 $e_R^* /(N/mm^2)$	10^{-12}	10^{12}	6.546×10^{-9}	文献[18]和[28]
Lijesh 模型	摩擦系数 μ	0.05	0.5	0.2	文献[23]
	退化系数 $B /[(m^3 \cdot K)/J]$	10^{-12}	10^{-9}	5.26×10^{-12}	文献[28]
Xiang 等 模型	摩擦系数 μ	0.05	0.2	0.16	文献[23]
	粗糙峰曲率半径 $\beta/\mu m$	0.5	15	3	文献[33]
	疲劳断裂扩展角 $\alpha/(°)$	15	30	18	文献[15]
	粗糙峰密度 D/m^{-2}	10^9	3.181×10^{12}	2.5×10^9	文献[22]
	疲劳系数 κ	1.1	1.5	1.1645	文献[18]
Chun 模型	吸附状态下的润滑剂振动时间 t_0/s	10^{-14}	2.9×10^{-12}	1.17×10^{-13}	文献[33]
	吸附能 $E_a /(kJ/mol)$	5	90	45	文献[31]
	受吸附分子影响的直径 $\chi/Å$	1	99	50	文献[32]

磨损参数的大小和单位差别很大，因此通过简单的局部推导进行比较缺乏普遍意义，这是因为小幅度的参数会产生大的预测结果波动。相反，使用表示参数相对变化的无量纲值来比较磨损计算的灵敏度更具有代表意义。为解决这一问题，使用 Hamby[34]描述的方法（式(5.17)～式(5.19)）得到两个相邻方差点之间的磨损深度差，并除以参考磨损深度，由此开展灵敏度分析。灵敏度计算如下：

$$\bar{H}_{\mathrm{wear}} = \frac{H_{\mathrm{wear}}(i) - H_{\mathrm{wear}}(i-1)}{H_{\mathrm{wear,ref}}} \tag{5.17}$$

$$\overline{P} = \frac{P(i) - P(i-1)}{P_{\mathrm{ref}}} \tag{5.18}$$

$$F = \frac{\bar{H}_{\mathrm{wear}}}{\overline{P}} \tag{5.19}$$

为了进一步比较，首先对每个参数取灵敏度因子 F 的最大值，用来比较计算出的磨损深度对参数偏差的灵敏度，然后使用最小-最大归一化将 F 的最大值缩放为 0～1 的值[35]，再将每个模型的参数值相加，从而确定总灵敏度，得到的总和称为灵敏度因子。磨损模型的灵敏度因子如图 5.20 所示。单个磨损方法的灵敏度作为其输入参数的函数，如图 5.21～图 5.24 所示。

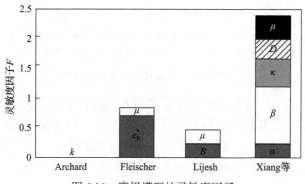

图 5.20　磨损模型的灵敏度因子

为了提高描述 Lijesh 和 Fleischer 磨损方法灵敏度的图表可读性，引入纵向双坐标，以便清晰地展示所有参数影响。

磨损系数 k 在 Archard 黏着磨损模型中是一个常数，因此磨损深度与 k 呈线性正相关。Lijesh 磨损模型中参数 B 对 μ 的变化也表现出相对较低的灵敏度，这是因为磨损深度与计算参数之间的关系也遵循线性过程。Fleischer 磨损方法的灵敏度略高，磨损与摩擦能量密度的倒数成正比，因此随着 e_{R}^{*} 的增大，可以看到最大

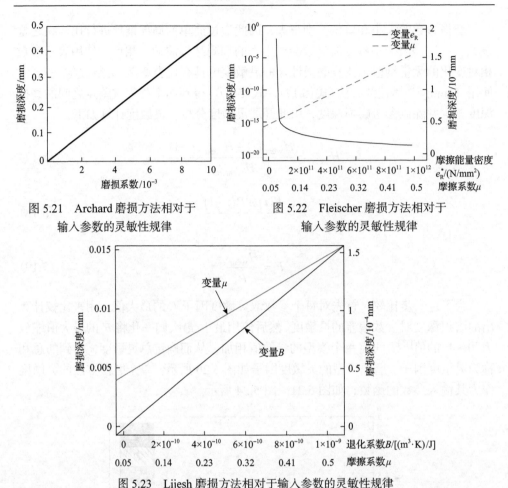

图 5.21　Archard 磨损方法相对于
输入参数的灵敏性规律

图 5.22　Fleischer 磨损方法相对于
输入参数的灵敏性规律

图 5.23　Lijesh 磨损方法相对于输入参数的灵敏性规律

磨损深度递减。在 Xiang 等的模型中，磨损方法的总体灵敏度比目前提到的方法要高得多(图 5.24)，其部分原因是需要大量的参数。特别是粗糙峰曲率半径 β，比其他参数显示出略高的灵敏度。然而，需要注意的是，不同于经验磨损模型，Xiang 等的磨损模型从粗糙峰的摩擦疲劳机理出发，深入揭示了滑动轴承黏着磨损的微观发生机制。

图 5.25 显示了磨损深度随 Chun 磨损模型参数变化的函数曲线。受吸附润滑油膜分子 χ 影响的磨损系数 k 和磨损深度遵循线性变化过程，并表现出相对较低的灵敏度。振动时间 t_0 包含在相关方程(式(5.12))的分母中，因此在接近研究下限值处灵敏度较高。然而，对 Chun 模型的灵敏度贡献最大的是润滑剂的吸附能。可以看出，这个参数有一个范围，在这个范围内，即使很小的变化也会引起磨损水平非常大的波动。为了能够清晰反映灵敏度，图 5.25 的右纵轴放大了约 100 倍。E_a 的高灵敏度是由于双指数对计算磨损量的影响，见式(5.12)。

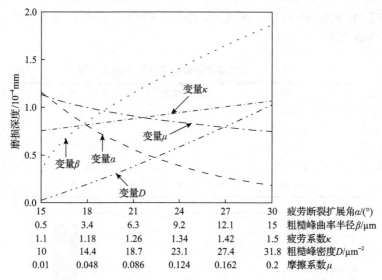

图 5.24　Xiang 等磨损方法相对于输入参数的灵敏性规律

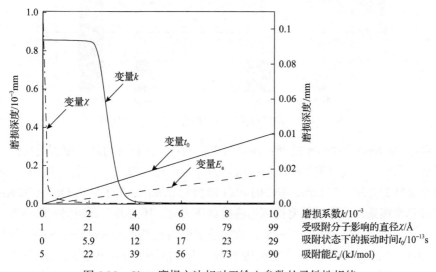

图 5.25　Chun 磨损方法相对于输入参数的灵敏性规律

5.4.4　不同磨损模型的计算时长分析

当进行多次迭代计算时，磨损模型的模拟时长尤为重要。为了比较计算时间，对每种磨损模型进行三次计算，并测量所需时间。这些计算的基础是混合润滑模拟的结果。混合润滑模型计算网格为周向×轴向=38×13。设定轴颈总旋转角度为719°(2 转)，计算采用的时间步长为旋转 1°所需要的时间，从而共产生 719×38×13=355186 个网格点。计算由配置 Intel 酷睿 i5-7600 3.5GHz 四核 CPU 的计算机使用 MATLAB R2018b 执行，准确结果如表 5.5 所示。另外，为了直观地比较，结果的平均值如图 5.26 所示。

表 5.5　不同磨损模型的磨损持续时间计算　　　　　　（单位：s）

磨损模型	测量结果 1	测量结果 2	测量结果 3	平均值
Archard	54.618	52.093	52.093	52.955
Fleischer	100.033	103.094	99.451	100.859
Chun	50.569	51.386	51.297	51.084
Lijesh	102.466	101.176	106.445	103.362
Xiang 等	543.206	538.282	566.5	549.329

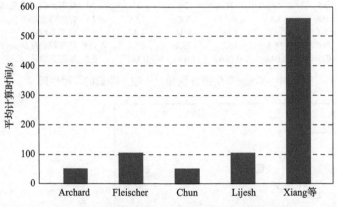

图 5.26　不同磨损模型的磨损计算时间均值比较

利用 Archard 和 Chun 的磨损模型可以得到最短的计算时间，原因是所使用的方程形式简单，并且只需要将粗糙接触压力作为计算的输入，大部分的计算时间是对结果文件的处理。在 Lijesh 和 Fleischer 模型的计算中，为了使用 Offner 和 Knaus 方程计算摩擦系数，除了需要得到粗糙接触压力外，还需要得到润滑间隙高度。相应地，所需文件的数量增加了一倍，数据处理也因此需要大约两倍的时间。与其他方法相比，Xiang 等的磨损模型机理复杂，因此需要更多的模拟时间来获得磨损计算结果，但是对于滑动轴承磨损特性的精准预测需要，模拟时间尚在可接受范围内。

参 考 文 献

[1] Dufrane K F, Kannel J W, McCloskey T H. Wear of steam turbine journal bearings at low operating speeds[J]. Journal of Lubrication Technology, 1983, 105(3): 313-317.

[2] Zhu D, Martini A, Wang W Z, et al. Simulation of sliding wear in mixed lubrication[J]. Journal of Tribology, 2007, 129(3): 544-552.

[3] Sander D E, Allmaier H, Priebsch H H, et al. Edge loading and running-in wear in dynamically loaded journal bearings[J]. Tribology International, 2015, 92: 395-403.

[4] Allmaier H, Sander D E, Priebsch H H, et al. Non-Newtonian and running-in wear effects in journal bearings operating under mixed lubrication[J]. Proceedings of the Institution of Mechanical Engineers, Part J: Journal of Engineering Tribology, 2016, 230(2): 135-142.

[5] Sander D E, Allmaier H, Priebsch H H, et al. Simulation of journal bearing friction in severe mixed lubrication—Validation and effect of surface smoothing due to running-in[J]. Tribology International, 2016, 96: 173-183.

[6] Sander D E, Allmaier H. Starting and stopping behavior of worn journal bearings[J]. Tribology International, 2018, 127: 478-488.

[7] Beheshti A, Khonsari M M. A thermodynamic approach for prediction of wear coefficient under unlubricated sliding condition[J]. Tribology Letters, 2010, 38(3): 347-354.

[8] Rabinowicz E. Friction and Wear of Materials[M]. New York: Wiley, 1995.

[9] Kragelskii I V. Friction and Wear[M]. London: Butterworths, 1965.

[10] Qin W J, Zhang Y X, Li C. Determination of wear coefficient in mixed lubrication using FEM[J]. Applied Mathematical Modelling, 2018, 59: 629-639.

[11] Halling J. A contribution to the theory of friction and wear and the relationship between them[J]. Proceedings of the Institution of Mechanical Engineers, 1976, 190(1): 477-488.

[12] Yamada K, Takeda N, Kagami J, et al. Analysis of the mechanism of steady wear by the fatigue theory as a stochastic process[J]. Wear, 1979, 54(2): 217-233.

[13] Omar M K, Atkins A G, Lancaster J K. The adhesive-fatigue wear of metals[J]. Wear, 1986, 107(3): 279-285.

[14] Stachowiak G W, Batchelor A W. Engineering Tribology[M]. Oxford: Butterworth-Heinemann, 2006.

[15] Xiang G, Han Y F, Wang J X, et al. Coupling transient mixed lubrication and wear for journal bearing modeling[J]. Tribology International, 2019, 138: 1-15.

[16] Sadeghi F, Jalalahmadi B, Slack T S, et al. A review of rolling contact fatigue[J]. Journal of Tribology, 2009, 131(4): 1-15.

[17] Kragelskii I V, Dobychin M N, Kombalov V S. Friction and Wear: Calculation Methods[M]. Oxford: Pergamon Press, 1982.

[18] Tan Y Q, Zhang L H, Hu Y H. A wear model of plane sliding pairs based on fatigue contact analysis of asperities[J]. Tribology Transactions, 2015, 58(1): 148-157.

[19] 向果. 水润滑轴承系统动态摩擦学与摩擦激励振动机理研究[D]. 重庆: 重庆大学, 2020.

[20] Offner G, Knaus O. A generic friction model for radial slider bearing simulation considering elastic and plastic deformation[J]. Lubricants, 2015, 3(3): 522-538.

[21] König F. Wear prediction of plain bearings under mixed friction conditions[D]. Aachen: RWTH Aachen University, 2020.

[22] Wen Y Q, Tang J Y, Zhou W. Influence of distribution parameters of rough surface asperities on the contact fatigue life of gears[J]. Proceedings of the Institution of Mechanical Engineers, Part J: Journal of Engineering Tribology, 2020, 234(6): 821-832.

[23] Meier V, Illner T. Gleitlagerverschleißgrenzen—Einsatzgrenzen von Hydrodynamischen Weißmetallgleitlagern Infolge von Verschleiß[D]. Aachen: RWTH Aachen University, 2013.

[24] Kingsbury E P. Some aspects of the thermal desorption of a boundary lubricant[J]. Journal of Applied Physics, 1958, 29(6): 888-891.

[25] Archard J F. Contact and rubbing of flat surfaces[J]. Journal of Applied Physics, 1953, 24(8): 981-988.

[26] Fleischer G. Verschleiß, Zuverlässigkeit[M]. Berlin: Verlag technik, 1980.

[27] Chun S M, Khonsari M M. Wear simulation for the journal bearings operating under aligned shaft and steady load during start-up and coast-down conditions[J]. Tribology International, 2016, 97: 440-466.

[28] Lijesh K P, Khonsari M M. On the modeling of adhesive wear with consideration of loading sequence[J]. Tribology Letters, 2018, 66(3): 105.

[29] Rowe C N. Some aspects of the heat of adsorption in the function of a boundary lubricant[J]. ASLE Transactions, 1966, 9(1): 101-111.

[30] Litwin W. Influence of local bush wear on water lubricated sliding bearing load carrying capacity[J]. Tribology International, 2016, 103: 352-358.

[31] Kingsbury E P. The heat of adsorption of a boundary lubricant[J]. ASLE Transactions, 1960, 3(1): 30-33.

[32] Kurtz S S, Brooks B T, Boord C E, et al. The Chemistry of Petroleum Hydrocarbons. Vol. 1[M]. New York: ACS Publications, 1954.

[33] Leighton M, Morris N, Gore M, et al. Boundary interactions of rough non-Gaussian surfaces[J]. Proceedings of the Institution of Mechanical Engineers, Part J: Journal of Engineering Tribology, 2016, 230(11): 1359-1370.

[34] Hamby D M. A review of techniques for parameter sensitivity analysis of environmental models[J]. Environmental Monitoring and Assessment, 1994, 32(2): 135-154.

[35] Akanbi O A, Amiri I S, Fazeldehkordi E. Feature extraction[M]//A Machine-Learning Approach to Phishing Detection and Defense. Amsterdam: Elsevier, 2015.

第6章 滑动轴承摩擦动力学数值计算方法

滑动轴承或拓宽至工程领域的一般传动部件，在服役过程中由于外部激扰和摩擦副界面的随机不平顺度激扰而呈现明显的动态特性，如滑动轴承在运行过程中可能存在启动速度激励、转子不平衡动载激励、外部非线性冲击及摩擦副界面随机位移扰动等激励。因此，在对传动部件进行摩擦学性能研究时，有必要纳入传动过程中的动态特性。针对传动部件的混合润滑解与动力学方程的瞬态耦合模型(Transient tribo-dynamic 模型，或称瞬态摩擦动力学模型)，首次由俄亥俄州立大学的 Li 和 Kahraman 教授研究直齿轮动力学特性时提出[1]。类似于齿轮传动系统，针对滑动轴承流体润滑理论与转子动态特性的全耦合研究(或部分耦合)国内外已进行到一定的阶段。对于滑动轴承的瞬态摩擦动力学模型，建模方法主要有线性方法和非线性方法两种。在线性方法中，瞬态液膜力由液膜刚度/阻尼系数与对应的扰动位移/速度线性组合求解得到；在非线性方法中，动力学方程中所需要的瞬态液膜力通过直接求解雷诺方程得到。本章将阐述滑动轴承线性与非线性两种瞬态摩擦动力学模型建立方法，并展示典型的分析案例。此外，对于水润滑轴承中频发的摩擦诱导振动，本章还阐述了滑动轴承摩擦动力学模型建立方法，并开展了相应的案例分析。

6.1 滑动轴承动态系数

6.1.1 扰动法

通过径向轴承线性化的刚度阻尼系数间接表征瞬态动压力，从而建立转子动力学与轴承润滑力学的耦合关系，是径向轴承摩擦学与动力学融合研究的一种常见情形[2,3]。本节主要介绍用线性方法表征准静态轴颈位置附近的瞬态动压力的推导过程及其动力学方程建立方法。图 6.1 描述了瞬态载荷对轴颈中心位置的扰动影响，其中下标 0 表示轴颈准静态位置，Δx 和 Δz 是轴颈中心相对于准静态位置的扰动量。

如图 6.1 所示，瞬态外载荷由垂直分量 ω_x 和水平分量 ω_z 组成。需要注意的是，ω_x 和 ω_y 的正方向均与 x 轴和 z 轴的正方向相反。

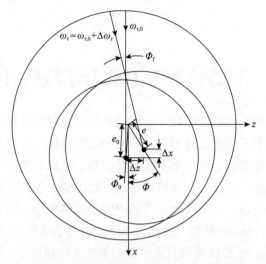

图 6.1　外载荷变化对轴颈中心位置及相关参数的影响

对垂直分量 ω_x 和水平分量 ω_z 分别在准静态位置进行一阶泰勒展开得到

$$\omega_x = (\omega_x)_0 + \left(\frac{\partial \omega_x}{\partial x}\right)_0 \Delta x + \left(\frac{\partial \omega_x}{\partial z}\right)_0 \Delta z + \left(\frac{\partial \omega_x}{\partial \dot{x}}\right)_0 \Delta \dot{x} + \left(\frac{\partial \omega_x}{\partial \dot{z}}\right)_0 \Delta \dot{z} \qquad (6.1)$$

$$\omega_z = (\omega_z)_0 + \left(\frac{\partial \omega_z}{\partial x}\right)_0 \Delta x + \left(\frac{\partial \omega_z}{\partial z}\right)_0 \Delta z + \left(\frac{\partial \omega_z}{\partial \dot{x}}\right)_0 \Delta \dot{x} + \left(\frac{\partial \omega_z}{\partial \dot{z}}\right)_0 \Delta \dot{z} \qquad (6.2)$$

式中，字母上方的"·"表示对时间的导数。式(6.1)和式(6.2)中，水平或垂直力分量对偏移位移和偏移速度的偏导可以用如下流体膜刚度和阻尼表示：

$$
\begin{aligned}
k_{xx} &= \left(\frac{\partial \omega_x}{\partial x}\right)_0, \quad k_{xz} = \left(\frac{\partial \omega_x}{\partial z}\right)_0, \quad k_{zx} = \left(\frac{\partial \omega_z}{\partial x}\right)_0, \quad k_{zz} = \left(\frac{\partial \omega_z}{\partial z}\right)_0 \\
b_{xx} &= \left(\frac{\partial \omega_x}{\partial \dot{x}}\right)_0, \quad b_{xz} = \left(\frac{\partial \omega_x}{\partial \dot{z}}\right)_0, \quad b_{zx} = \left(\frac{\partial \omega_z}{\partial \dot{x}}\right)_0, \quad b_{zz} = \left(\frac{\partial \omega_z}{\partial \dot{z}}\right)_0
\end{aligned}
\qquad (6.3)
$$

于是，式(6.1)和式(6.2)可用矩阵形式表示为

$$\begin{Bmatrix} \omega_x \\ \omega_z \end{Bmatrix} = \begin{Bmatrix} (\omega_x)_0 \\ 0 \end{Bmatrix} + \begin{pmatrix} k_{xx} & k_{xz} \\ k_{zx} & k_{zz} \end{pmatrix} \begin{Bmatrix} \Delta x \\ \Delta z \end{Bmatrix} + \begin{pmatrix} b_{xx} & b_{xz} \\ b_{zx} & b_{zz} \end{pmatrix} \begin{Bmatrix} \Delta \dot{x} \\ \Delta \dot{z} \end{Bmatrix} \qquad (6.4)$$

式(6.4)中线性化的流体膜刚度 $k_{ij}(i,j=x,y)$ 和阻尼系数 $b_{ij}(i,j=x,y)$ 确定以后，即可求解得到瞬态水平和垂直外载荷。与轴颈准静态位置附近瞬态力的线性表征方法类似，其轴颈准静态位置附近的瞬态动压力可按一阶泰勒展开，形式如下：

$$p = (p)_0 + \left(\frac{\partial p}{\partial x}\right)_0 \Delta x + \left(\frac{\partial p}{\partial z}\right)_0 \Delta z + \left(\frac{\partial p}{\partial \dot{x}}\right)_0 \Delta \dot{x} + \left(\frac{\partial p}{\partial \dot{z}}\right)_0 \Delta \dot{z} \tag{6.5}$$

为了简化表达，令

$$(p)_0 = p_0 \quad \left(\frac{\partial p}{\partial x}\right)_0 = p_x \quad \left(\frac{\partial p}{\partial z}\right)_0 = p_z \quad \left(\frac{\partial p}{\partial \dot{x}}\right)_0 = p_{\dot{x}} \quad \left(\frac{\partial p}{\partial \dot{z}}\right) = p_{\dot{z}} \tag{6.6}$$

式中，p_x、p_z、$p_{\dot{x}}$ 和 $p_{\dot{z}}$ 也称为位移扰动或者速度扰动压力。

通过将式 (6.6) 在轴承内表面积分，可得到轴颈在准静态位置附近的瞬态动载荷如下：

$$\begin{Bmatrix} \omega_x \\ \omega_z \end{Bmatrix} = \iint_{y\,\theta'} (p_0 + p_x + p_z \Delta z + p_{\dot{x}} \Delta_{\dot{x}} + p_{\dot{z}} \Delta_{\dot{z}}) \begin{Bmatrix} \cos\theta' \\ \sin\theta' \end{Bmatrix} r_a \mathrm{d}\theta' \mathrm{d}y \tag{6.7}$$

式中，r_a 为轴颈半径；y 为轴承宽度方向的坐标；θ' 为从 x 轴负半轴按逆时针旋转的圆周角。

扰动位移 Δx、Δz 和速度 $\Delta \dot{x}$、$\Delta \dot{z}$ 与积分变量无关，因此由式 (6.5) 和式 (6.7) 得

$$\begin{Bmatrix} (\omega_x)_0 \\ 0 \end{Bmatrix} = \begin{Bmatrix} \iint_{y\,\theta'} p_0 \cos\theta' r_a \mathrm{d}y \mathrm{d}\theta' \\ \iint_{y\,\theta'} p_0 \sin\theta' r_a \mathrm{d}y \mathrm{d}\theta' \end{Bmatrix} \tag{6.8}$$

$$\begin{Bmatrix} k_{xx} & k_{xz} \\ k_{zx} & k_{zz} \end{Bmatrix} = \begin{Bmatrix} \iint_{y\,\theta'} p_x \cos\theta' r_a \mathrm{d}y \mathrm{d}\theta' & \iint_{y\,\theta'} p_z \cos\theta' r_a \mathrm{d}y \mathrm{d}\theta' \\ \iint_{y\,\theta'} p_x \sin\theta' r_a \mathrm{d}y \mathrm{d}\theta' & \iint_{y\,\theta'} p_z \sin\theta' r_a \mathrm{d}y \mathrm{d}\theta' \end{Bmatrix} \tag{6.9}$$

$$\begin{Bmatrix} b_{xx} & b_{xz} \\ b_{zx} & b_{zz} \end{Bmatrix} = \begin{Bmatrix} \iint_{y\,\theta'} p_{\dot{x}} \cos\theta' r_a \mathrm{d}y \mathrm{d}\theta' & \iint_{y\,\theta'} p_{\dot{z}} \cos\theta' r_a \mathrm{d}y \mathrm{d}\theta' \\ \iint_{y\,\theta'} p_{\dot{x}} \sin\theta' r_a \mathrm{d}y \mathrm{d}\theta' & \iint_{y\,\theta'} p_{\dot{z}} \sin\theta' r_a \mathrm{d}y \mathrm{d}\theta' \end{Bmatrix} \tag{6.10}$$

方程 (6.8) 是动压载荷的稳态解。由方程 (6.9) 和 (6.10) 可见，求解线性化流体膜刚度和阻尼系数的关键在于确定扰动压力 p_x、p_z、$p_{\dot{x}}$ 和 $p_{\dot{z}}$。由图 6.1 所示的几何关系可以得到

$$e_0 \cos\Phi_0 + \Delta x = e\cos\Phi \tag{6.11}$$

$$e_0 \sin \Phi_0 + \Delta z = e \sin \Phi \tag{6.12}$$

将式(6.11)和式(6.12)代入稳态流体膜厚方程中，可得到

$$h = h_0 \Delta x \cos \theta' + \Delta z \sin \theta' \tag{6.13}$$

其中，

$$h_0 = c + e_0 \cos(\theta' - \Phi_0) \tag{6.14}$$

几何膜厚对时间的导数为

$$\frac{\mathrm{d}h}{\mathrm{d}t} = \frac{\mathrm{d}e}{\mathrm{d}t} \cos(\theta' - \Phi) + e \frac{\mathrm{d}\Phi}{\mathrm{d}t} \sin(\theta' - \Phi) \tag{6.15}$$

或者直接由式(6.13)得到

$$\frac{\mathrm{d}h}{\mathrm{d}t} = \Delta \dot{x} \cos \theta' + \Delta \dot{z} \sin \theta' \tag{6.16}$$

当不考虑轴颈和轴承的加工误差时，$h = f(y)$。假设流体不可压缩并且 $\omega_a = 0$，则等温瞬态雷诺方程为

$$\frac{1}{r_a^2} \frac{\partial}{\partial \theta'} \left(\frac{h^3}{12\eta} \frac{\partial p}{\partial \theta'} \right) + h^3 \frac{\partial}{\partial y} \left(\frac{1}{12\eta} \frac{\partial p}{\partial y} \right) = \frac{\omega_b}{2} \frac{\partial h}{\partial \theta'} + \frac{\partial h}{\partial t} \tag{6.17}$$

由式(6.13)和式(6.17)可得

$$\frac{1}{r_a^2} \frac{\partial}{\partial \theta'} \left[\frac{(h_0 + \Delta x \cos \theta' + \Delta z \sin \theta')^3}{12\eta} \times \frac{\partial}{\partial \theta'} (p_0 + p_x \Delta x + p_z \Delta z + p_{\dot{x}} \Delta \dot{x} + p_{\dot{z}} \Delta \dot{z}) \right]$$

$$+ (h_0 + \Delta x \cos \theta' + \Delta z \sin \theta')^3 \times \frac{\partial}{\partial y} \left[\frac{1}{12\eta} \frac{\partial}{\partial y} (p_0 + p_x \Delta x + p_z \Delta z + p_{\dot{x}} \Delta \dot{x} + p_{\dot{z}} \Delta \dot{z}) \right]$$

$$= \frac{\omega_b}{2} \frac{\partial}{\partial \theta'} (h_0 + \Delta x \cos \theta' + \Delta z \sin \theta') + \Delta \dot{x} \cos \theta' + \Delta \dot{z} \sin \theta'$$

$$\tag{6.18}$$

其中，轴颈准静态位置的稳态雷诺方程如下：

$$\frac{1}{r_a^2} \frac{\partial}{\partial \theta'} \left(\frac{h_0^3}{12\eta} \frac{\partial p_0}{\partial \theta'} \right) + h_0^3 \frac{\partial}{\partial y} \left(\frac{1}{12\eta} \frac{\partial p_0}{\partial y} \right) = \frac{\omega_b}{2} \frac{\partial h_0}{\partial \theta'} \tag{6.19}$$

展开式(6.18)，提取有关 Δx 的项，并只保留 Δx 的一阶精度：

$$\frac{1}{r_a^2}\frac{\partial}{\partial\theta'}\left(\frac{h_0^3}{12\eta}\frac{\partial p_x}{\partial\theta'}\right)+h_0^3\frac{\partial}{\partial y}\left(\frac{1}{12\eta}\frac{\partial p_x}{\partial y}\right)$$
$$=-\frac{1}{2}\omega_b\sin\theta'-\left[\frac{1}{r_a^2}\frac{\partial}{\partial\theta'}\left(\frac{3h_0^2}{12\eta}\cos\theta'\frac{\partial p_0}{\partial\theta'}\right)+3h_0^2\cos\theta'\frac{\partial}{\partial y}\left(\frac{1}{12\eta}\frac{\partial p_0}{\partial y}\right)\right] \tag{6.20}$$

提取有关 Δz 的项，并只保留 Δz 的一阶精度：

$$\frac{1}{r_a^2}\frac{\partial}{\partial\theta'}\left(\frac{h_0^3}{12\eta}\frac{\partial p_z}{\partial\theta'}\right)+h_0^3\frac{\partial}{\partial y}\left(\frac{1}{12\eta}\frac{\partial p_z}{\partial y}\right)$$
$$=\frac{1}{2}\omega_b\cos\theta'-\left[\frac{1}{r_a^2}\frac{\partial}{\partial\theta'}\left(\frac{3h_0^2}{12\eta}\sin\theta'\frac{\partial p_0}{\partial\theta'}\right)+\frac{h_0^2}{4}\frac{\partial}{\partial y}\left(\frac{\sin\theta'}{\eta}\frac{\partial p_0}{\partial y}\right)\right] \tag{6.21}$$

提取有关 $\Delta\dot{x}$ 的项，并只保留 $\Delta\dot{x}$ 的一阶精度：

$$\frac{1}{r_a^2}\frac{\partial}{\partial\theta'}\left(\frac{h_0^3}{12\eta}\frac{\partial p_x}{\partial\theta'}\right)+h_0^3\frac{\partial}{\partial y}\left(\frac{1}{12\eta}\frac{\partial p_{\dot{x}}}{\partial y}\right)=\cos\theta' \tag{6.22}$$

提取有关 $\Delta\dot{z}$ 的项，并只保留 $\Delta\dot{z}$ 的一阶精度：

$$\frac{1}{r_a^2}\frac{\partial}{\partial\theta'}\left(\frac{h_0^3}{12\eta}\frac{\partial p_{\dot{z}}}{\partial\theta'}\right)+h_0^3\frac{\partial}{\partial y}\left(\frac{1}{12\eta}\frac{\partial p_{\dot{z}}}{\partial\theta'}\right)=\sin\theta' \tag{6.23}$$

将式(6.21)等号右侧的第二项和第三项展开，得到

$$\frac{1}{r_a^2}\frac{\partial}{\partial\theta'}\left(\frac{3h_0^2}{12\eta}\sin\theta'\frac{\partial p_0}{\partial\theta}\right)+\frac{h_0^2}{4}\frac{\partial}{\partial y}\left(\frac{\sin\theta}{\eta}\frac{\partial p_0}{\partial y}\right)$$
$$=\frac{3\cos\theta'}{h_0}\left[\frac{1}{r_a^2}\frac{\partial}{\partial\theta'}\left(\frac{h_0^3}{12\eta}\frac{\partial p_0}{\partial\theta'}\right)+h_0^3\frac{\partial}{\partial y}\left(\frac{1}{12\eta}\frac{\partial p_0}{\partial y}\right)\right]+\frac{h_0^3}{12\eta}\left[\frac{3}{r_a^2}\frac{\partial p_0}{\partial\theta'}\frac{\partial}{\partial\theta'}\left(\frac{\cos\theta'}{h_0}\right)\right] \tag{6.24}$$

式(6.24)等号右侧第一个中括号中的两项正好是式(6.19)等号左侧的两项。因此，式(6.24)变为

$$\frac{1}{r_a^2}\frac{\partial}{\partial\theta'}\left(\frac{h_0^3}{12\eta}\frac{\partial p_x}{\partial\theta'}\right)+h_0^3\frac{\partial}{\partial y}\left(\frac{1}{12\eta}\frac{\partial p_x}{\partial p_y}\right)$$
$$=-\frac{\omega_b}{2}\left(\sin\theta'+\frac{3\cos\theta'}{h_0}\frac{\partial h_0}{\partial\theta'}\right)-\frac{h_0^3}{4\eta r_a^2}\frac{\partial p_0}{\partial\theta'}\frac{\partial}{\partial\theta'}\left(\frac{\cos\theta'}{h_0}\right) \tag{6.25}$$

按照同样的方法，得到沿着横向或者纵向位移或速度的扰动雷诺方程为

$$
\left[\frac{1}{r_a^2} \frac{\partial}{\partial \theta'} \left(\frac{h_0^3}{12\eta_0} \frac{\partial}{\partial \theta'} \right) + h_0^3 \frac{\partial}{\partial y} \left(\frac{1}{12\eta_0} \frac{\partial}{\partial y} \right) \right] \left\{ \begin{array}{c} p_0 \\ p_x \\ p_z \\ p_{\dot{x}} \\ p_{\dot{z}} \end{array} \right\}
$$

$$
= \left\{ \begin{array}{c} \dfrac{\omega_b}{2} \dfrac{\partial h_0}{\partial \theta'} \\[2mm] -\dfrac{\omega_b}{2} \left(\sin\theta' + \dfrac{3\cos\theta'}{h_0} \dfrac{\partial h}{\partial \theta'} \right) - \dfrac{h_0^3}{4\eta r_b^2} \dfrac{\partial p_0}{\partial \theta'} \dfrac{\partial}{\partial \theta'} \left(\dfrac{\cos\theta'}{h_0} \right) \\[2mm] \dfrac{\omega_b}{2} \left(\cos\theta' - \dfrac{3\sin\theta'}{h_0} \dfrac{\partial h_0}{\partial \theta'} \right) - \dfrac{h_0^3}{4\eta r_b^2} \dfrac{\partial p_0}{\partial \theta'} \dfrac{\partial}{\partial \theta'} \left(\dfrac{\sin\theta'}{h_0} \right) \\[2mm] \cos\theta' \\[1mm] \sin\theta' \end{array} \right\} \tag{6.26}
$$

因此，一旦获得轴颈准静态位置处的稳态压力，即可利用上述表达式获得扰动压力。当计算出扰动压力分布时，线性化流体膜刚度和阻尼系数可通过方程(6.9)和方程(6.10)进行评估。

在等式中取关于时间的二阶导数。由式(6.11)和式(6.12)可得

$$
\frac{\partial}{\partial t^2} \left\{ \begin{array}{c} e\cos\Phi \\ e\sin\Phi \end{array} \right\} = \left\{ \begin{array}{c} \Delta\ddot{x} \\ \Delta\ddot{z} \end{array} \right\} \tag{6.27}
$$

线性化的轴承反作用力方程(6.4)结合牛顿第二定律，同时将方程左侧加速度、速度和位移项分组，可得到

$$
\left\{ \begin{array}{cc} m_a & 0 \\ 0 & m_a \end{array} \right\} \left\{ \begin{array}{c} \Delta\ddot{x} \\ \Delta\ddot{z} \end{array} \right\} + \left\{ \begin{array}{cc} b_{xx} & b_{xz} \\ b_{zx} & b_{zz} \end{array} \right\} \left\{ \begin{array}{c} \Delta\dot{x} \\ \Delta\dot{z} \end{array} \right\} + \left\{ \begin{array}{cc} k_{xx} & k_{xz} \\ k_{zx} & k_{zz} \end{array} \right\} \left\{ \begin{array}{c} \Delta x \\ \Delta z \end{array} \right\}
$$

$$
= \left\{ \begin{array}{c} \omega_r \cos\Phi_1 \\ \omega_r \sin\Phi_1 \end{array} \right\} - \left\{ \begin{array}{c} (\omega_x)_0 \\ 0 \end{array} \right\} \tag{6.28}
$$

式中，m_a 为转子质量；ω_r 为转子转速。

式(6.28)是一个线性微分方程，可通过欧拉法或者龙格-库塔法等方法进行数值求解得到轴颈在瞬态工况下的动态响应。式(6.28)中给出的线性化瞬态动压载荷及运动方程，是轴颈在准静态位置附近小范围扰动时的近似方程。当扰动位移较大时，流体膜的非线性效应变得更加明显。但在工程实际中，式(6.28)已具有相当程度的准确性。事实上，Cha 等[4]研究表明，当轴颈的扰动位移幅度不超过

37%的半径间隙时，线性化表征方法具有较高的准确性。滑动轴承 8 个线性化的动态系数与轴承参数(准静态位置处的偏心率和偏位角)相关，因此该方法对轴承与转子动力学关系的解耦有明显优势。在通过润滑方程直接求解轴承载荷的非线性精确分析中，转子动力学方程必须与润滑方程同时集成进行耦合迭代。因此，采用线性化流体膜刚度/阻尼系数方法的优势在于，只需要单方面求解径向轴承静动态性能，即可实现润滑转子的动态特性分析。

本书对动态动压力线性化间接表征方法在混合润滑阶段的准确性进行了评估，相关内容将在后文进行简述。

6.1.2　直接求导法

图 6.2 为滑动轴承的几何坐标示意图。O_b 和 O_J 分别代表轴承和轴颈中心，以轴承中心为原点，水平方向 x 和竖直方向 y 构成截面坐标系，z 为轴向坐标，偏心率可表示为

$$\varepsilon = \frac{e}{c} = \sqrt{X^2 + Y^2} \tag{6.29}$$

式中，(X, Y) 表示此坐标系下轴心瞬时位置的无量纲形式，即 $X=x/c$，$Y=y/c$，(x, y) 为轴心位置的量纲形式，c 为滑动轴承径向间隙。

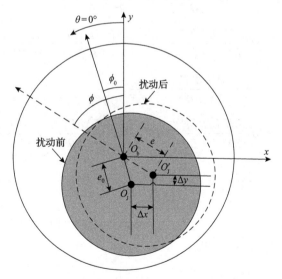

图 6.2　滑动轴承的几何坐标示意图

若以竖直方向 y 处作为角坐标 θ 的参考原点，则当轴颈轴线与轴承轴线平行时，膜厚可表示为

$$H = 1 + \varepsilon \cos(\theta - \phi) = 1 + X \sin\theta + Y \cos\theta \tag{6.30}$$

式中，ϕ 为偏位角，即轴颈中心和轴承中心的连线与载荷 F（垂直线）之间的夹角；θ 为周向角坐标。

对滑动轴承分析计算时，常以无量纲形式进行。为方便推广应用，这里采用相似方式将其无量纲化，一般无量纲雷诺方程为

$$\frac{\partial}{\partial\theta}\left(H^3\frac{\partial P}{\partial\theta}\right) + \frac{1}{4\lambda^2}\frac{\partial}{\partial Z}\left(H^3\frac{\partial P}{\partial Z}\right) = 6\frac{\partial H}{\partial\theta} + 12\frac{\partial H}{\partial t} \tag{6.31}$$

式中，无量纲变量 $\theta = \dfrac{x}{R}(0 \leqslant \theta \leqslant 2\pi)$，$Z = \dfrac{z}{L}(0 \leqslant Z \leqslant 1)$，$H = \dfrac{h}{c}$，$P = \dfrac{\psi^2 p}{\omega\eta}$，其中 $\psi = \dfrac{C}{R}$，C、R 分别为半径间隙和轴颈半径，ω 和 η 分别为轴颈转速和润滑剂黏度。

将雷诺方程 (6.31) 对各项扰动参数 (X、Y、$\dot{X}$、$\dot{Y}$) 求偏导，即可获得各项扰动压力的微分方程，下面以对 X 和 $\dot{X}$ 求偏导为例：

$$
\begin{aligned}
\frac{\partial}{\partial X}\left[\frac{\partial}{\partial\theta}\left(H^3\frac{\partial P}{\partial\theta}\right)\right] &= \frac{\partial}{\partial X}\left(3H^2\frac{\partial H}{\partial\theta}\frac{\partial P}{\partial\theta} + H^3\frac{\partial^2 P}{\partial\theta^2}\right) \\
&= 6H\frac{\partial H}{\partial X}\frac{\partial H}{\partial\theta}\frac{\partial P}{\partial\theta} + 3H^2\left[\frac{\partial}{\partial X}\left(\frac{\partial H}{\partial\theta}\right)\frac{\partial P}{\partial\theta} + \frac{\partial H}{\partial\theta}\frac{\partial}{\partial X}\left(\frac{\partial P}{\partial\theta}\right)\right] \\
&\quad + 3H^2\frac{\partial H}{\partial X}\frac{\partial^2 P}{\partial\theta^2} + H^3\frac{\partial}{\partial X}\left(\frac{\partial^2 P}{\partial\theta^2}\right) \\
&= 6H\frac{\partial H}{\partial X}\frac{\partial H}{\partial\theta}\frac{\partial P}{\partial\theta} + 3H^2\frac{\partial}{\partial X}\left(\frac{\partial H}{\partial\theta}\right)\frac{\partial P}{\partial\theta} + 3H^2\frac{\partial H}{\partial\theta}\frac{\partial}{\partial X}\left(\frac{\partial P}{\partial\theta}\right) \\
&\quad + 3H^2\frac{\partial H}{\partial X}\frac{\partial^2 P}{\partial\theta^2} + H^3\frac{\partial}{\partial X}\left(\frac{\partial^2 P}{\partial\theta^2}\right)
\end{aligned}
\tag{6.32}
$$

式 (6.32) 中划虚线部分可合并为式 (6.33) 中右侧的第二项，划波浪线的部分可合并为式 (6.33) 中右侧的第一项，即

$$3H^2\frac{\partial H}{\partial\theta}\frac{\partial P_X}{\partial\theta} + H^3\frac{\partial}{\partial\theta}\left(\frac{\partial P_X}{\partial\theta}\right) + \frac{\partial}{\partial\theta}\left(3H^2\frac{\partial H}{\partial X}\frac{\partial P}{\partial\theta}\right) = \frac{\partial}{\partial\theta}\left(H^3\frac{\partial P_X}{\partial\theta}\right) + \frac{\partial}{\partial\theta}\left(3H^2\frac{\partial H}{\partial X}\frac{\partial P}{\partial\theta}\right)$$

$$\tag{6.33}$$

$$\frac{\partial}{\partial X}\left[\frac{1}{4\lambda^2}\frac{\partial}{\partial Z}\left(H^3\frac{\partial P}{\partial Z}\right)\right]=\frac{\partial}{\partial X}\left[\frac{1}{4\lambda^2}\left(3H^2\frac{\partial H}{\partial Z}\frac{\partial P}{\partial Z}+H^3\frac{\partial}{\partial Z}\left(\frac{\partial P}{\partial Z}\right)\right)\right]$$

$$=\frac{1}{4\lambda^2}\left[6H\frac{\partial H}{\partial X}\frac{\partial H}{\partial Z}\frac{\partial P}{\partial Z}+3H^2\frac{\partial}{\partial X}\left(\frac{\partial H}{\partial Z}\right)\frac{\partial P}{\partial Z}+3H^2\frac{\partial H}{\partial Z}\frac{\partial P_X}{\partial Z}+3H^2\frac{\partial H}{\partial X}\frac{\partial}{\partial Z}\left(\frac{\partial P}{\partial Z}\right)+H^3\frac{\partial}{\partial Z}\left(\frac{\partial P_X}{\partial Z}\right)\right]$$

$$=\frac{1}{4\lambda^2}\left[6H\frac{\partial H}{\partial X}\frac{\partial H}{\partial Z}+3H^2\frac{\partial}{\partial X}\left(\frac{\partial H}{\partial Z}\right)\right]\frac{\partial P}{\partial Z}+\frac{1}{4\lambda^2}\left[3H^2\frac{\partial H}{\partial X}\frac{\partial^2 P}{\partial Z^2}+\frac{\partial}{\partial Z}\left(H^3\frac{\partial P_X}{\partial Z}\right)\right]$$

$$=\frac{1}{4\lambda^2}\frac{\partial}{\partial Z}\left(3H^2\frac{\partial H}{\partial X}\frac{\partial P}{\partial Z}\right)+\frac{1}{4\lambda^2}\frac{\partial}{\partial Z}\left(H^3\frac{\partial P_X}{\partial Z}\right)$$

$$(6.34)$$

$$\frac{\partial}{\partial X}\left(6\frac{\partial H}{\partial\theta}+12\frac{\partial H}{\partial t}\right)=6\frac{\partial}{\partial X}\left(\frac{\partial H}{\partial\theta}\right)\tag{6.35}$$

整理式(6.33)和式(6.34)得

$$\frac{\partial}{\partial\theta}\left(H^3\frac{\partial P_X}{\partial\theta}\right)+\frac{1}{4\lambda^2}\frac{\partial}{\partial Z}\left(H^3\frac{\partial P_X}{\partial Z}\right)$$

$$=6\frac{\partial}{\partial X}\left(\frac{\partial H}{\partial\theta}\right)-\frac{\partial}{\partial\theta}\left(3H^2\frac{\partial H}{\partial X}\frac{\partial P}{\partial\theta}\right)-\frac{1}{4\lambda^2}\frac{\partial}{\partial Z}\left(3H^2\frac{\partial H}{\partial X}\frac{\partial P}{\partial Z}\right)\tag{6.36}$$

$$=6\cos\theta-\frac{\partial}{\partial\theta}\left(3H^2\sin\theta\frac{\partial P}{\partial\theta}\right)-\frac{1}{4\lambda^2}\frac{\partial}{\partial Z}\left(3H^2\sin\theta\frac{\partial P}{\partial Z}\right)$$

同理,有

$$\frac{\partial}{\partial X}\left[\frac{\partial}{\partial\theta}\left(H^3\frac{\partial P}{\partial\theta}\right)\right]=\frac{\partial}{\partial X}\left(3H^2\frac{\partial H}{\partial\theta}\frac{\partial P}{\partial\theta}+H^3\frac{\partial^2 P}{\partial\theta^2}\right)$$

$$=6H\frac{\partial H}{\partial X}\frac{\partial H}{\partial\theta}\frac{\partial P}{\partial\theta}+3H^2\left[\frac{\partial}{\partial X}\left(\frac{\partial H}{\partial\theta}\right)\frac{\partial P}{\partial\theta}+\frac{\partial H}{\partial\theta}\frac{\partial}{\partial X}\left(\frac{\partial P}{\partial\theta}\right)\right]$$

$$+3H^2\frac{\partial H}{\partial X}\frac{\partial^2 P}{\partial\theta^2}+H^3\frac{\partial}{\partial X}\left(\frac{\partial^2 P}{\partial\theta^2}\right)\tag{6.37}$$

$$=3H^2\frac{\partial H}{\partial\theta}\frac{\partial P_{\dot X}}{\partial\theta}+H^3\frac{\partial}{\partial\theta}\left(\frac{\partial P_{\dot X}}{\partial\theta}\right)=\frac{\partial}{\partial\theta}\left(H^3\frac{\partial P_{\dot X}}{\partial\theta}\right)$$

$$\frac{\partial}{\partial\dot X}\left(6\frac{\partial H}{\partial\theta}+12\frac{\partial H}{\partial t}\right)=6\frac{\partial}{\partial\theta}\left(\frac{\partial H}{\partial\dot X}\right)+12\frac{\partial}{\partial\dot X}\left(\frac{\partial H}{\partial t}\right)$$

$$=12\frac{\partial}{\partial\dot X}\left(\dot X\sin\theta+\dot Y\cos\theta\right)=12\sin\theta\tag{6.38}$$

整理得

$$\frac{\partial}{\partial \theta}\left(H^3 \frac{\partial P_{\dot{X}}}{\partial \theta}\right) + \frac{1}{4\lambda^2}\frac{\partial}{\partial Z}\left(H^3 \frac{\partial P_{\dot{X}}}{\partial \theta}\right) = 12\sin\theta \tag{6.39}$$

其余同理，可得到以下四个扰动雷诺方程：

$$\frac{\partial}{\partial \theta}\left(H^3 \frac{\partial P_X}{\partial \theta}\right) + \frac{1}{4\lambda^2}\frac{\partial}{\partial Z}\left(H^3 \frac{\partial P_X}{\partial Z}\right) = 6\cos\theta - \frac{\partial}{\partial \theta}\left(3H^2\sin\theta\frac{\partial P}{\partial \theta}\right) - \frac{1}{4\lambda^2}\frac{\partial}{\partial Z}\left(3H^2\sin\theta\frac{\partial P}{\partial Z}\right)$$

$$\frac{\partial}{\partial \theta}\left(H^3 \frac{\partial P_Y}{\partial \theta}\right) + \frac{1}{4\lambda^2}\frac{\partial}{\partial Z}\left(H^3 \frac{\partial P_Y}{\partial Z}\right) = -6\sin\theta - \frac{\partial}{\partial \theta}\left(3H^2\cos\theta\frac{\partial P}{\partial \theta}\right) - \frac{1}{4\lambda^2}\frac{\partial}{\partial Z}\left(3H^2\cos\theta\frac{\partial P}{\partial Z}\right)$$

$$\frac{\partial}{\partial \theta}\left(H^3 \frac{\partial P_{\dot{X}}}{\partial \theta}\right) + \frac{1}{4\lambda^2}\frac{\partial}{\partial Z}\left(H^3 \frac{\partial P_{\dot{X}}}{\partial Z}\right) = 12\sin\theta$$

$$\frac{\partial}{\partial \theta}\left(H^3 \frac{\partial P_{\dot{Y}}}{\partial \theta}\right) + \frac{1}{4\lambda^2}\frac{\partial}{\partial Z}\left(H^3 \frac{\partial P_{\dot{Y}}}{\partial Z}\right) = 12\cos\theta$$

$$\tag{6.40}$$

式中，P_X、P_Y、$P_{\dot{X}}$ 和 $P_{\dot{Y}}$ 为四个扰动压力。

综上可以发现，直接求导法和扰动法所得出的四个微分方程是一致的。需要注意的是，在直接求导过程中若提前代入偏导而不是将其合并整理，将得到不一样的表达形式，但本质相同。对于这些扰动压力，边界条件为：在空穴区内，这些扰动压力均等于零。计算动态特性时，首先求解一般雷诺方程以获得静平衡位置和相应的压力分布，以及空穴破裂边位置，然后按扰动雷诺方程计算各扰动压力，最后算出 8 个动态特性系数。

将数值模拟计算结果与 Merelli 等[5]的数据进行比较，如图 6.3～图 6.6 所示，其中 ISJB 指无限短轴承，P&O 指 Merelli 等所提出方法的结果，Current 指当前的数值结果，这些图显示了不同长宽比下（L/D=0.25、0.5、0.75 和 1）无量纲动态系数随偏心率（0～0.9）的变化。图 6.3 中，油膜刚度系数 K_{xy} 和 K_{yy} 与图 6.2 的坐标系是对应的，K_{xy} 对应 V 字形的数据，K_{yy} 对应单调递增的数据。图 6.4 中，K_{yx} 对应 U 字形的数据，K_{xx} 对应水平曲线的数据。图 6.5 中，C_{yy} 对应 U 字形的数据，C_{xy} 对应水平曲线的数据。图 6.6 中，C_{xx} 对应下降曲线的数据，C_{yx} 对应水平曲线的数据。由图可以看出，当前的数值结果和 P&O 的结果吻合较好，尤其在大的长径比下，与 ISJB 的结果相比误差较大。这是由边界条件和求解方法所造成的。ISJB 和 P&O 的结果是采用半 Sommerfeld 边界条件和近似解析法所得到的。

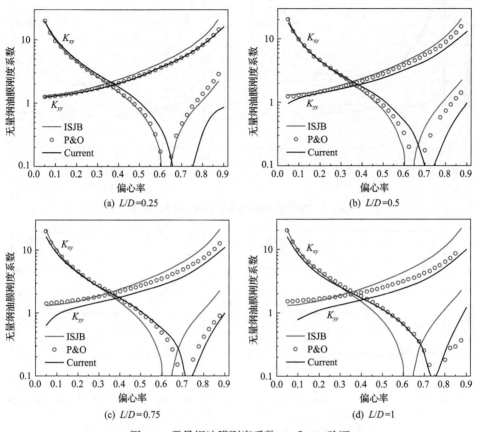

图 6.3　无量纲油膜刚度系数 K_{xy} 和 K_{yy} 验证

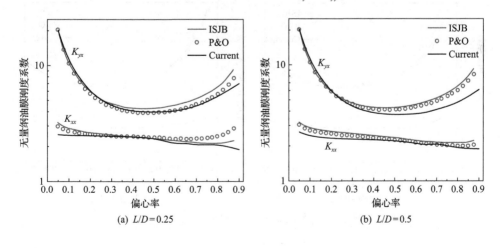

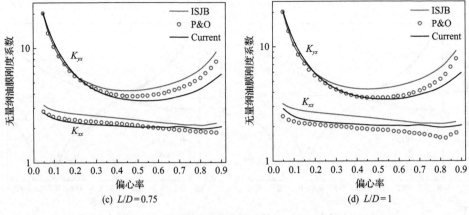

(c) $L/D = 0.75$ (d) $L/D = 1$

图 6.4   无量纲油膜刚度系数 K_{yx} 和 K_{xx} 验证

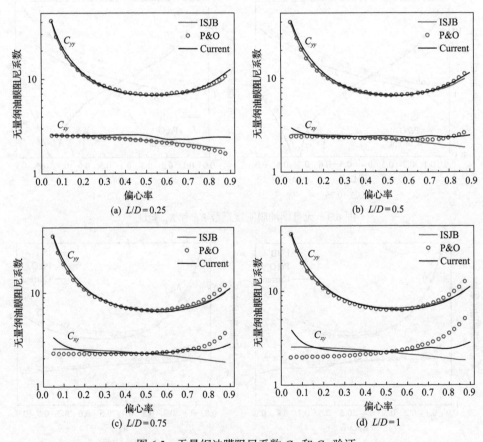

(a) $L/D = 0.25$ (b) $L/D = 0.5$

(c) $L/D = 0.75$ (d) $L/D = 1$

图 6.5   无量纲油膜阻尼系数 C_{xy} 和 C_{yy} 验证

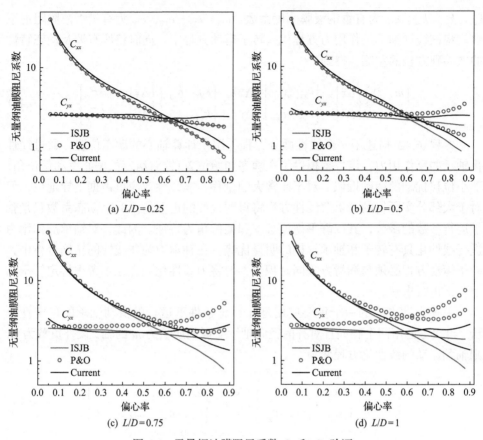

图 6.6　无量纲油膜阻尼系数 C_{xx} 和 C_{yx} 验证

6.1.3　滑动轴承稳定性分析方法

静态平衡位置的有量纲轴承反作用力通过一阶泰勒级数展开可得到[6,7]

$$\begin{Bmatrix} F_x \\ F_y \end{Bmatrix} = \begin{cases} F_{x0} + \left(\dfrac{\partial F_x}{\partial y} \right) \Delta y + \left(\dfrac{\partial F_x}{\partial x} \right) \Delta x + \left(\dfrac{\partial F_x}{\partial \dot{y}} \right) \Delta \dot{y} + \left(\dfrac{\partial F_x}{\partial \dot{x}} \right) \Delta \dot{x} \\ F_{y0} + \left(\dfrac{\partial F_y}{\partial y} \right) \Delta y + \left(\dfrac{\partial F_y}{\partial x} \right) \Delta x + \left(\dfrac{\partial F_y}{\partial \dot{y}} \right) \Delta \dot{y} + \left(\dfrac{\partial F_y}{\partial \dot{x}} \right) \Delta \dot{x} \end{cases}$$

$$k_{xx} = \left(\frac{\partial F_x}{\partial x} \right)_0, \quad k_{xy} = \left(\frac{\partial F_x}{\partial y} \right)_0, \quad k_{yx} = \left(\frac{\partial F_y}{\partial x} \right)_0, \quad k_{yy} = \left(\frac{\partial F_y}{\partial y} \right)_0 \qquad (6.41)$$

$$c_{xx} = \left(\frac{\partial F_x}{\partial \dot{x}} \right)_0, \quad c_{xy} = \left(\frac{\partial F_x}{\partial \dot{y}} \right)_0, \quad c_{yx} = \left(\frac{\partial F_y}{\partial \dot{x}} \right)_0, \quad c_{yy} = \left(\frac{\partial F_y}{\partial \dot{y}} \right)_0$$

式中，F_x 和 F_y 分别为轴承沿着 x 和 y 方向的反作用力分量（如图 6.2 所示的坐标系）；

k_{xx}、k_{yy}、k_{yx}、k_{xy} 为有量纲液膜刚度系数；c_{xx}、c_{yy}、c_{yx}、c_{xy} 为有量纲液膜阻尼系数。将该线性轴承反作用力方程代入转子运动方程中，同时将所有涉及动态特性的项移到方程的左侧，得到

$$\begin{Bmatrix} m & 0 \\ 0 & m \end{Bmatrix}\begin{Bmatrix} \Delta \ddot{x} \\ \Delta \ddot{y} \end{Bmatrix} + \begin{Bmatrix} c_{xx} & c_{xy} \\ c_{yx} & c_{yy} \end{Bmatrix}\begin{Bmatrix} \Delta \dot{x} \\ \Delta \dot{y} \end{Bmatrix} + \begin{Bmatrix} k_{xx} & k_{xy} \\ k_{yx} & k_{yy} \end{Bmatrix}\begin{Bmatrix} \Delta x \\ \Delta y \end{Bmatrix} = \begin{Bmatrix} \Delta F_x \\ \Delta F_y \end{Bmatrix} \tag{6.42}$$

方程(6.42)描述了一个线性微分方程，用于计算轴心的动态位置。通过线性化轴承的反作用力，该方程提供了在静态初始位置(针对给定的偏心率和偏位角)下小位移扰动的精确近似。对于非常大的位移，非线性效应更占据主导地位，但对于大部分实际目的，求解线性方程将得到很好的近似值。8 个动态系数只是轴承运行参数的函数，其以静平衡偏心率和偏位角为特征。因此，对轴承反作用力进行线性化具有转子和轴承解耦的明显优势。在轴承力为非线性的精确分析中，转子运动方程必须与润滑方程同时积分，但将力线性化允许在不考虑特定转子的情况下进行求解。

上述线性方法的一个重要应用是在稳态条件下运行的滑动轴承的稳定性分析。再次考虑由两个相同且对齐的径向轴承支撑的质量为 m 的轴，设外负载为 0，则轴颈运动的线性化方程变为

$$\begin{Bmatrix} m & 0 \\ 0 & m \end{Bmatrix}\begin{Bmatrix} \Delta \ddot{x} \\ \Delta \ddot{y} \end{Bmatrix} + \begin{Bmatrix} c_{xx} & c_{xy} \\ c_{yx} & c_{yy} \end{Bmatrix}\begin{Bmatrix} \Delta \dot{x} \\ \Delta \dot{y} \end{Bmatrix} + \begin{Bmatrix} k_{xx} & k_{xy} \\ k_{yx} & k_{yy} \end{Bmatrix}\begin{Bmatrix} \Delta x \\ \Delta y \end{Bmatrix} = \begin{Bmatrix} 0 \\ 0 \end{Bmatrix} \tag{6.43}$$

该方程显然具有与稳态条件一致的通解($\Delta x = \Delta y = \Delta \dot{x} = \Delta \dot{y} = \Delta \ddot{x} = \Delta \ddot{y} = 0$)，而在某些情况下还存在特解。对于 Δx 和 Δy 的解具有 e^{st} 的形式：

$$\begin{pmatrix} \Delta x \\ \Delta y \end{pmatrix} = \begin{pmatrix} \Delta x_0 \\ \Delta y_0 \end{pmatrix} e^{st} \tag{6.44}$$

式中，t 为时间；s 为特征值，一般为复数，即 $s = \lambda + i\omega (i = \sqrt{-1})$，对于非平凡解，$s$ 是系数矩阵行列式的根，$\lambda = 0$ 是不平衡的阈值。将式(6.44)代入式(6.43)，由此得到方程：

$$\begin{Bmatrix} z_{xx} - \omega^2 m & z_{xy} \\ z_{yx} & z_{yy} - \omega^2 m \end{Bmatrix}\begin{Bmatrix} \Delta x \\ \Delta y \end{Bmatrix} = 0 \tag{6.45}$$

其中，$z_{xx} = k_{xx} + i\omega c_{xx}$。

将式(6.45)系数行列式设为零，可得到下列无量纲表达式：

$$\Omega^2 M_{\text{crit}} = \frac{K_{XX}C_{YY} + K_{YY}C_{XX} - K_{XY}C_{YX} - K_{YX}C_{XY}}{C_{XX} + C_{YY}} = k_0$$

$$\Omega^2 = \frac{(K_{XX} - k_0)(K_{YY} - k_0) - K_{XY}K_{YX}}{C_{XX}C_{YY} - C_{XY}C_{YX}}$$

(6.46)

式中，M_{crit} 为无量纲转子临界质量，当 $M_a > M_{\text{crit}}$ 时系统不稳定，当 $M_a < M_{\text{crit}}$ 时系统稳定；K_{XX}、K_{YY}、K_{XY}、K_{YX} 为无量纲液膜刚度系数；C_{XX}、C_{YY}、C_{XY}、C_{YX} 为无量纲液膜阻尼系数，它们与有量纲的刚度和阻尼系数的转换关系为

$$K_{IJ} = \frac{\psi^3 k_{ij}}{\omega \eta L \overline{F}}, \quad C_{IJ} = \frac{\psi^3 c_{ij}}{\eta L \overline{F}} \quad I, J = X, Y; i, j = x, y$$

其中，$\psi = c/R$；$\overline{F}$ 为无量纲载荷，$\overline{F} = \psi^2 F / (\omega \eta R L)$。转子质量的无量纲形式为

$$M = \frac{\omega_b^2 cm}{F}$$

式中，ω_b 为轴颈的角速度。M_{crit} 的平方根 $\omega_b \sqrt{cm/F}$ 则为无量纲临界转子速度。

综上可以看出，轴承是否失稳取决于轴承系数的值，而轴承系数又取决于轴承类型和轴承的各种性能参数。

6.2　滑动轴承摩擦动力学分析方法

6.2.1　滑动轴承摩擦动力学模型

从推广性的角度考虑，本节介绍滑动轴承在混合润滑状态下的非线性摩擦动力学建立方法。图 6.7 为滑动轴承摩擦动力学模型坐标系，xO_by 为固定坐标系，其中 O_b 为滑动轴承空载下的几何中心。值得注意的是，本模型考虑了轴承座（基体）的振动特性，因此滑动轴承中心会随着基座的振动而瞬态改变。O_J 为转子的旋转中心（几何中心），转子旋转中心到其几何中心的距离为转子的不平衡量，计为 r。$\kappa O_J \zeta$ 为轴颈的运动坐标系。动力学模型中，转子的质量及不平衡量分别用 m_J 和 r 表示。根据刚性转子动力学理论，可建立混合润滑状态下考虑转子不平衡动载及

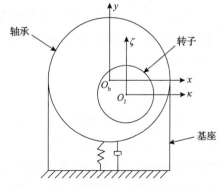

图 6.7　滑动轴承摩擦动力学模型坐标系

基体动态特性的滑动轴承转子动力学方程为

$$
\begin{cases}
m_{\mathrm{J}}\zeta'' = W + F_{\mathrm{fric}\zeta}(t) - F_{\mathrm{h}\zeta}(t) - F_{\mathrm{c}\zeta}(t) + m_{\mathrm{J}}\omega^2 r\cos\left(\dfrac{2\pi\omega}{60}t\right) \\[2mm]
m_{\mathrm{J}}\kappa'' = F_{\mathrm{h}\kappa}(t) + F_{\mathrm{c}\kappa}(t) + F_{\mathrm{fric}\kappa}(t) + m_{\mathrm{J}}\omega^2 r\sin\left(\dfrac{2\pi\omega}{60}t\right) \\[2mm]
m_{\mathrm{b}}x'' = k_{\mathrm{b}}x + c_{\mathrm{b}}\operatorname{sign}\left|x'\right|^{\lambda} + F_{\mathrm{h}\kappa}(t) + F_{\mathrm{c}\kappa}(t) + F_{\mathrm{fric}\kappa}(t) \\[2mm]
m_{\mathrm{b}}y'' = k_{\mathrm{b}}y + c_{\mathrm{b}}\operatorname{sign}\left|y'\right|^{\lambda} + W + F_{\mathrm{fric}\zeta}(t) - F_{\mathrm{h}\zeta}(t) - F_{\mathrm{c}\zeta}(t)
\end{cases}
\tag{6.47}
$$

式中，W 为作用在轴颈的外载荷；m_{b} 和 m_{J} 分别为轴承与转子的质量；k_{b} 和 c_{b} 分别为轴承基座的支撑刚度与支撑阻尼。本书中计入了支撑的非线性阻尼[8]，其中 λ 表示非线性阻尼的阻尼指数。此外，$F_{\mathrm{h}\kappa}(t)$、$F_{\mathrm{c}\kappa}(t)$、$F_{\mathrm{fric}\kappa}(t)$ 和 $F_{\mathrm{h}\zeta}(t)$、$F_{\mathrm{c}\zeta}(t)$、$F_{\mathrm{fric}\zeta}(t)$ 分别为 κ 和 ζ 方向的瞬态液膜载荷、粗糙峰接触力及摩擦力。

不难发现，混合润滑状态下的瞬态力(包括动压力和接触力)对不平衡转子的动力学特性影响显著，因此需要谨慎求解。在非线性方法中，式(6.47)中的瞬态力可通过直接求解瞬态混合润滑方程组得到(具体方法详见第 3 章和第 4 章)。下面介绍如何用线性方法求解瞬态载荷。

6.2.2　线性方法

根据线性方法，ζ 和 κ 方向的液膜力可通过式(6.48)计算得到

$$
\begin{Bmatrix} F_{\mathrm{h}\zeta}(t) \\ F_{\mathrm{h}\kappa}(t) \end{Bmatrix} = \begin{Bmatrix} F_{\mathrm{h}\zeta}(t)_0 \\ 0 \end{Bmatrix} + \begin{pmatrix} k_{\zeta\zeta} & -k_{\zeta\kappa} \\ -k_{\kappa\zeta} & k_{\kappa\kappa} \end{pmatrix}\begin{Bmatrix} \Delta\zeta \\ \Delta\kappa \end{Bmatrix} + \begin{pmatrix} b_{\zeta\zeta} & -b_{\zeta\kappa} \\ -b_{\kappa\zeta} & b_{\kappa\kappa} \end{pmatrix}\begin{Bmatrix} \Delta\zeta' \\ \Delta\kappa' \end{Bmatrix}
\tag{6.48}
$$

式中，$F_{\mathrm{h}\zeta}(t)_0$ 为转子在平衡位置 (κ_0, ζ_0) 处的液膜载荷；$k_{\zeta\zeta}$、$k_{\zeta\kappa}$、$k_{\kappa\zeta}$、$k_{\kappa\kappa}$ 和 $b_{\zeta\zeta}$、$b_{\zeta\kappa}$、$b_{\kappa\zeta}$、$b_{\kappa\kappa}$ 分别为液膜刚度与流体膜阻尼；$\Delta\zeta$、$\Delta\kappa$ 和 $\Delta\zeta'$、$\Delta\kappa'$ 分别为转子扰动位移和扰动速度。流体膜刚度与流体膜阻尼系数可分别由式(6.9)与式(6.10)计算。

6.2.3　非线性方法

值得注意的是，线性方法(或称扰动法)仅在小扰动条件下具有较好的求解精度，这是由于基于一阶精度的液膜刚度和阻尼系数是在小扰动假设条件下得出的。如果想要提高线性方法在滑动轴承摩擦动力学特性中的预测精度，可采用具有二阶精度的液膜刚度和阻尼系数推导其动力学方程，而二阶液膜刚度和阻尼系数的

推导较为烦琐，在实际应用中颇为不便。为了克服这一难题，可采用非线性方法表征滑动轴承在动态条件下动压力的瞬态变化，即建立滑动轴承动力学方程组与混合润滑方程组的完全耦合模型。在这一耦合模型中，动力学方程组在每一迭代步中需要的瞬态液膜力由瞬态混合润滑方程组直接求解得到，从而避免了在线性方法中因小扰动假设而引发的计算误差。为论证线性方法在滑动轴承摩擦动力学特性预测中的适用性，本书将在后续章节综合对比线性方法与非线性方法在不同工况、结构、尺寸等参数下的预测结果。

　　为更具推广性，图 6.8 展示了滑动轴承热混合润滑(涵盖了等温混合润滑)与转子动力学耦合模型求解的流程。图中，滑动轴承摩擦动力学求解模块最核心的工作在于构建转子动力学方程与滑动轴承瞬态热混合润滑模型之间的实时映射关系。具体地讲，在当前时间步 t 中，瞬态热混合润滑预测得到的液膜动压载荷、接触力及摩擦力等将作为转子动力学方程的输入，而动力学方程求解得到的转子中心瞬态位移将在下一时间步 $t+\Delta t$ 通过更新液膜间隙改变热混合润滑解。

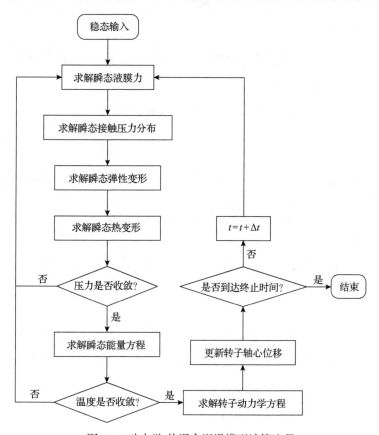

图 6.8　动力学-热混合润滑模型计算流程

　　因此，滑动轴承摩擦动力学耦合模型求解具有较强的非线性。一般情况下，在非线性方法中，瞬态雷诺方程（包括基本雷诺方程、复杂工况雷诺方程、平均雷诺方程，甚至是简化雷诺方程等）可采用 2.2 节和 2.3 节所阐述的方法求解。刚性转子动力学可采用欧拉法或者龙格-库塔法等数值方法求解。在滑动轴承摩擦动力学数值模型中，目前学术界主要通过 Fortran 或者 MATLAB 开发工具编程求解。总体而言，Fortran 求解程序具有更高的求解效率而被研究者广泛采用。

　　下面简要介绍通过二阶精度龙格-库塔法求解动力学方程（6.47）的步骤。通过换元，二阶微分方程（6.47）可以转化为如下 8 个一阶微分方程，如式（6.49）所示：

$$
\begin{cases}
f_1\left(t,\zeta,\kappa,x,y,\zeta',\kappa',x',y'\right)=\zeta' \\[2pt]
f_2\left(t,\zeta,\kappa,x,y,\zeta',\kappa',x',y'\right)=\dfrac{1}{m_{\mathrm{J}}}\left[W+F_{\mathrm{fric}\zeta}(t)-F_{\mathrm{h}\zeta}(t)-F_{\mathrm{c}\zeta}(t)-m_{\mathrm{J}}g+m_{\mathrm{J}}\omega^2\left(\dfrac{2\pi\omega}{60}t\right)\right]=(\zeta')' \\[2pt]
f_3\left(t,\zeta,\kappa,x,y,\zeta',\kappa',x',y'\right)=\kappa' \\[2pt]
f_4\left(t,\zeta,\kappa,x,y,\zeta',\kappa',x',y'\right)=\dfrac{1}{m_{\mathrm{J}}}\left[F_{\mathrm{h}\kappa}(t)+F_{\mathrm{c}\kappa}(t)+F_{\mathrm{fric}\kappa}(t)+m_{\mathrm{J}}\omega^2 r\sin\left(\dfrac{2\pi\omega}{60}t\right)\right]=(\kappa')' \\[2pt]
f_5\left(t,\zeta,\kappa,x,y,\zeta',\kappa',x',y'\right)=x' \\[2pt]
f_6\left(t,\zeta,\kappa,x,y,\zeta',\kappa',x',y'\right)=\dfrac{1}{m_{\mathrm{b}}}\left[kx+c\,\mathrm{sgn}\left|x'\right|^\lambda+F_{\mathrm{h}\kappa}(t)+F_{\mathrm{c}\kappa}(t)+F_{\mathrm{fric}\kappa}(t)\right]=(x')' \\[2pt]
f_7\left(t,\zeta,\kappa,x,y,\zeta',\kappa',x',y'\right)=y' \\[2pt]
f_8\left(t,\zeta,\kappa,x,y,\zeta',\kappa',x',y'\right)=\dfrac{1}{m_{\mathrm{b}}}\left[k_y+c\,\mathrm{sgn}\left|y'\right|^\lambda+W+F_{\mathrm{fric}\zeta}(t)-F_{\mathrm{h}\zeta}(t)-F_{\mathrm{c}\zeta}(t)-m_{\mathrm{J}}g\right]=(y')'
\end{cases}
\tag{6.49}
$$

　　取状态向量 $\boldsymbol{\beta}=\left(\zeta,\kappa,x,y,\zeta',\kappa',x',y'\right)^{\mathrm{T}}$，则式（6.49）可按式（6.50）进行迭代：

$$
\boldsymbol{\beta}^{(i+1)}=\boldsymbol{\beta}^{(i)}+\frac{1}{6}\left(\boldsymbol{K}_1+\boldsymbol{K}_2+\boldsymbol{K}_3+\boldsymbol{K}_4\right)
\tag{6.50}
$$

$$
\boldsymbol{K}_n=\left(k_{1n},k_{2n},k_{3n},k_{4n},k_{5n},k_{6n},k_{7n},k_{8n}\right)^{\mathrm{T}},\quad n=1,2,3,4
\tag{6.51}
$$

迭代过程中取

$$
\Delta\beta_m=
\begin{cases}
0.5\Delta t\left(k_{1m},k_{2m},k_{3m},k_{4m},k_{5m},k_{6m},k_{7m},k_{8m}\right), & m=1,2,3 \\[4pt]
\Delta t\left(k_{1,3},k_{2,n-1},k_{3,n-1},k_{4,n-1},k_{5,n-1},k_{6,n-1},k_{7,n-1},k_{8,n-1}\right), & m=4
\end{cases}
\tag{6.52}
$$

$$
k_{ni}=
\begin{cases}
f_n\left(t,\beta\right), & i=1 \\[4pt]
f_n\left(t+0.5\Delta t,\beta+\Delta\beta_i\right), & i=2,3 \\[4pt]
f_n\left(t,\beta+\Delta\beta_i\right), & i=4
\end{cases}
\tag{6.53}
$$

6.3 滑动轴承摩擦振动计算方法

当滑动轴承(特别是水润滑轴承)处于混合润滑状态下，动压水膜无法完全隔绝转子和衬层表面，局部将发生粗糙峰接触，从而产生固体接触和摩擦，诱发摩擦振动和噪声的风险。以应用于潜艇、舰船等水中兵器动力推进系统的水润滑橡胶轴承为例，相关资料表明，潜艇的辐射噪声降低 6dB 时，敌方被动声呐的作用距离将降低 50%。推进系统是水中航行器振动噪声和故障的主要来源之一。随着国际形势特别是我国南海、钓鱼岛领海争端日益加剧，我国水中航行器如潜艇、鱼雷、灭雷具、水面战舰对水润滑橡胶轴承振动、噪声、可靠性、承载能力和寿命等性能提出了越来越苛刻的要求，如何降低螺旋桨推进系统振动噪声水平，已成为我国造船界、海军部门和科研部门迫切需要解决的关键难题。在水中兵器动力推进系统中，其核心基础部件水润滑轴承比压大、非线性激扰和螺旋桨偏载下局部接触效应明显、不均匀结构温升、低转速工况都易导致润滑不良，最终引起船舶动力推进系统摩擦激励振动而产生啸叫噪声。因此，开发正确合理的滑动轴承摩擦振动模型及数值计算方法，对滑动轴承特别是水润滑轴承减振降噪优化设计与制造具有重要的理论指导意义。本节先从一般性的振动与噪声关系出发，引入目前常采用的建模方法，最后着重叙述热混合润滑下的滑动轴承摩擦诱导振动及稳定性分析方法，并给出典型的分析案例。

6.3.1 振动与噪声的关系

当某种振源在空气介质的某个局部激起一种扰动时，该地区的空气质点离开平衡位置开始运动，一侧的空气质点被挤压而密集起来，另一侧则变得稀疏；当振源反方向运动时，原来质点密集的地方变得稀疏，原来质点稀疏的地方变得密集。振动使空气时而密集时而稀疏，从而带动邻近的空气质点由近及远地依次振动起来，这样就形成了一疏一密的"空气层"。随着这一层层疏密相间的"空气层"不断地变化，声波就由近及远传播出去。大气压力的波动越大，表示声波的振幅越大，即声音越强。但并不是所有的振动都能引起人们的听觉，只有频率在 20～20000Hz 的机械波才能刺激听觉神经而产生声的感觉。这一频率范围内的机械波称为声波，低于 20Hz 的机械波称为次声波，高于 20000Hz 的机械波称为超声波[9]。

综上所述，振动是声波产生的根源，它们两者之间有着本质的联系。实验表明，噪声强度级基本上取决于振源表面振动速度的幅值。在振动速度减小时，声压也以相同的比例减小。噪声的声压级与振动速度级有如下关系：

$$L_v = L_p = 20\log\frac{v}{v_0} = 20\log\frac{p}{p_0} \tag{6.54}$$

式中，L_v 和 L_p 分别为噪声的振动速度级和声压级，dB；v 和 p 分别为振动速度（单位为 m/s）和声压（单位为 Pa）；v_0 为基准振动速度，一般取 1.0×10^{-5}mm/s；p_0 为基准声压，$p_0=2.0\times10^{-5}$Pa，这是人耳对 1000Hz 空气声所能感觉到的最低声压。

由式 (6.54) 可以看出，已知振动速度级之后，无须测量声压即可得出由这些振动产生的噪声级。振动速度级降低多少分贝，噪声级也降低多少分贝。

在摩擦过程中，相互摩擦部件与空气的接触面将机械部件的振动传递给空气，从而产生摩擦噪声。当轴承以不稳定模态振动时，轴承系统的振动最为强烈，因此在摩擦过程中如果能够避免不稳定模态的出现，就能够大大降低轴承在低速重载下产生摩擦噪声的可能。

6.3.2　常见的摩擦振动建模方法

当运动部件在一定压力作用下相互接触并做相对运动时，运动部件间产生摩擦。摩擦力方向与运动方向相反，并且在接触面上作用于运动部件，从而激发运动部件振动而产生噪声。图 6.9 与图 6.10 分别为简化的摩擦力学模型和摩擦力与运动速度的关系[9]。

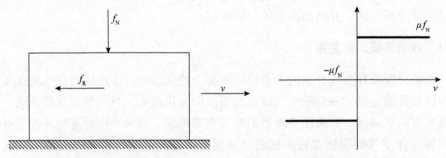

图 6.9　简化的摩擦力学模型　　　　图 6.10　简化的摩擦力与运动速度的关系

运动部件间产生的摩擦力与运动速度的关系可以简化为

$$\begin{cases} f_R = \mu f_N, & v > 0 \\ |f_R| \leqslant \mu f_N, & v = 0 \\ f_R = -\mu f_N, & v < 0 \end{cases} \tag{6.55}$$

式中，f_N 为正压力；f_R 为摩擦力；μ 为动摩擦系数。

在许多情况下，摩擦力并非一个常数，而是随运动速度的波动而波动，这能激发运动部件的自激振动而产生噪声。当摩擦力引起运动部件的张弛振动时，能激发运动部件的振动而产生噪声。当激振频率与运动部件的固有频率一致时，由于共振激发了异常振动，从而产生了噪声。摩擦力也能激发运动部件的耦合振动，特别是当运动部件的不同固有频率靠近时，摩擦力能使模态耦合，从而激发强烈振动而产生噪声。

1. 摩擦噪声的张弛振动机理

一些运动界面具有自身特性，其静摩擦力大于动摩擦力，从而有可能导致摩擦黏滑效应。当摩擦黏滑效应发生时，运动部件的速度会由此产生单个或连锁跳跃，在一个很小值和一个很大值之间剧变，从而形成部件的张弛冲击振动。

图 6.11 为测量得到的运动部件的摩擦系数随时间的变化曲线[10]。运动部件的速度剧变构成对系统的冲击，进而形成部件的冲击振动噪声。为了减少一些不规则噪声，一些摩擦副或连接副需要进行摩擦测试，以找出那些摩擦黏滑效应小的最佳配合。

2. 摩擦噪声的摩擦力-速度曲线负斜率机理

当摩擦力随着运动速度的增加而增大或减小时，能激发运动部件的自激振动而产生噪声，即摩擦系数-速度曲线具有负斜率的情况。图 6.12 为运动部件 a 与运动部件 b 的摩擦力随滑动速度的变化曲线[10]，这些曲线具有负斜率。

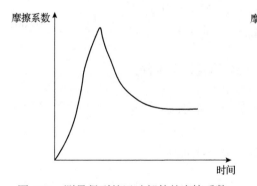

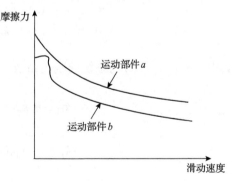

图 6.11　测量得到的运动部件的摩擦系数随时间的变化曲线　　　图 6.12　摩擦力随滑动速度的变化曲线

考虑一个单自由度的振动系统受到负斜率的摩擦力的作用，其运动方程为

$$m\ddot{x} + c\dot{x} + kx = \mu(v - \dot{x})F_N \tag{6.56}$$

式中，m、c 和 k 为单自由度振动系统参数；F_N 为正压力；μ 为摩擦系数，是相对滑动速度 $v - \dot{x}$ 的函数；v 为稳定滑动速度。将摩擦力展开，有

$$\mu(v-\dot{x})F_N = \mu(v)F_N - \frac{\partial \mu(v-\dot{x})}{\partial v}\dot{x}F_N + \frac{\partial^2 \mu(v-\dot{x})}{\partial v^2}\dot{x}^2 F_N \tag{6.57}$$

将式(6.57)代入运动方程(6.56)，得

$$m\ddot{x} + F_N\left[\frac{C}{F_N} + \frac{\partial \mu(v-\dot{x})}{\partial v}\right]\dot{x} + kx = \mu(v)F_N + \frac{\partial^2 \mu(v-\dot{x})}{\partial v^2}\dot{x}^2 F_N \tag{6.58}$$

如果忽略高阶项，那么系统在下面的情况中会出现负阻尼：

$$\frac{C}{F_N} + \frac{\partial \mu(v-\dot{x})}{\partial v} < 0 \tag{6.59}$$

负阻尼可导致系统不稳定。负阻尼仅在摩擦系数负斜率足够大时才会发生。这种负斜率摩擦力在实际中能激发运动部件的强烈自激振动而产生噪声。

3. 摩擦噪声的模态耦合机理

模态耦合理论认为，摩擦噪声是由摩擦力的存在所导致的非对称系统刚度矩阵诱发模态耦合引起的。

用一个二自由度的简单模型来说明模态耦合机理。该模型的自由振动运动方程为

$$\begin{bmatrix} m_1 & 0 \\ 0 & m_2 \end{bmatrix}\begin{pmatrix} \ddot{x}_1 \\ \ddot{x}_2 \end{pmatrix} + \begin{bmatrix} k_{11} & k_{12} \\ k_{21} & k_{22} \end{bmatrix}\begin{pmatrix} x_1 \\ x_2 \end{pmatrix} = \begin{pmatrix} -F_1 \\ -F_2 \end{pmatrix} \tag{6.60}$$

其中，$k_{ij}(i,j=1,2)$ 为系统的刚度系数，通常满足以下条件：

$$\begin{cases} k_{11} > 0, \ k_{22} > 0, & \text{正刚度} \\ k_{12} = k_{21}, & \text{对称性} \\ k_{11}k_{22} - k_{12}k_{21} > 0, & \text{正定性} \end{cases}$$

满足这组条件的系统是保守系统，不可能产生自激振动。现在假定系统分别受到激振力 F_1 和 F_2 的作用，并且假定激振力本身又受到振动位移 x_1、x_2 的控制：

$$F_1 = \lambda_{11}x_1 + \lambda_{12}x_2 \tag{6.61}$$

$$F_2 = \lambda_{21}x_2 + \lambda_{22}x_2 \tag{6.62}$$

代入式(6.60)有

$$\begin{bmatrix} m_1 & 0 \\ 0 & m_2 \end{bmatrix}\begin{pmatrix} \ddot{x}_1 \\ \ddot{x}_2 \end{pmatrix} + \begin{bmatrix} k_{11} & k_{12} \\ k_{21} & k_{22} \end{bmatrix}\begin{pmatrix} x_1 \\ x_2 \end{pmatrix} = \begin{bmatrix} -\lambda_{11} & -\lambda_{12} \\ -\lambda_{21} & -\lambda_{22} \end{bmatrix}\begin{pmatrix} x_1 \\ x_2 \end{pmatrix} \tag{6.63}$$

这里忽略了系统本身的阻尼，而且假定只有位移反馈。式(6.63)经整理后有

$$\begin{bmatrix} m_1 & 0 \\ 0 & m_2 \end{bmatrix}\begin{pmatrix} \ddot{x}_1 \\ \ddot{x}_2 \end{pmatrix} + \begin{bmatrix} k_{11}+\lambda_{11} & k_{12}+\lambda_{12} \\ k_{21}+\lambda_{21} & k_{22}+\lambda_{22} \end{bmatrix}\begin{pmatrix} x_1 \\ x_2 \end{pmatrix} = \begin{pmatrix} 0 \\ 0 \end{pmatrix} \tag{6.64}$$

假设 $K_{ij} = k_{ij} + \lambda_{ij}(i,j=1,2)$，式(6.64)可以改写为

$$\begin{bmatrix} m_1 & 0 \\ 0 & m_2 \end{bmatrix}\begin{pmatrix} \ddot{x}_1 \\ \ddot{x}_2 \end{pmatrix} + \begin{bmatrix} K_{11} & K_{12} \\ K_{21} & K_{22} \end{bmatrix}\begin{pmatrix} x_1 \\ x_2 \end{pmatrix} = \begin{pmatrix} 0 \\ 0 \end{pmatrix} \tag{6.65}$$

为判断此系统的稳定性，设形式解为 $x_1(t) = A_1 \mathrm{e}^{pt}$、$x_2(t) = A_2 \mathrm{e}^{pt}$，其中 $p = \lambda + \mathrm{i}\omega$ 为复特征值，代入式(6.65)可得到如下方程组：

$$\begin{bmatrix} m_1 p^2 + K_{11} & K_{12} \\ K_{21} & m_2 p^2 + K_{22} \end{bmatrix}\begin{Bmatrix} A_1 \\ A_2 \end{Bmatrix} = \begin{Bmatrix} 0 \\ 0 \end{Bmatrix} \tag{6.66}$$

式(6.66)有非零解的条件为

$$\begin{vmatrix} m_1 p^2 + K_{11} & K_{12} \\ K_{21} & m_2 p^2 + K_{22} \end{vmatrix} = 0 \tag{6.67}$$

展开得

$$m_1 m_2 p^4 + (K_{11}m_2 + K_{22}m_1)p^2 + K_{11}K_{22} - K_{12}K_{21} = 0 \tag{6.68}$$

设 $K_{11} > 0$，$K_{22} > 0$，$K_{11}/m_1 = n_1^2 > 0$，$K_{22}/m_2 = n_2^2 > 0$，则有

$$p^4 + (n_1^2 + n_2^2)p^2 + (K_{11}K_{22} - K_{12}K_{21})/(m_1 m_2) = 0 \tag{6.69}$$

式(6.69)称为频率方程或特征方程。由方程(6.69)解得

$$\begin{aligned} (p^2)_{1,2} &= \frac{1}{2}\left[-(n_1^2 + n_2^2) \pm \sqrt{(n_1^2 + n_2^2)^2 - 4(K_{11}K_{22} - K_{12}K_{21})/(m_1 m_2)} \right] \\ &= \frac{1}{2}\left[-(n_1^2 + n_2^2) \pm \sqrt{(n_1^2 - n_2^2)^2 + 4K_{12}K_{21}/(m_1 m_2)} \right] \end{aligned} \tag{6.70}$$

　　方程(6.70)有 4 个根,系统的稳定性取决于这 4 个根的数值。现在取 $m_1 = m_2 = 1$, $K_{11} = K_{22} = 2$, $K_{21} = 1$, $K_{12} = 1 - \Delta$, 则方程(6.70)可写为

$$(p^2)_{1,2} = -2 \pm \sqrt{1 - \Delta} \tag{6.71}$$

其中,当 $1 - \Delta > 0$ 时,系统为一般的振动系统,系统的两个模态频率各不相同;当 $1 - \Delta$ 趋近于零时,系统的两个模态频率趋于一致;当 $1 - \Delta < 0$ 时,方程(6.71)有两个共轭复根,设为 $(p^2)_{1,2} = -h \pm i l$,再开方得 $p_{1,2,3,4} = \sqrt{(p^2)_{1,2}}$。若取 $\Delta = 2$,则有 $p_{1,2,3,4} = \pm \sqrt{-2 \pm i}$,即

$$\begin{cases} p_1 = -0.3436 - 1.4553i \\ p_2 = 0.3436 + 1.4553i \\ p_3 = -0.3436 + 1.4553i \\ p_4 = 0.3436 - 1.4553i \end{cases} \tag{6.72}$$

此时,$x_1(t)$ 可写为

$$\begin{aligned} x_1(t) = {} & Ae^{0.3436t} \sin(1.4553t) + Be^{0.3436t} \cos(1.4553t) \\ & + Ce^{-0.3436t} \sin(1.4553t) + De^{-0.3436t} \cos(1.4553t) \end{aligned} \tag{6.73}$$

式中,系数 A、B、C、D 是与振动初始状态有关的待定常数。前两项是自激振动项。随着时间增长,自激振动项将趋于无穷,即该系统是非稳定的。这就是模态耦合自激振动。同时,系统复特征值的正实部越大,系统位移就越容易发散,即系统的不稳定性随复特征值正实部的增大而增大。

　　该二自由度模型证明了由于引入摩擦而引起的刚度矩阵不对称,有可能使系统位移发散。对于类似该二自由度模型的简单算例,可以求得解析解。但对于高自由度的复杂模型,使用有限元法进行数值求解是经常采用的一种方法。

6.3.3　热混合润滑下的摩擦振动模型

　　本节概述作者团队基于模态耦合理论开发的热混合润滑下的滑动轴承摩擦振动机理模型建模方法[11]。

　　1. 瞬态热混合润滑下复模态模型建模方法

　　图 6.13 为热混合润滑状态下考虑摩擦副界面随机表面扰动的滑动轴承三自由度 (ξ_1, ξ_2, κ_1) 摩擦激励动力学模型示意图。根据牛顿第二定律得到三自由度动力

学方程如下：

$$
\begin{pmatrix} m_J & 0 & 0 \\ 0 & m_J & 0 \\ 0 & 0 & m_b \end{pmatrix}\begin{pmatrix} \Delta\xi_1'' \\ \Delta\kappa_1'' \\ \Delta\xi_2'' \end{pmatrix} + \begin{pmatrix} k_{\xi\xi} & k_{\xi\kappa} & 0 \\ k_{\kappa\xi} & k_{\kappa\kappa} & 0 \\ 0 & 0 & k_b \end{pmatrix}\begin{pmatrix} \Delta\xi_1 \\ \Delta\kappa_1 \\ \Delta\xi_2 \end{pmatrix} + \begin{pmatrix} b_{\xi\xi} & b_{\xi\kappa} & 0 \\ b_{\kappa\xi} & b_{\kappa\kappa} & 0 \\ 0 & 0 & c_b \end{pmatrix}\begin{pmatrix} \Delta\xi_1' \\ \Delta\kappa_1' \\ \Delta\xi_2' \end{pmatrix}
$$
$$
= \begin{pmatrix} W - F_{h\xi 0} + F_c\cos\varphi \\ F_{h\kappa 0} - F_c\sin\varphi - F_{\mathrm{fric}\kappa} \\ -F_{h\xi 0} - F_c\cos\varphi \end{pmatrix} \tag{6.74}
$$

式中，m_J 和 m_b 分别为转子和轴承座质量；$F_{h\xi 0}$ 和 $F_{h\kappa 0}$ 分别为平衡位置下滑动轴承系统垂直及水平动压载荷；$F_{\mathrm{fric}\kappa}$ 为滑动轴承系统水平方向瞬态摩擦力；φ 为滑动轴承偏位角；k_b 和 c_b 分别为滑动轴承座刚度与阻尼；$k_{\xi\xi}$、$k_{\xi\kappa}$、$k_{\kappa\xi}$、$k_{\kappa\kappa}$ 及 $b_{\xi\xi}$、$b_{\xi\kappa}$、$b_{\kappa\xi}$、$b_{\kappa\kappa}$ 分别为滑动轴承系统在平衡位置处的刚度与阻尼，其值可由 6.1 节所述方法求解。

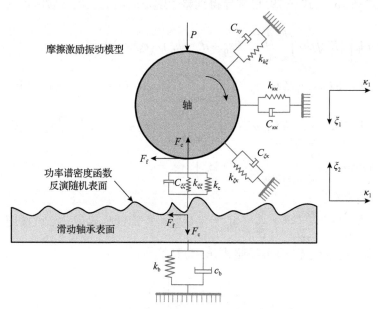

图 6.13　考虑随机表面扰动的滑动轴承三自由度摩擦激励动力学模型示意图

$\Delta\xi_1''$、$\Delta\kappa_1''$、$\Delta\xi_2''$，$\Delta\xi_1'$、$\Delta\kappa_1'$、$\Delta\xi_2'$ 及 $\Delta\xi_1$、$\Delta\kappa_1$、$\Delta\xi_2$ 分别为轴心相对于平衡位置的加速度、速度及位移。F_c 为摩擦副界面由随机表面激励引起的动态接触力，其值可按照式(6.75)计算：

$$
F_c = -k_c\left(-\Delta\xi_1 - \Delta\xi_2 - q\right) = k_c\left(\Delta\xi_1 + \Delta\xi_2 + q\right) \tag{6.75}
$$

式中，q 为滑动摩擦副表面非线性扰动位移函数(随机表面)，其值可采用基于轨道不平顺度功率谱密度函数反演法求解[12]；k_c 为滑动轴承摩擦副接触刚度，对于高斯分布随机表面，可根据 Kogut-Etsion 弹塑性接触模型得出单个微凸体在不同变形(纯弹性、弹塑性及塑性)阶段的法向接触刚度[13]：

$$k_e(\omega) = 2E_c \beta^{1/2} \omega^{1/2} \tag{6.76}$$

$$k_{ep1}(\omega) = \frac{2}{3} \times 1.03\pi K H_B \times 1.425 \left(\frac{\omega}{\omega_c}\right)^{0.425} \tag{6.77}$$

$$k_{ep2}(\omega) = \frac{2}{3} \times 1.4\beta\pi K H_B \times 1.263 \left(\frac{\omega}{\omega_c}\right)^{0.263} \tag{6.78}$$

$$k_p(\omega) = 2\pi\beta H_B \tag{6.79}$$

基于式(6.76)～式(6.79)可推导得到整个随机表面的法向接触刚度为

$$
\begin{aligned}
K_a(h_n) = nA_n \Bigg[& 2E_c\sqrt{\beta}\sigma \int_{h_n-d_n}^{h_n-d_n+\omega_{cn}} (z_n+d_n-h_n)^{1/2} \phi_h(z_n)\mathrm{d}z_n \\
& + 1.4667 \times \frac{2}{3}\pi\beta K H_B \omega_{cn}^{-0.425} \int_{h_n-d_n+\omega_{cn}}^{h_n-d_n+6\omega_{cn}} (z_n+d_n-h_n)^{0.425} \phi_h(z_n)\mathrm{d}z_n \\
& + 1.7682 \times \frac{2}{3}\pi\beta K H_B \omega_{cn}^{-0.263} \int_{h_n-d_n+6\omega_{cn}}^{h_n-d_n+110\omega_{cn}} (z_n+d_n-h_n)^{0.425} \phi_h(z_n)\mathrm{d}z_n \\
& + 2\pi\beta H_B \int_{h_n-d_n+110\omega_n}^{\infty} \phi_h(z_n)\mathrm{d}z_n \Bigg]
\end{aligned}
\tag{6.80}
$$

式中，$\omega_{cn} = \dfrac{\omega_c}{\sigma} = \left(\dfrac{\pi K H_B}{2E}\right)^2 \dfrac{\beta}{\sigma}$，$\omega_c$ 为发生塑性变形的临界值，K 可按照式(3.48)计算。概率密度函数 $\phi_n(z_n)$ 可按照式(6.81)计算：

$$\phi_h(z_n) = \frac{1}{\sqrt{2\pi}}\left(\frac{\sigma}{\sigma_s}\right)\exp\left[-\frac{1}{2}\left(\frac{\sigma}{\sigma_s}\right)^2 z_n^2\right] \tag{6.81}$$

轨道统计随机表面的功率谱密度函数可表达为

$$S_v(\Omega) = \frac{\gamma_1 A_v \Omega_c^2}{\Omega^2(\Omega^2+\Omega_c^2)} \tag{6.82}$$

式中，$S_v(\Omega)$ 为空间域的功率谱密度函数；Ω 为空间频率，rad/m；A_v 为表面粗糙度系数；Ω_c 为截断空间频率；γ_1 为一常系数。

为将功率谱密度函数区从空间域转化到时域中，首先将空间域转换到频率域，根据频率带宽相等的原则，有

$$S_v(\Omega)\mathrm{d}\Omega = S_v(\omega)\mathrm{d}\omega \tag{6.83}$$

摩擦副界面相对滑动速度为 $v_{\mathrm{J}\theta}$，空间频率为 Ω，而对应的激振力的频率为 ω，满足 $\omega = v_{\mathrm{J}\theta}\Omega$。将其代入方程 (6.82) 可得到

$$S_v(\omega) = S_v(\Omega)\frac{\mathrm{d}\Omega}{\mathrm{d}\omega} = S_v\left(\frac{\omega}{v_{\mathrm{J}\theta}}\right)\mathrm{d}\left(\frac{\omega}{v_{\mathrm{J}\theta}}\right)\bigg/\mathrm{d}\omega = \gamma_1 A_v \tag{6.84}$$

即

$$\frac{(\omega_c/v)^2}{(\omega/v)^2\left[(\omega/v)^2 + (\omega_c/v)^2\right]}\frac{1}{v} = \frac{\gamma A_v \omega_c^2 v}{\omega^2\left(\omega^2 + \omega_c^2\right)} \tag{6.85}$$

式中，$S_v(\omega)$ 为频率域的功率谱密度函数；ω_c 为截断频率，rad/s。$S_v(\omega)$ 可离散表达为

$$S_q(k) = \frac{1}{N^2}\left[Q^*(k)Q(k)\right] \tag{6.86}$$

式中，N 为总的采样点数；$S_q(k)$ 为离散的功率谱密度函数；$Q(k)$ 为时间序列 q 的快速傅里叶变换；$Q^*(k)$ 为 $Q(k)$ 的共轭。时间序列 q 可通过快速傅里叶逆变换求解，求解方法如下：

$$\begin{cases} q(n) = \dfrac{1}{N}\displaystyle\sum_{k=1}^{N} Q(k)\exp\left(\dfrac{2\mathrm{i}\pi kn}{N}\right) \\[2mm] Q(k) = N\varepsilon(k)\sqrt{S_q(k\Delta\omega)\Delta\omega} = N\varepsilon(k)\sqrt{S_q(f)\mathrm{d}f} \\[2mm] \varepsilon(k) = \exp(\mathrm{i}\varPhi_k) \end{cases} \tag{6.87}$$

式中，$q(n)$ 为离散时间序列；n 为离散时间；$\Delta\omega = 2\pi\mathrm{d}f$ 为频率间隔；$\varepsilon(k)$ 为随机项；$\varPhi_k$ 为位于 $0\sim2\pi$ 的随机相位。

式 (6.74) 中，$F_{\mathrm{fric}\kappa}$ 为随机表面激励下的横向摩擦力。在混合润滑状态下，界面摩擦力由微凸体接触摩擦力所主导，因此在摩擦激励动力学模型中仅考虑接触

摩擦力,它可按照式(6.88)计算:

$$F_{\text{fric}\xi} = \mu_{\text{c}}F_{\text{c}} = \mu_{\text{c}}k_{\text{c}}(\Delta\xi_1 + \Delta\xi_2 + q) \tag{6.88}$$

将式(6.88)和式(6.75)代入式(6.74),并整理成动力学方程组的一般形式为

$$
\begin{pmatrix} m_{\text{J}} & 0 & 0 \\ 0 & m_{\text{J}} & 0 \\ 0 & 0 & m_{\text{b}} \end{pmatrix}
\begin{pmatrix} \Delta\xi_1'' \\ \Delta\kappa_1'' \\ \Delta\xi_2'' \end{pmatrix}
+
\begin{pmatrix} k_{\xi\xi}+k_{\text{c}}\cos\varphi & k_{\xi\kappa} & k_{\text{c}}\cos\varphi \\ k_{\kappa\xi}+k_{\text{c}}\sin\varphi+\mu_{\text{c}}k_{\text{c}} & k_{\kappa\kappa} & k_{\text{c}}\sin\varphi+\mu_{\text{c}}k_{\text{c}} \\ k_{\text{c}}\cos\varphi & 0 & k_{\text{b}}+k_{\text{c}}\cos\varphi \end{pmatrix}
\begin{pmatrix} \Delta\xi_1 \\ \Delta\kappa_1 \\ \Delta\xi_2 \end{pmatrix}
$$
$$
+
\begin{pmatrix} b_{\xi\xi} & b_{\xi\kappa} & 0 \\ b_{\kappa\xi} & b_{\kappa\kappa} & 0 \\ 0 & 0 & c_{\text{b}} \end{pmatrix}
\begin{pmatrix} \Delta\xi_1' \\ \Delta\kappa_1' \\ \Delta\xi_2' \end{pmatrix}
=
\begin{pmatrix} W - F_{\text{h}\xi0} + k_{\text{c}}q\cos\varphi \\ F_{\text{h}\kappa0} - k_{\text{c}}q\sin\varphi - \mu_{\text{c}}k_{\text{c}}q \\ -F_{\text{h}\xi0} - k_{\text{c}}q\cos\varphi \end{pmatrix}
\tag{6.89}
$$

2. 摩擦激励振动模型求解策略

取 $\boldsymbol{X} = (\Delta\xi_1, \Delta\kappa_1, \Delta\xi_2)^{\text{T}}$,代入式(6.89)可得到如下方程:

$$\boldsymbol{MX}'' + \boldsymbol{CX}' + \boldsymbol{KX} = \boldsymbol{F} \tag{6.90}$$

其中,

$$
\boldsymbol{M} = \begin{pmatrix} m_{\text{J}} & & \\ & m_{\text{J}} & \\ & & m_{\text{b}} \end{pmatrix}, \quad
\boldsymbol{C} = \begin{pmatrix} b_{\xi\xi} & b_{\xi\kappa} & 0 \\ b_{\kappa\xi} & b_{\kappa\kappa} & 0 \\ 0 & 0 & c_{\text{b}} \end{pmatrix}
$$

$$
\boldsymbol{K} = \begin{pmatrix} k_{\xi\xi}+k_{\text{c}}\cos\varphi & k_{\xi\kappa} & k_{\text{c}}\cos\varphi \\ k_{\kappa\xi}+k_{\text{c}}\sin\varphi+\mu_{\text{c}}k_{\text{c}}\cos\varphi & k_{\kappa\kappa} & k_{\text{c}}\sin\varphi+\mu_{\text{c}}k_{\text{c}}\cos\varphi \\ -k_{\text{c}}\cos\varphi & 0 & k_{\text{b}}-k_{\text{c}}\cos\varphi \end{pmatrix}
$$

$$
\boldsymbol{F} = \begin{pmatrix} W - F_{\text{h}\xi0} + k_{\text{c}}q\cos\varphi \\ F_{\text{h}\kappa0} - k_{\text{c}}q\sin\varphi - \mu_{\text{c}}k_{\text{c}}q \\ -F_{\text{h}\xi0} - k_{\text{c}}q\cos\varphi \end{pmatrix}
$$

对于式(6.90),阻尼矩阵 $\boldsymbol{C}$ 不满足比例阻尼条件,需采用状态矢量法进行复模态耦合分析。为此,引入如下辅助方程:

$$\boldsymbol{MX}' - \boldsymbol{MX}' = 0 \tag{6.91}$$

结合方程(6.90)和方程(6.91)可以得到如下方程:

$$\boldsymbol{A}\dot{\boldsymbol{X}} + \boldsymbol{BX}' = \boldsymbol{F}' \tag{6.92}$$

其中，

$$X' = \begin{pmatrix} X \\ \dot{X} \end{pmatrix}_{2n \times 2n}, \qquad F' = \begin{pmatrix} F \\ 0 \end{pmatrix}_{2n \times 2n}, \qquad A = \begin{pmatrix} C & M \\ M & 0 \end{pmatrix}_{2n \times 2n}, \qquad B = \begin{pmatrix} K & 0 \\ 0 & -M \end{pmatrix}_{2n \times 2n}$$

令 $F' = 0$，式 (6.92) 转化为自由振动方程的形式：

$$A\dot{X} + BX' = 0 \tag{6.93}$$

假定方程 (6.93) 的特解为

$$X' = \Psi' \mathrm{e}^{\tau t} \tag{6.94}$$

将式 (6.94) 代入式 (6.93) 可得

$$(\tau A + B)\Psi' = 0 \tag{6.95}$$

特征方程为

$$|\tau A + B| = 0 \tag{6.96}$$

式中，Ψ' 为特征向量；τ 为 $2n$ 阶共轭复数特征值，可由式 (6.97) 表征：

$$\tau_i = \sigma_i \pm \omega_i \mathrm{j} \tag{6.97}$$

其中，虚部 $\omega_i = 2\pi f_i$ 反映了振动时的固有频率；σ_i 为衰减指数，反映了系统运动的稳定性。若 $\sigma_i > 0$，则会发生自激放大振动而导致系统失稳，此时的模态称为不稳定模态；相反地，若 $\sigma_i < 0$，则会产生衰减振动，即系统为稳定系统。

由式 (6.90)～式 (6.97) 可见，作者团队提出的滑动轴承摩擦振动模型综合考虑了轴承材料特性、服役工况、微观表面结构、液膜刚度阻尼、微凸体弹塑性接触刚度及界面流固热耦合特性的影响，为建立更精准的滑动轴承摩擦振动模型和开展摩擦噪声分析预测研究奠定了一定的理论基础。

6.3.4　尾轴承摩擦激励下船舶辐射噪声建模计算方法

由润滑不良接触引起的水润滑尾轴承异常摩擦振动噪声问题是目前船舶轴系设计关注的热点和难点问题之一。船舶尾轴承润滑接触不良时，轴承位置产生的摩擦激励力会引起轴系-船体的耦合振动并产生水中辐射噪声[14]。由于缺少一套水润滑尾轴承非线性接触引起船舶振动与水中声辐射的整体集成计算模型和计算方法，较难开展上述摩擦噪声现象机理及影响规律的定量研究，工程上也无法实现定量设计与控制。本节基于船舶三维声弹性理论介绍尾轴承摩擦激励下的船舶辐射噪声建模计算方法。

1）水中声辐射频域分析方法

在船体做微幅振动和变形假定的条件下，船体结构相对其平衡位置的运动和变形可采用模态叠加的表达形式：

$$u = \sum_{r=1}^{m} u_r d_r = \sum_{r=1}^{m} \{u_r, v_r, w_r\} d_r \tag{6.98}$$

式中，$d_r (r = 1, 2, \cdots, m)$ 为相应于第 r 阶干模态位移 u_r 的主坐标分量。

假定船体周围为可压理想声介质。当船体以恒定速度 U 沿 x 轴方向航行时，由线性系统叠加原理可知，流场速度势为定常流场速度势 $\bar{\Phi}$ 和各阶声波辐射速度势 ϕ_r 的线性叠加。以随船体平动的平衡坐标系作为参考坐标系存在如下关系：

$$\Phi(x, y, z, t) = U\bar{\Phi}(x, y, z) + \sum_{r=1}^{m} \phi_r(x, y, z, t) \tag{6.99}$$

式中，(x, y, z) 为场点在平衡坐标系中的坐标。

相对于平衡坐标系的定常流动速度为

$$W = U\nabla(\bar{\Phi} - x) \tag{6.100}$$

在船体平均湿表面上，流固耦合边界条件为

$$\frac{\partial \phi_r}{\partial n} = n \cdot \left[\dot{u}_r + \frac{1}{2}(\nabla \times u_r) \times W - (u_r \cdot \nabla)W + W \cdot \varepsilon_r \right] \tag{6.101}$$

式中，ε_r 为结构第 r 阶模态应变张量；n 为浮体湿表面单位法向量。

辐射速度势满足带航速的自由液面声学边界条件：

$$\left(i\omega - U\frac{\partial}{\partial x} \right)^2 \phi = 0 \tag{6.102}$$

式中，ω 为作用在浮体上外载荷的激励角频率。引入与该自由液面条件相适应的频域移动脉动 Green 函数 $G(P, Q; -U)$，对式 (6.102) 中各项进行量阶分析，若自由液面不在船体附近，则 $\frac{\partial \phi}{\partial x} \sim O\left(\frac{\omega}{c_0} \phi \right)$，$c_0$ 为流体中声速。当航速 $U \ll c_0$ 时，式 (6.102) 可进一步简化为

$$\phi = 0 \tag{6.103}$$

根据 $U \ll c_0$ 忽略多普勒效应，则与自由液面边界条件式 (6.103) 对应的 Green

函数为

$$G(P,Q;-U) = \frac{1}{4\pi r_1}\mathrm{e}^{-\mathrm{i}kr_1} - \frac{1}{4\pi r_2}\mathrm{e}^{-\mathrm{i}kr_2} \tag{6.104}$$

式中，$r_1 = \sqrt{(x-\xi)^2 + (y-\eta)^2 + (z-\zeta)^2}$，$r_2 = \sqrt{(x-\xi)^2 + (y-\eta)^2 + (z+\zeta)^2}$，$k = \omega/c_0$ 为流体中声波波数，(x,y,z) 为场点 P 的坐标，(ξ,η,ζ) 为源点 Q 的坐标。

辐射势可用平均湿表面 $\bar{S}$ 及水线 C 上的源汇分布边界积分方程表示：

$$\phi(P) = \iint_{\bar{S}} \sigma(Q)G(P,Q,-U)\mathrm{d}S_Q + \frac{1}{g}U^2\oint_C n_1(Q)\sigma(Q)G(P,Q;-U)\mathrm{d}l \tag{6.105}$$

声介质中广义水弹性力学运动方程可表示为如下形式：

$$[a+A]\{\ddot{d}\} + [b+B]\{\dot{d}\} + [c+C]\{d\} = \{\varXi\} \tag{6.106}$$

式中，$\{\varXi\}$ 为广义力向量；$[a]$、$[b]$、$[c]$ 分别为干结构广义质量、阻尼和刚度矩阵；$[A]$、$[B]$、$[C]$ 分别为广义流体附加质量、附加阻尼和恢复力系数矩阵，其元素可表示为

$$
\begin{aligned}
A_{rk} &= \frac{1}{\omega^2}\mathrm{Re}\left[\rho\iint_{\bar{S}}\boldsymbol{n}\cdot\boldsymbol{u}_r\,(\mathrm{i}\omega + \boldsymbol{W}\cdot\nabla)\phi_k\mathrm{d}S\right] \\
B_{rk} &= -\frac{1}{\omega}\mathrm{Im}\left[\rho\iint_{\bar{S}}\boldsymbol{n}\cdot\boldsymbol{u}_r\,(\mathrm{i}\omega + \boldsymbol{W}\cdot\nabla)\phi_k\mathrm{d}S\right] \\
C_{rk} &= -\rho\iint_{\bar{S}}\boldsymbol{n}\cdot\boldsymbol{u}_r\left[gw_k + \frac{1}{2}(\boldsymbol{u}_k\cdot\nabla)W^2\right]\mathrm{d}S
\end{aligned}
\tag{6.107}
$$

流场中的辐射声压可表示为

$$p(x,y,z,t) = -\rho\left[\frac{\partial}{\partial t} + \boldsymbol{W}\cdot\nabla\right]\phi \tag{6.108}$$

根据模态叠加原理，由式 (6.106) 求出各阶干模态主坐标响应 $d_r(r = 1,2,\cdots,m)$ 后，可进一步计算出船舶结构振动响应与水中声辐射。

水中场点声压计算式为

$$p(x,y,z,\omega) = -\rho\left(\mathrm{i}\omega - U\frac{\partial}{\partial x}\right)\phi \tag{6.109}$$

辐射声功率计算式为

$$P(\omega) = \frac{1}{2} \text{Re} \left[\sum_{k=1}^{m} \sum_{r=1}^{m} i\omega q_r B_{rk} (i\omega q_k)^* \right] \tag{6.110}$$

式中，上标"*"表示取共轭。

上述三维声弹性理论及相应的计算方法目前已形成成熟的软件 THAFTS-Acoustic，该软件具备用户体验良好的前处理功能、后处理功能及大规模高效并行计算功能，可进行水面与水下船舶运动、波浪载荷、结构变形、应力-应变、振动、声辐射及声传播的计算分析。

2）尾轴承摩擦激励下船舶辐射噪声传递函数[15]

实际的船舶结构是非常复杂的，为了能够较准确地计算摩擦激励力下船舶的振动声辐射特性，计算模型需要较准确地反映船体的主要质量和刚度分布，尽可能保留各部位的主要构件，利用 THAFTS-Acoustic 软件建立一个随意假设的水下船舶振动声辐射的全三维计算模型，如图 6.14 所示。

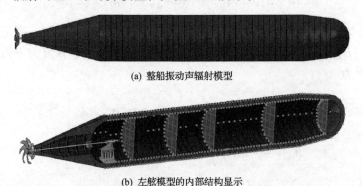

(a) 整船振动声辐射模型

(b) 左舷模型的内部结构显示

图 6.14　船舶振动声辐射的全三维计算模型

轴与轴承之间的摩擦力是一对作用力和反作用力。因此，为了得到尾轴承摩擦激励下桨-轴-船体振动声辐射传递函数，分别在轴和轴承上施加有效值为 1N 的简谐集中激励力，以横向摩擦力为例，力的施加方式如图 6.15 所示。

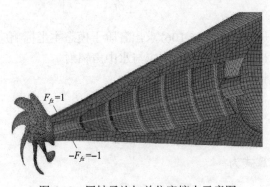

图 6.15　尾轴承施加单位摩擦力示意图

3) 尾轴承摩擦激励下船舶辐射噪声计算

将利用混合热弹流下的摩擦振动模型得到的摩擦力谱结果与尾轴承摩擦激励下船舶辐射噪声传递函数结果相乘，即可得到尾轴承摩擦激励下船舶辐射噪声结果。

6.4　滑动轴承摩擦动力学分析案例

6.4.1　线性与非线性摩擦动力学分析结果对比

在滑动轴承摩擦动力学分析中，采用线性法求解瞬态动压载荷的方法可以减少润滑转子在摩擦动力学分析中的计算时间。但在混合润滑状态下，该方法预测出的瞬态动压载荷可能不准确，这是因为流体膜刚度和阻尼系数对润滑间隙变化很敏感。因此，本节有两个目标：第一个目标是确定关键输入参数对预测性能的敏感性；第二个目标是通过在广泛的工作条件下与非线性法比较，评估混合润滑状态下线性法的适用性[16]。需要注意的是，本节的对比分析是针对水润滑滑动轴承开展的。

为了描述不平衡偏心，定义不平衡率 χ 为偏心距 r 与半径间隙 C 之比。图 6.16 显示了在不同的不平衡率下，用非线性法和线性法计算的数值结果与运行时间的关系。可以看到，这两种方法的水膜力、接触力和垂直加速度的波动幅度都随着不平衡率的增加而增加。如图 6.16(a) 所示，在所有的不平衡率下，线性法预测的最大水膜力与非线性法预测的最大水膜力大致相等，而线性法预测的最小水膜力似乎被低估了。图 6.16(b) 表明，线性法高估了最大接触力，特别是当不平衡率较大时。更具体地讲，对于 $\chi = 1$，线性法计算的最大接触力比非线性法计算的最大接触力大 3 倍。此外，在图 6.16(a) 和 (b) 中观察到两种方法之间的周期性水膜力和接触力的相位差。两种方法在预测瞬时力方面的偏差，造成了两种方法预测的垂直加速度存在差异，如图 6.16(c) 所示。两种方法之间的偏差可以用轴心轨迹的不同来解释，如图 6.16(d) 所示，随着不平衡率的增加，轴心轨迹的偏差变得更大。

为了进一步探讨不平衡率对混合润滑的影响，图 6.17 为在 $\chi = 0.2, 0.4, 0.6, 0.8$ 和 1.0 时的流体润滑状态下的非线性响应。为了确保轴颈能在流体动压润滑状态下运行，轴颈质量和静载荷分别选为 30kg 和 0N。由图 6.17(a) 可以看出，与混合润滑状态得到的结果不同，在流体动压润滑状态下，不同不平衡率的瞬时水膜力几乎保持不变。图 6.17(b) 和 (c) 表明，在目前的模拟案例下，当不平衡率超过 0.4 时，线性法可能产生不可靠的动态预测，这一结果可用图 6.17(d) 中的轴心轨迹来解释。如图 6.17(d) 所示，轴心轨迹的偏差随着偏心率的增加而增加。此外，图 6.17(d) 还显示，在流体动压润滑状态下，随着不平衡率的增加，轴心轨道形状

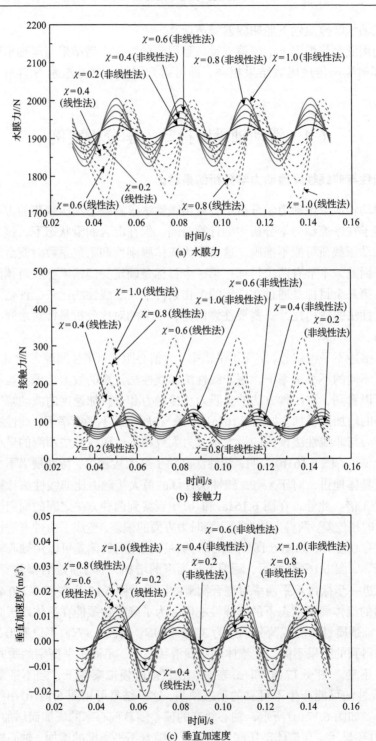

(a) 水膜力

(b) 接触力

(c) 垂直加速度

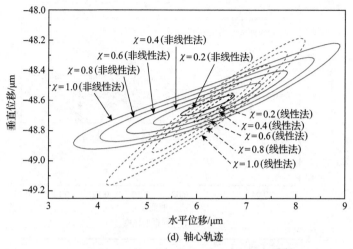

(d) 轴心轨迹

图 6.16　混合润滑状态下线性法与非线性法数值结果的变化

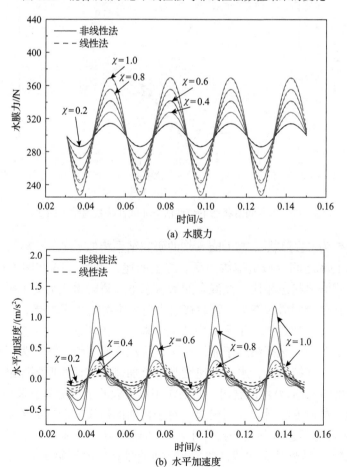

(a) 水膜力

(b) 水平加速度

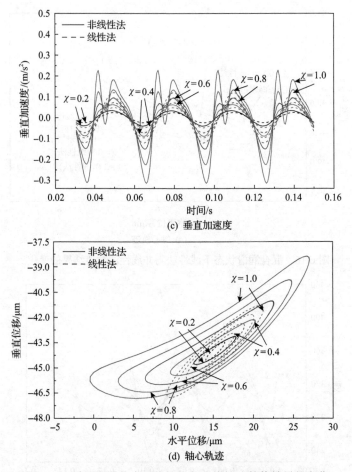

图 6.17　动压润滑状态下线性法与非线性法数值结果的变化

从椭圆形转变为"香蕉状"，与 Cha 等[4]的研究结果相似。这一观察结果可归因于水膜力和偏心率之间近似呈指数关系。综上所述，由图 6.16 和图 6.17 可以得出结论，与全膜润滑状态相比，在混合润滑状态下，瞬时水膜力受不平衡率的影响更大，并且在混合润滑状态下，瞬时接触力对不平衡变化很敏感。

　　图 6.18 描述了通过扩大不平衡率的范围来进一步评估线性法在部分润滑状态下的适用性。其中，直接法属于非线性法，扰动法属于线性法。为了更清楚地比较，引入水膜力和接触力，水平加速度和垂直加速度波动的振幅即最大和最小之间的差异。由图 6.18(a)可以看出，如果在相对较大的不平衡率下采用线性法，可能会产生较大的时变接触力预测误差。对于目前的仿真案例，如果不平衡率超过0.4，线性法可能不适合预测非线性水膜力和接触力，特别是对于瞬态接触力。图 6.18(b)显示，线性法和非线性法预测的垂直加速度的振幅非常一致。然而，与

非线性法相比，线性法预测的垂直加速度较小，并且它们之间的偏差随着不平衡率的增大而逐渐增大，这可能是由摩擦力造成的。

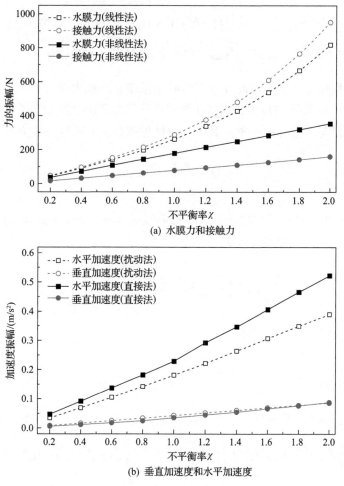

(a) 水膜力和接触力

(b) 垂直加速度和水平加速度

图 6.18　线性法与非线性法数值结果的振幅对比

6.4.2　多工况下滑动轴承摩擦动力特性分析

本节以多沟槽(宏观沟槽)水润滑轴承为例，展示启动、偏载及外部非线性冲击等工况下滑动轴承热混合润滑与转子动态特性的瞬时耦合关系。

1. 启动工况

1)转子加速模式

变加速启动可通过可编程步进电机或者伺服电机实现。水润滑轴承系统在转子启动过程中，转子周向速度分布对其瞬态热混合润滑性能影响显著。因此，本节引入三种工程中采用的典型电机启动模式，其表达式为

$$\begin{cases} m_{\mathrm{J}}\zeta'' = W + F_{\mathrm{fric}\zeta}(t) - F_{\mathrm{h}\zeta}(t) - F_{\mathrm{c}\zeta}(t) + m_{\mathrm{J}}\left(v_{\mathrm{J}\theta}(t)/R_{\mathrm{B}}\right)^2 r\cos(\theta(t)) \\ m_{\mathrm{J}}\kappa'' = F_{\mathrm{h}\kappa}(t) + F_{\mathrm{c}\kappa}(t) + F_{\mathrm{fric}\kappa}(t) + m_{\mathrm{J}}\left(v_{\mathrm{J}\theta}(t)/R_{\mathrm{B}}\right)^2 r\sin(\theta(t)) \end{cases} \tag{6.111}$$

启动过程相对较短，因此在水润滑轴承系统启动动力学方程中忽略了轴承支承的微幅振动。式 (6.111) 中，$v_{\mathrm{J}\theta}(t)$ 和 $\theta(t)$ 分别为启动过程中转子的瞬态周向速度和偏心矢量与纵坐标的夹角。其中，线性加速模式的速度公式为

$$v_{\mathrm{J}\theta}(t) = \frac{v_{\mathrm{m}}t}{t_{\mathrm{a}}}, \quad 0 \leqslant t \leqslant t_{\mathrm{a}} \tag{6.112}$$

式中，$v_{\mathrm{J}\theta}(t)$ 为启动过程中转子的瞬态周向线速度；t_{a} 为转子加速时间。

正弦加速模式的瞬态速度为

$$v_{\mathrm{J}\theta}(t) = v_{\mathrm{m}}\sin\left(\frac{\pi t}{2t_{\mathrm{a}}}\right), \quad 0 \leqslant t \leqslant t_{\mathrm{a}} \tag{6.113}$$

S 形加速模式的瞬态速度为

$$v_{\mathrm{J}\theta}(t) = \begin{cases} \dfrac{1}{2}j_{\max}t^2, & 0 \leqslant t < t_1 \\ \dfrac{1}{2}j_{\max}t_1^2 + a_{\max}(t - t_1), & t_1 \leqslant t < t_2 \\ \dfrac{1}{2}j_{\max}t_1^2 + a_{\max}(t_2 - t_1) + a_{\max}(t - t_2) - \dfrac{1}{2}j_{\max}(t - t_2), & t_2 \leqslant t \leqslant t_{\mathrm{a}} \end{cases} \tag{6.114}$$

式中，$a_{\max}$ 和 $j_{\max}$ 分别为电机在启动过程中允许的最大加速度和加加速度。在本书中，取 $t_1 = 0.4t_{\mathrm{a}}$，$t_2 = 0.6t_{\mathrm{a}}$。此外，瞬态夹角 $\theta(t)$ 可通过如下积分计算：

$$\theta(t) = \int_0^t \frac{v_{\mathrm{J}\theta}(t)}{R_{\mathrm{B}}}\mathrm{d}t \tag{6.115}$$

根据以上公式，可求解得到如图 6.19 所示的三种典型启动工况的瞬态速度。启动初始时刻转子与轴承的位置关系如图 6.20 所示，由图可见，初始时刻转子的质量中心 O_{m} 位于其几何中心 O_{J} 的正下方。

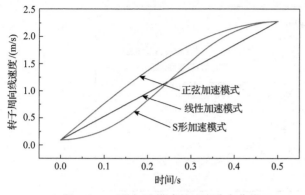

图 6.19　三种加速模式的速度分布曲线

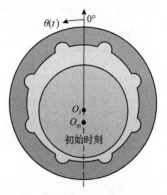

图 6.20　启动初始时刻转子与
轴承相对位置

2) 启动过程摩擦动力学性能瞬态演变规律

图 6.21 为三种启动模式下水润滑轴承系统在启动过程中的热混合润滑性能随时间的演变规律。由图 6.21(a) 可以看到，在转子启动的一瞬间水润滑轴承界面的接触力及水膜压力发生突变，即接触力迅速下降而动压载荷迅速上升。这是由于在启动初始时刻，界面横向摩擦力达到最大值(图 6.21(d))，此时的横向摩擦力将以一个较大的横向加速度反向拖拽受载转子。受载转子将在横向摩擦拖拽作用下进入初始时刻位置的左侧，同时，初始时刻的摩擦反向拖拽作用还会引起横向加速度和纵向加速度的突变，如图 6.22 所示。换言之，启动初始时刻的摩擦拖拽作用引起了受载转子的瞬态冲击，这一冲击较大程度地改变了水膜瞬态项及界面接触行为，从而引起了这一时刻动压载荷与接触力的突变。急剧变化过程完成后，界面接触力呈现先增加至某一最大值后又缓慢减小趋于平缓的变化规律。这是由于在突变发生后，水润滑摩擦副界面的动压载荷开始降低(由于轴颈速度较低，图 6.22(a))，界面粗糙接触将逐渐增加以平衡外载荷。此后，随着启动速度的增加，水膜压力逐渐增加(图 6.22(b))并"抬升"受载转子，从而使接触力逐渐降低并在启动末期趋于平缓。

由图 6.21(a)～(e) 还可以看到，转子的不平衡量对启动过程中瞬态摩擦学-动力学行为的影响较为显著，尤其是横向力、纵向力、最大弹性变形、最小膜厚及轴心轨迹，且不平衡量的影响将在加速后期更为显著。造成这一现象的原因是，在加速后期转子速度较高，由此引起的偏心激励力也较大。图 6.21(f) 表明，在启动过程中，轴颈最大温度和轴承最大温度呈现先较为迅速地增加至某一最大值然后又缓慢减小趋于平缓的规律。这是由于在启动早期，混合润滑区摩擦行为由粗糙峰接触所主导，并由此产生了较多的接触摩擦热，引起了较大的温升。然而，随着混合润滑区内水膜压力的逐步产生，接触摩擦热将会随着动压水膜的热对流及转子抬升(减小粗糙峰接触)持续耗散，因此最大温度会呈现图 6.21(f) 的分布

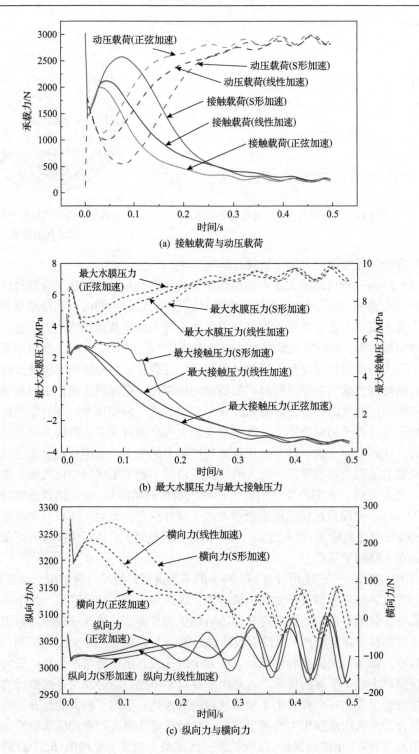

(a) 接触载荷与动压载荷

(b) 最大水膜压力与最大接触压力

(c) 纵向力与横向力

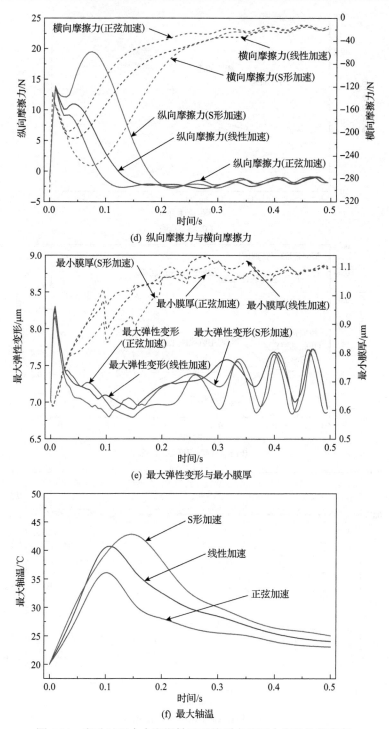

(d) 纵向摩擦力与横向摩擦力

(e) 最大弹性变形与最小膜厚

(f) 最大轴温

图 6.21　启动过程中水润滑轴承系统瞬态热混合润滑性能演变

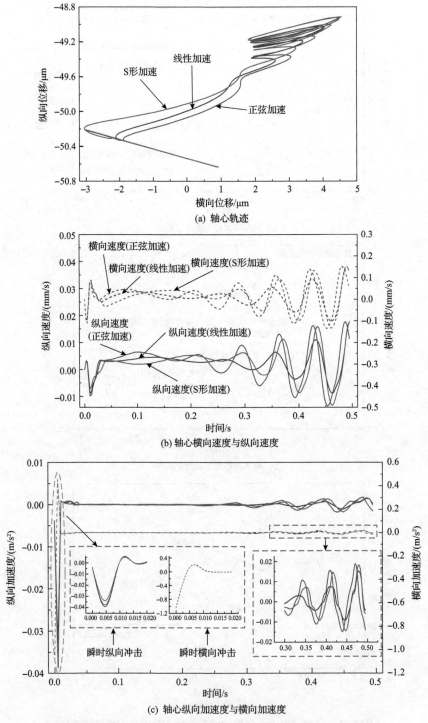

(a) 轴心轨迹

(b) 轴心横向速度与纵向速度

(c) 轴心纵向加速度与横向加速度

图 6.22　启动过程中水润滑轴承系统动态特性随启动时间的演变

规律。由图可以看到，在启动初始时刻，温升主要聚集在水润滑轴承底部。随着转子加速，产生于混合润滑区的热量将被转子沿旋转方向传递至整个圆周方向，最终随着混合润滑区润滑状态的稳定而逐渐趋于稳定。

进一步地，启动模式对水润滑轴承系统瞬态摩擦学-动力学的影响较为显著，尤其是瞬态接触/动压载荷及瞬态横向/纵向摩擦力。具体来讲，相比于线性加速和 S 形加速，启动过程中正弦加速模式具有最小的瞬态接触力。造成这一现象的原因是，相比于其他两种加速模式，正弦加速模式在加速过程中一直具有更高的周向速度，因此可以产生更大的水膜压力以降低界面接触力。因此，后续参数灵敏性分析中统一采用正弦加速模式。

3）多沟槽水润滑轴承启动过程临界速度预测公式

在本书的典型算例工况中，当达到额定转速时受载转子仍未"抬升"（如船舶艉轴由于低速重载而难以抬升）。理论上，只要转子转速足够高，受载转子就会实现"动压抬升"，即达到混合润滑与动压润滑状态的临界点（临界速度）。临界速度的准确预测对滑动轴承摩擦学性能优化及工况设计具有重要的工程意义，因此一直是国内外学者的研究热点。本书将针对多沟槽水润滑轴承系统，考虑 3D 瞬态传热行为影响，结合启动过程摩擦学-动力学模型数值预测结果，建立更为精准的水润滑轴承临界速度预测公式。此外，水润滑轴承在启动过程中由摩擦热引起的过量热膨胀有可能导致轴承的"热抱轴"失效，针对启动过程中径向轴承有效间隙的预测也一直是国内外学者研究的热点。本节将借助启动过程摩擦学-动力学模型数值预测结果，建立考虑因素更为全面的多沟槽水润滑轴承有效间隙预测公式，为实际启动工况下规避"热抱轴"风险提供工程指导。

对于滑动轴承临界速度，Lu 和 Khonsari[17]提出了如下经验预测公式：

$$N_{\mathrm{T}}=\frac{60P_{\mathrm{L}}\varLambda\left(\sigma_{\mathrm{B}}^{2}+\sigma_{\mathrm{J}}^{2}\right)^{1/2}}{4.678C\left(\dfrac{L}{D}\right)^{1.044}\eta\left(\dfrac{R_{\mathrm{B}}}{C}\right)^{2}} \tag{6.116}$$

式中，P_{L} 为径向轴承比压；$\varLambda$ 为无量纲参数，取为 3；R_{B} 为轴承内径。

式（6.116）由滑动轴承稳态最小油膜厚度公式及 Sommerfeld 数定义式联立推导得出。图 6.23 为不同比压下（0.1～0.8MPa）无沟槽水润滑轴承临界速度数值模型计算值与经验公式（6.116）预测值的对比。为了识别 3D 热效应对临界速度预测值的影响，分别将等温模型及热模型的计算结果与经验公式预测结果展开了对比。由图可见，等温模型与热模型的计算结果在低比压下具有较好的一致性，且等温模型计算结果与经验公式预测结果符合较好，这表明经验公式（6.116）在等温条件下具有较高的准确性。然而，随着比压增大，热模型与等温模型的计算结果差异性增大。以上结果表明，启动过程中，有必要在预测无沟槽水润滑轴承临界速度时考虑 3D 热效应因素。因此，需要对经验公式(6.116)进行修正。

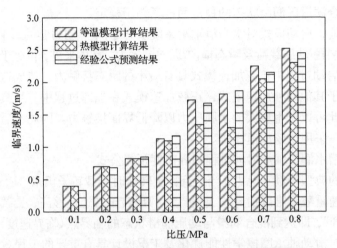

图 6.23　临界速度数值模型计算值与经验公式预测值对比

　　另外，经验公式(6.116)在预测多沟槽滑动轴承临界速度时误差较大。因此，本节引入沟槽占比 $\chi=W_{\mathrm{g}}/(W_{\mathrm{g}}+W_{\mathrm{b}})$ 来修正式(6.116)。不难理解，临界速度与沟槽占比呈反比关系。因此，针对多沟槽水润滑轴承，可采用如下修正公式计算临界速度：

$$v_\theta = \frac{2\pi P_{\mathrm{L}}\varLambda\left(\sigma_{\mathrm{B}}^2+\sigma_{\mathrm{J}}^2\right)^{1/2}}{4.678\dfrac{R_{\mathrm{B}}}{C_0}\left(\dfrac{L}{D}\right)^{1.044}\eta}f(\chi) \tag{6.117}$$

式中，v_θ 为临界速度，m/s；$f(\chi)$ 为沟槽占比修正项，通过拟合得到。需要指出的是，在式(6.117)中，C_0 为初始半径间隙(未考虑在启动过程中因热膨胀造成的间隙损失)。然而，本书模型计入了启动过程的间隙损失。因此，在修正系数 $f(\chi)$ 中已经考虑了间隙损失的影响。表 6.1 列出了沟槽占比 χ 在 0~0.6 范围变化时(覆盖水润滑轴承沟槽宽度比)，临界速度数值模型计算值与经验公式(6.116)预测值。

表 6.1　临界速度数值模型计算值与经验公式预测值的对比

沟槽占比 χ	临界速度数值模型计算值	经验公式预测值
0.05	1.508	1.464
0.1	2.4033	1.464
0.15	2.5447	1.464

沟槽占比 χ	临界速度数值模型计算值	经验公式预测值
0.2	2.7096	1.464
0.25	2.9217	1.464
0.3	3.2044	1.464
0.35	3.5579	1.464
0.4	4.0762	1.464
0.45	4.8302	1.464
0.5	5.9847	1.464
0.55	7.8697	1.464
0.6	11.522	1.464

需要注意的是，以上结果是在比压为 0.5MPa，长径比 $L/D=2.0$，相对间隙比 $\delta_{\mathrm{c}}=0.002$，表面粗糙度 $\sigma=0.6\mu\mathrm{m}$ 下计算得到的。拟合发现，多项式拟合具有较高的精确度，拟合得到的修正项如下：

$$f(\chi)=116.3\chi^3-85.2\chi^2+21.8\chi-0.11 \tag{6.118}$$

于是，修正后用于预测多沟槽水润滑轴承在启动过程中临界速度的经验公式为

$$v_\theta=\frac{2\pi P_{\mathrm{L}}\varLambda\left(\sigma_{\mathrm{B}}^2+\sigma_{\mathrm{J}}^2\right)^{1/2}}{4.678\dfrac{R_{\mathrm{B}}}{C_0}\left(\dfrac{L}{D}\right)^{1.044}\eta}\left(116.3\chi^3-85.2\chi^2+21.8\chi+0.11\right) \tag{6.119}$$

为验证所提经验公式的合理性，取不同比压（0.1MPa、0.3MPa、0.5MPa 和 0.7MPa），将模型得到的临界速度与经验公式预测临界速度在不同沟槽占比、相对间隙比下进行对比，对比结果如图 6.24 所示。由图可以发现，由经验公式(6.119)得到的不同比压、不同沟槽占比及不同相对间隙比下的临界速度与理论模型计算结果一致性较好。因此，提出的经验公式(6.119)可用于预测多沟槽水润滑轴承在启动过程中的临界转速。

图 6.25 为不同沟槽占比下水润滑轴承有效间隙随加速时间的变化规律。由图可见，不同沟槽占比下都存在最小有效间隙，且最小有效间隙随着沟槽占比的增大而减小，这是由于水润滑轴承摩擦副界面水膜动压特性随着沟槽占比的增大而逐渐削弱。因此，热效应对水润滑轴承润滑性能的影响随着沟槽占比的增大而逐渐增强。

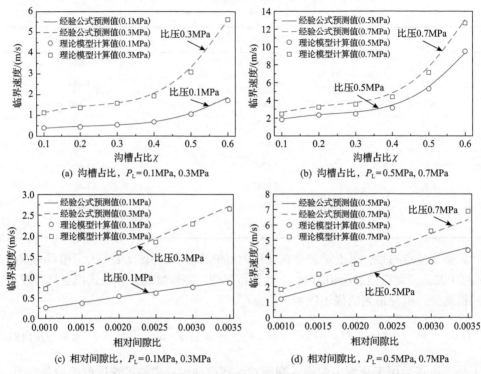

(a) 沟槽占比，P_L=0.1MPa, 0.3MPa　　　　　(b) 沟槽占比，P_L=0.5MPa, 0.7MPa

(c) 相对间隙比，P_L=0.1MPa, 0.3MPa　　　　(d) 相对间隙比，P_L=0.5MPa, 0.7MPa

图 6.24　四组比压下模型计算和经验公式预测得到的临界速度在不同沟槽占比及
相对间隙比下的对比

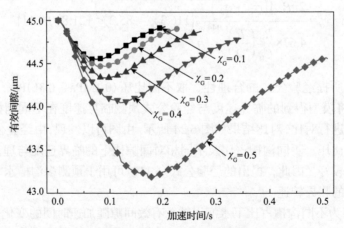

图 6.25　不同沟槽占比下有效间隙随着加速时间的变化

2. 偏心动载荷工况

为了揭示转子不平衡比对其瞬态摩擦学-动力学的影响，定义转子不平衡比 λ
为转子的不平衡量 r 与轴承半径间隙 C 的比值，即 $\lambda = r/C$。图 6.26 为在不同转子不平衡比下水润滑轴承系统摩擦学-动力学特性随时间的变化规律。由于转子的不平衡量，水膜压载荷、接触载荷和总载荷都呈现周期性波动。当转子不平衡比较大($\lambda > 0.4$)时，非线性法与线性法预测得到的瞬态承载力有较大的差距。具体来讲，当转子不平衡比较大时，线性法求解得到的最小水膜承载力明显小于非线性法，而最大接触载荷明显大于非线性法。这表明对于混合状态下的动态摩擦学预测，线性法仅在转子不平衡比较小时保持有效，当转子不平衡比较大时，不推荐采用线性法进行动态摩擦学性能模拟。然而，如图 6.26(c) 所示，线性法与非线性法预测的瞬态承载力几乎一致。非线性法与线性法所预测的轴心轨迹具有差异，而接触载荷在混合润滑状态下对膜厚变化十分敏感，导致出现图 6.26(a) 和 (b) 的现象。此外，如图 6.26(d) 和 (e) 所示，非线性法与线性法预测的水润滑轴承系统转子加速度幅值较为接近。因此，综合图 6.26(e) 和 (f) 可知，线性法对转子动态特性的预测具有一定的有效性。图 6.27 进一步比较了非线性法与线性法在不同不平衡比下的最大/最小水膜承载力与接触力。由图可知，采用线性法时，最大接触载荷与最小动压载荷对不平衡比的变化十分敏感。综上所述，由于混合润滑状态下水润滑轴承摩擦副界面水膜/接触对轴心位移(润滑间隙)的敏感性很高，采用线性法可能会造成较大的摩擦学性能(水膜动压及弹塑性接触)的预测误差。然而，在转子动态特性分析(如加速度)中，线性法可以一定程度替代非线性法。

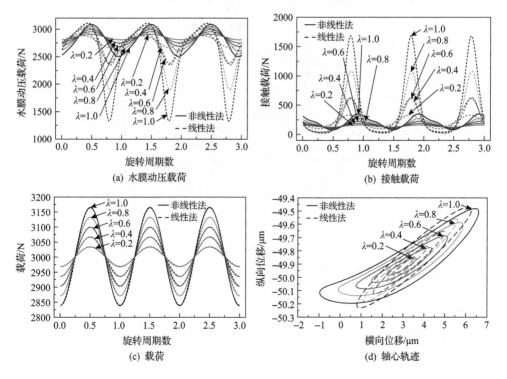

(a) 水膜动压载荷

(b) 接触载荷

(c) 载荷

(d) 轴心轨迹

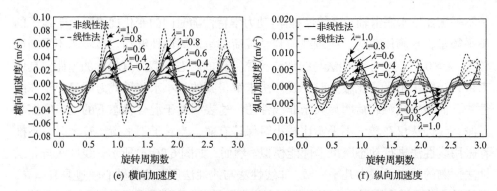

(e) 横向加速度　　　　　　　　　　　(f) 纵向加速度

图 6.26　水润滑轴承系统在偏心激励作用下的瞬态摩擦学-动力学性能随时间的变化规律

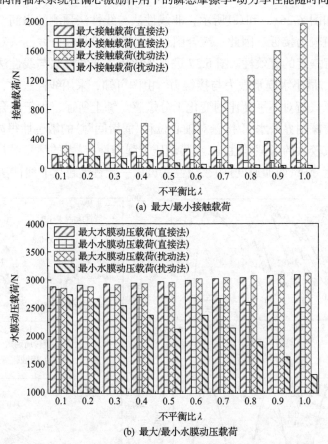

(a) 最大/最小接触载荷

(b) 最大/最小水膜动压载荷

图 6.27　不同转子不平衡比下非线性法(直接法)与线性法(扰动法)结果对比

3. 非线性冲击工况

1) 冲击模型

假定冲击力满足半周期正弦函数，可表示为

$$F_s = \begin{cases} \lambda_s W \sin(\pi t / T_s), & 0 \leqslant t \leqslant T_s \\ 0, & t > T_s \end{cases} \tag{6.120}$$

式中，λ_s 为冲击力比；T_s 为冲击力周期。容易得知，冲击力方向将显著影响轴承摩擦-动力学性能，因此在动力学模型(6.121)中考虑了冲击力方向的影响。考虑了冲击力幅度及方向的水润滑轴承动力学方程为

$$\begin{cases} m_J \zeta'' = W + F_{\text{fric}\zeta}(t) - F_{\text{h}\zeta}(t) - F_{\text{c}\zeta}(t) + m_J \omega^2 r \cos\left(\frac{2\pi\omega}{60}t\right) - F_s \cos\theta_s \\ m_J \kappa'' = F_{\text{h}\kappa}(t) + F_{\text{c}\kappa}(t) + F_{\text{fric}\kappa}(t) + m_J \omega^2 r \sin\left(\frac{2\pi\omega}{60}t\right) + F_s \sin\theta_s \\ m_b x'' = k_b x + c_b \text{sgn}|x'|^\lambda + F_{\text{h}\kappa}(t) + F_{\text{c}\kappa}(t) + F_{\text{fric}\kappa}(t) \\ m_b y'' = k_b y + c_b \text{sgn}|y'|^\lambda + W + F_{\text{fric}\zeta}(t) - F_{\text{h}\zeta}(t) - F_{\text{c}\zeta}(t) \end{cases} \tag{6.121}$$

为了避免旋转初期动力学的不稳定干扰，选取第 5 个旋转周期之后的动态摩擦学性能进行分析。

2) 冲击方向的影响

图 6.28 为不同冲击方向下(冲击方向定义如图 6.29 所示)水润滑轴承系统动态摩擦学-动力学响应(冲击力幅值为 300N)。由图 6.28(a)和(c)可见，水润滑轴承在不同冲击力方向下呈现明显的"各向异性"特征。具体来讲，当冲击角度为 90°(水平向右冲击)或者 270°(水平向左冲击)时，动态接触载荷和最大接触压力达到最大值(175N 左右)。这是由于水润滑轴承在稳定运转工况下，承载区主要位于轴承底部板条。当承受水平冲击时，转子中心将会被冲击力沿水平方向推至较远的距离，如图 6.28(d)所示；当转子中心运动至邻近底部板条相邻的沟槽区时，沟槽区造成的水膜压力损失将会引起界面接触载荷的上升。此外，如图 6.28(a)～(c)所示，当冲击角度为 0°和 180°时，水润滑轴承摩擦副界面接触载荷、水膜压力及最大接触压力近似呈对称变化。

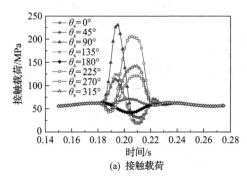

(a) 接触载荷

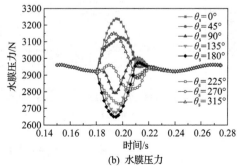

(b) 水膜压力

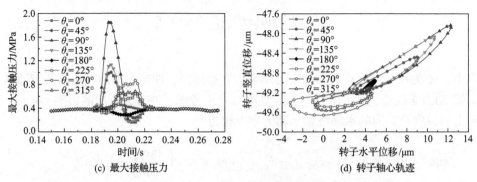

(c) 最大接触压力　　　　　　　　(d) 转子轴心轨迹

图 6.28　不同冲击方向下水润滑轴承系统动态摩擦学-动力学响应

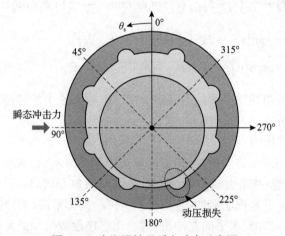

图 6.29　水润滑轴承瞬态冲击示意图

3) 冲击时间的影响

图 6.30 为冲击时间(0.01～0.1s)对水润滑轴承动态接触载荷及轴心轨迹的影响(冲击方向为 135°，冲击力幅值为 300N)。由图 6.30(a)可见，冲击时间对水润

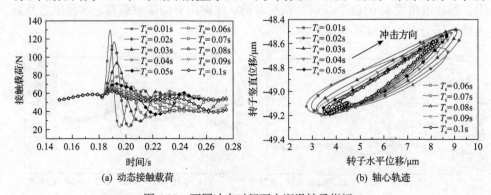

(a) 动态接触载荷　　　　　　　　(b) 轴心轨迹

图 6.30　不同冲击时间下水润滑轴承指标

滑轴承动态接触载荷影响较大。总体来说，冲击时间越短，摩擦副界面的最大接触载荷越大，接触载荷的波动幅度越大。当冲击时间大于 0.05s 时，冲击时间对摩擦副动态接触行为的影响减弱。图 6.30(b)表明，冲击时间越短，轴心运动的范围越小。冲击方向为 135°，因此轴心轨迹朝向斜上方。

6.5　滑动轴承摩擦诱导振动分析案例

本节以基于模态耦合机理的滑动轴承摩擦诱导振动及稳定性分析模型为基础（具体建模方法参见 6.3.3 节），展示该模型在多沟槽水润滑轴承摩擦诱导振动特性及稳定性分析中的典型应用[11]。

6.5.1　额定工况下摩擦激励振动结果

基于轨道不平顺度功率谱密度函数可反演得到时域非线性扰动函数，如图 6.31所示。表 6.2 列出了反演过程所用的参数。

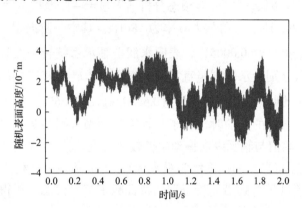

图 6.31　基于轨道不平顺度功率谱密度函数反演的位移扰动(随机表面)

表 6.2　随机粗糙表面反演参数

参数	数值
PSD 系数 γ_1	0.25
表面粗糙度系数 A_v	5.0×10^{-14}
空间频率 Ω_s/Hz	5000
时间步 Δt/μs	1
时间间隔 t/s	2
采样频率 f/Hz	10000

　　图6.32为热混合润滑条件下水润滑轴承三自由度摩擦激励动力学模型时域求解结果，模型详细参数详见文献[11]。由图可见，由于表面随机位移的非线性激励作用，水润滑轴承转子振动(振动速度及加速度)呈现出明显的随机特性。转子的横向及轴承基座的加速度幅值总体不超过 2m/s^2，而转子纵向振动加速度不超过 0.25m/s^2。此外，复模态分析结果特征值为

$$\lambda_i = \sigma_i + \omega_i\mathrm{j} = \begin{cases} -173321 + 0\mathrm{j} \\ -462.235 + 0\mathrm{j} \\ -131.1355 + 130.23\mathrm{j} \\ -131.1355 - 130.23\mathrm{j} \\ -41.4939 + 3680\mathrm{j} \\ -41.4939 - 3680\mathrm{j} \end{cases} \tag{6.122}$$

　　由式(6.122)可见，特征值实部均小于 0，因此所模拟的水润滑轴承在额定工况下处于稳定的摩擦振动状态。复模态分析结果显示一阶摩擦自激放大频率(后简称放大频率)为 20.7Hz，二阶放大频率为 586Hz。其中一阶振型对应的归一化振型矢量为 $(0.9987, 0.0514, 0.0005)^{\mathrm{T}}$，表明水润滑轴承系统转子做竖直方向的振动时，转子与轴承分别做水平与竖直方向的振动，以转子竖直方向的振动为主。二阶振型所对应的归一化振型矢量为 $(0.6279, 0.1127, 0.7696)^{\mathrm{T}}$，表明水润滑轴承系统转子做竖直方向的振动时，转子与轴承分别做水平与竖直方向的振动，其中转子纵向振动幅值与轴承纵向振动幅值较为接近。图 6.33 为水润滑轴承系统振动加速度频谱图(采用加速度级为纵坐标)，工况条件为外载荷 3000N，转速 1000r/min。由图可见，频谱分析得到的特征频率与复模态分析得到的特征频率一致。

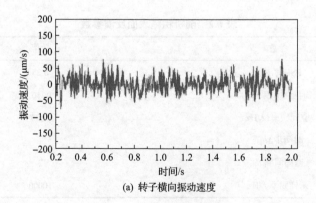

(a) 转子横向振动速度

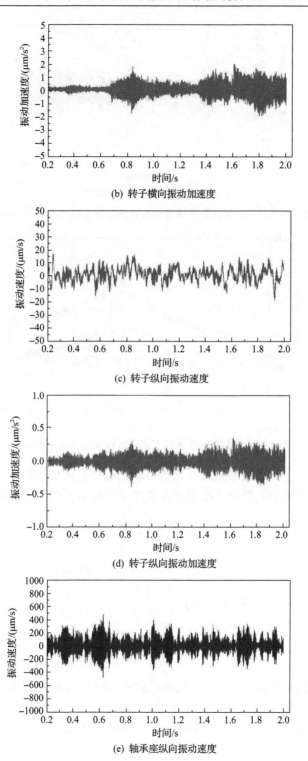

(b) 转子横向振动加速度

(c) 转子纵向振动速度

(d) 转子纵向振动加速度

(e) 轴承座纵向振动速度

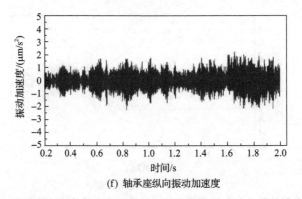

(f) 轴承座纵向振动加速度

图 6.32　热混合润滑条件下水润滑轴承系统摩擦激励动力学时域响应结果

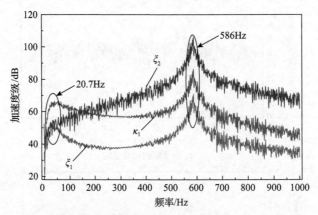

图 6.33　热混合润滑条件下水润滑轴承振动加速度频谱

不难发现，边界摩擦系数 μ_c 对水润滑轴承摩擦自激振动响应具有重要影响。根据复模态分析结果，额定工况下边界摩擦系数 μ_c=0.3 时，水润滑轴承系统特征值为

$$\lambda_i = \sigma_i + \omega_i \mathrm{j} = \begin{cases} -173321+0\mathrm{j} \\ -42.7163 - 3669.44\mathrm{j} \\ -42.7163 + 3669.44\mathrm{j} \\ -391.6758 - 130.23\mathrm{j} \\ -391.6758 + 130.23\mathrm{j} \\ 60+0\mathrm{j} \end{cases} \tag{6.123}$$

由复模态分析结果可知，存在为正的特征值 $\sigma=60>0$，因此水润滑轴承系统动力学响应将呈现发散特征。如图 6.34 所示，当时间大于 0.04s 时，水润滑轴承系统在所模拟的参数下呈现运动发散特征，产生摩擦自激放大振动，存在发生摩擦噪

声的风险。由此可见，当水润滑轴承系统处于热混合润滑状态时，轴承摩擦副界面的水膜刚度、阻尼、弹塑性接触刚度具有显著的工况依赖性(如边界摩擦系数、转子速度及外载荷等)，从而深刻影响了摩擦激励复模态模型的分析结果。如图6.35 所示，随着转子转速的增加，水润滑轴承系统动力学响应的放大频率减小，由此说明了轴承动力学响应的工况依赖性。

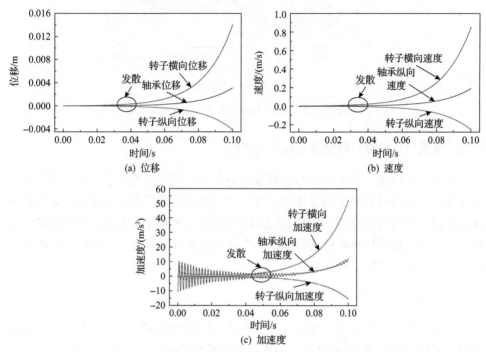

(a) 位移　　　　　　　　(b) 速度

(c) 加速度

图 6.34　额定工况下水润滑轴承转子与轴承动态响应

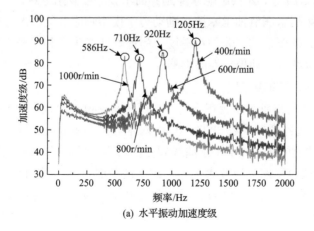

(a) 水平振动加速度级

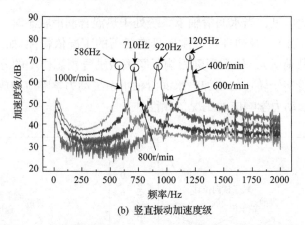

(b) 竖直振动加速度级

图 6.35　不同转子转速下水润滑轴承系统振动加速度频谱

6.5.2　表面特性参数对摩擦激励振动的影响

需要强调的是，本章提出的摩擦激励动力学模型综合考虑了水润滑轴承在动态服役过程中的时变混合润滑性能，可对水润滑轴承系统在多工况多因素条件下发生摩擦自激振动(并由此引发的摩擦噪声)的工况区间及放大频率进行精细化预测。本节将根据模型参数分析结果，为多场耦合条件下规避水润滑轴承摩擦自激振动和摩擦噪声提供工程指导。

1. 表面特性参数的影响

当水润滑轴承处于热混合润滑条件下时，表面特性参数(表面粗糙度、粗糙峰取向及粗糙峰曲率半径)将显著影响水润滑轴承摩擦副界面的弹塑性接触行为(弹塑性接触压力及刚度)，还会影响摩擦副界面水膜刚度及阻尼特性参数，因此，表面特性参数会影响水润滑轴承摩擦激励动力学模型响应及复模态分析结果。下面将系统分析边界摩擦系数、表面粗糙度、粗糙峰曲率半径和粗糙表面纹理方向对水润滑轴承系统摩擦振动稳定性的影响。

1)边界摩擦系数的影响

图 6.36 为水润滑轴承系统在不同外载荷(500～4000N)及不同转子转速(200～2000r/min)下，边界摩擦系数(0.02～0.40)对水润滑轴承系统摩擦振动稳定性的影响规律。需要注意的是，对于单条曲线划分的边界，线条以左的区域为稳定区间，线条以右的区域为摩擦自激放大区间。对于两条颜色相同的曲线划分的边界(如图 6.36(a)中转速为 200r/min 时)，两条曲线之间的部分表示摩擦自激放大区，而两条曲线之外的部分表示稳定区。由图可见，随着转子转速的增加，摩擦自激放大区逐渐向边界摩擦系数增加的方向移动，这表明当水润滑轴承摩擦副界面摩擦

系数较低及以较高转速运行时，其发生摩擦自激放大振动（由此产生摩擦噪声）的风险降低。图 6.36 还表明，当边界摩擦系数低于 0.10 及转速大于 600r/min 时，所研究的水润滑轴承系统发生摩擦自激放大的概率为 0。

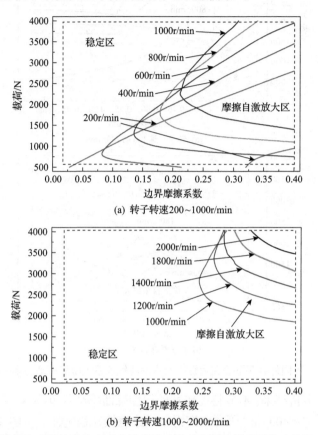

(a) 转子转速200~1000r/min

(b) 转子转速1000~2000r/min

图 6.36　不同外载荷及不同转子转速下边界摩擦系数对水润滑轴承系统摩擦振动稳定性的影响

2）表面粗糙度的影响

图 6.37 为不同外载荷及转子转速下，表面粗糙度对水润滑轴承系统摩擦振动稳定性的影响。由图可见，随着转速的增加，摩擦自激放大区逐渐向表面粗糙度增加的方向移动。此外，当外载荷大于 3000N 时，在所研究的工况范围内，水润滑轴承系统始终处于稳定的摩擦振动状态。此外，结合图 6.37（a）和（b）可知，提高转子转速可使水润滑轴承系统在某一表面粗糙度区间始终保持摩擦振动稳定。例如，当转子转速大于 1400r/min 时，摩擦副界面粗糙度处于 0.60~0.75，轴承系统始终处于稳定的摩擦振动状态。

3）粗糙峰曲率半径的影响

如 6.3.3 节所述，粗糙峰曲率半径会影响摩擦副接触刚度，从而影响水润滑轴

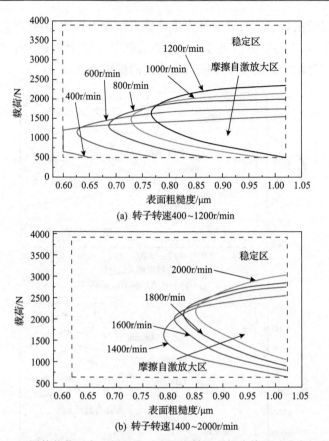

图 6.37　不同外载荷下表面粗糙度对水润滑轴承系统摩擦振动稳定性的影响

承系统复模态分析结果。本节将在较宽的粗糙峰曲率半径范围内（σ/β 在 0.01～0.1 范围波动，其中 σ=0.6μm）研究水润滑轴承摩擦振动稳定性。由图 6.38 可见，随着转子转速的增加，水润滑轴承系统的摩擦自激放大区朝着 σ/β 增大（即粗糙峰曲率半径 β 减小）的方向移动；在所研究的工况条件下，当载荷大于 1500N 时，水润滑轴承系统始终处于稳定的摩擦振动状态。由图 6.38 还可知，在外载荷较大（大于等于 3000N）时，表面粗糙度及粗糙峰接触曲率半径对水润滑轴承摩擦振动稳定性的影响较小。值得注意的是，根据模型计算结果，当转子转速大于或等于 800r/min 时，水润滑轴承系统始终处于稳定的摩擦振动状态。

4) 粗糙表面纹理方向的影响

粗糙表面取向通过影响水膜动压特性改变界面接触行为，以及水膜刚度、阻尼、接触刚度等性能，从而影响复模态分析结果。此外，由于粗糙表面取向对水润滑轴承瞬态热混合润滑性能影响有限，本节将在不同外载荷（转速为 1000r/min，粗糙度为 0.6μm）及不同边界摩擦系数条件下研究粗糙度取向参数（γ=1, 3, 6, 9,

1/3, 1/6, 1/9，其中 γ=3, 6, 9 代表纵向粗糙表面，γ=1/3, 1/6, 1/9 代表横向粗糙表面）对摩擦振动稳定性的影响。如图 6.39 所示，横向粗糙表面有利于缩小摩擦自激放大区，纵向粗糙表面则增大了摩擦自激放大区。

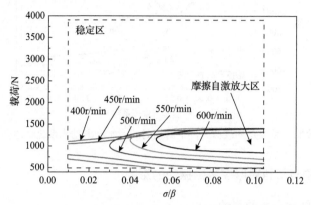

图 6.38 不同外载荷下表面粗糙峰曲率半径对水润滑轴承系统摩擦振动稳定性的影响
（转子转速 400～600r/min）

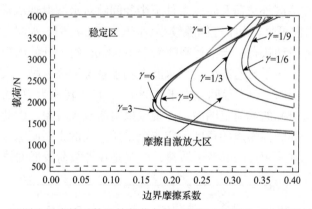

图 6.39 不同边界摩擦系数及外载荷条件下粗糙表面取向对水润滑轴承系统
摩擦振动稳定性的影响

2. 磨损形貌的影响

水润滑轴承在混合润滑状态下产生的磨损形貌将会通过改变润滑间隙影响摩擦副水膜及接触状态，从而影响水润滑轴承系统摩擦振动稳定性分析结果。如图 6.40 所示，当磨损时间在 0～4h 变化时，水润滑轴承系统的摩擦自激放大区逐渐向边界摩擦系数增大的方向移动；当磨损时间在 6～10h 变化时，水润滑轴承系统的摩擦自激放大区又逐渐向边界摩擦系数减小的方向移动。

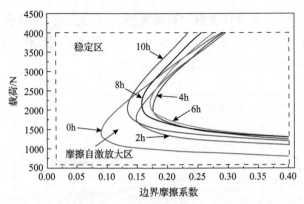

图 6.40　不同边界摩擦系数及外载荷条件下磨损时间对水润滑轴承系统摩擦振动稳定性的影响

6.5.3　轴承结构与材料对摩擦激励振动的影响

1. 水润滑结构参数的影响

1) 半径间隙的影响

图 6.41 为在不同外载荷及转速条件下半径间隙对水润滑轴承系统摩擦振动稳定性的影响。由图可见，当半径间隙较小 (小于 0.07mm) 时，水润滑轴承系统始终处于稳定的摩擦振动状态；当半径间隙大于 0.08mm 时，开始出现摩擦激励放大现象。此外，随着转子转速的增加，水润滑轴承系统摩擦激励放大区沿着载荷增大的方向移动。例如，当半径间隙大于 0.08mm，转子转速为 2000r/min 时，水润滑轴承系统在所研究的载荷范围内均出现摩擦自激放大现象。因此，从规避轴承的摩擦激励振动和摩擦噪声的角度，应避免采用过大的半径间隙。此外，在半径间隙较大时，不宜采用过高的转子转速，尤其是在外载荷较低的情况下。

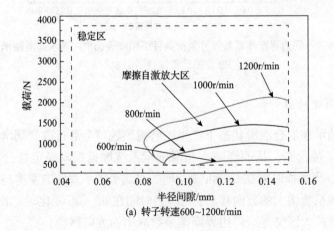

(a) 转子转速600~1200r/min

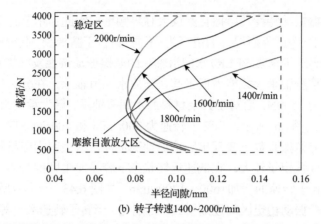

(b) 转子转速1400~2000r/min

图 6.41　不同外载荷及转速条件下半径间隙对水润滑轴承系统摩擦振动稳定性的影响

2) 变形层厚度的影响

水润滑轴承变形层厚度通过影响摩擦副界面的水膜刚度、阻尼及接触刚度影响摩擦振动稳定性结果。图 6.42 为不同边界摩擦系数及外载荷条件下变形层厚度对水润滑轴承系统摩擦振动稳定性的影响。由图可见，随着变形层厚度的增大，摩擦自激放大区沿着摩擦系数减小的方向移动。此外，当外载荷较高、边界摩擦系数较大及变形层厚度相对较大时，水润滑轴承系统容易发生摩擦自激放大振动。

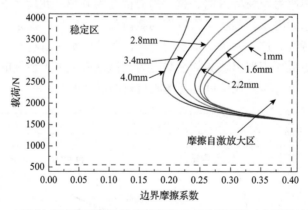

图 6.42　不同边界摩擦系数及外载荷条件下变形层厚度对水润滑轴承系统
摩擦振动稳定性的影响

2. 水润滑材料的影响

不同水润滑材料的性能参数(主要包括弹性模量、泊松比及硬度)存在差异，使得水润滑轴承在相同工况下表现出各自不同的动态摩擦学特性。此外，根据提出的摩擦激励振动模型可以预见，不同水润滑材料即使在相同外部工况下也会求解出不同的摩擦振动特性及摩擦自激放大临界频率。因此，本节将系统地对比研究多工况条件下(考虑界面混合润滑行为)不同材料(丁腈橡胶、高分子、赛龙 XL、氮化硅陶瓷及碳纤维增强 PEEK)水润滑轴承的摩擦振动特性及摩擦自激放大区。同时，考虑到橡胶轴承承载能力低于其余硬质水润滑轴承，在分析橡胶轴承时，最大承载力取为 1500N，而对于其余材料的水润滑轴承，最大承载力取为 4000N。

如图 6.43(a)和(b)所示，当转子转速为 200r/min 和 400r/min 时，陶瓷水润滑材料仅在低边界摩擦系数下表现出摩擦振动稳定性。这表明陶瓷材料的水润滑轴承由于硬度和弹性模量较大，在低速运转状态下容易发生摩擦自激放大振动。正如预期，随着转子转速的增加(600~1200r/min，如图 6.43(c)~(f)所示)，陶瓷水润滑轴承的摩擦振动稳定区间逐渐增大。特别地，当转子转速大于等于 1000r/min 及边界摩擦系数小于 0.05 时，水润滑陶瓷轴承在所研究的较为宽泛的载荷范围内(200~4000N)均保持摩擦振动稳定状态。因此，从降低陶瓷水润滑轴承摩擦噪声风险的角度来看，应尽量减小陶瓷水润滑轴承摩擦副粗糙度，以及提高转子转速。

由图 6.43 还可以发现，相比于其他材料的水润滑轴承，水润滑橡胶轴承表现出优越的摩擦振动稳定性能。例如，当转子转速为 200r/min(低速)时，水润滑橡胶轴承仅在边界摩擦系数大于 0.15 时才出现摩擦自激放大振动及产生摩擦噪声的风险；当转子转速为 400r/min 时，这一边界值变为 0.33。此后，随着转子转速的进一步增加，水润滑橡胶轴承在所研究的载荷范围及边界摩擦系数内均呈现出稳定的摩擦振动特性。这一分析结果表明，相比于其他水润滑材料，橡胶轴承由于自身弹性模量更低而表现出较弱的承载能力，但是表现出了最优的摩擦振动稳定性。根据前文分析，这一现象可能与橡胶材料的低硬度及低接触刚度有关。

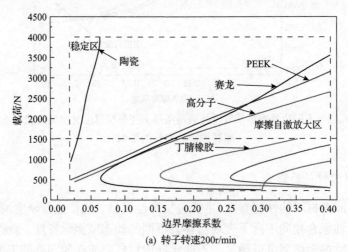

(a) 转子转速200r/min

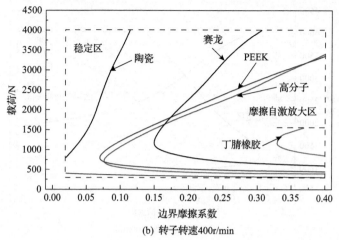

(b) 转子转速400r/min

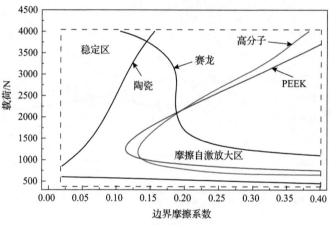

(c) 转子转速600r/min

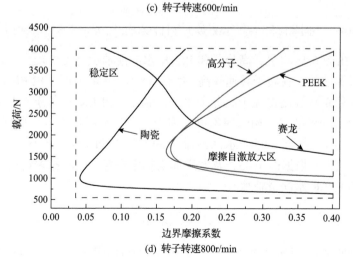

(d) 转子转速800r/min

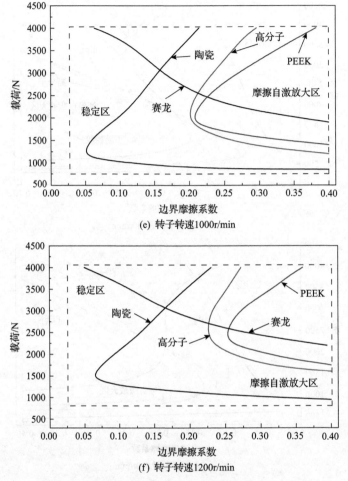

(e) 转子转速1000r/min

(f) 转子转速1200r/min

图 6.43   不同载荷和边界摩擦系数下各材料水润滑轴承的摩擦振动稳定区间

此外，由图 6.43 可见，高分子和 PEEK 水润滑轴承呈现出较为一致的摩擦振动稳定性工况区间，在转子转速较高（大于等于 800r/min）时，PEEK 水润滑轴承的摩擦振动稳定特性略微优于高分子水润滑轴承。PEEK 和高分子水润滑轴承在摩擦振动稳定分析结果的相似现象可归因于二者的材料特性较为接近（主要指弹性模量和硬度）。然而，赛龙水润滑轴承的摩擦振动稳定工况区间与高分子和 PEEK 差异较大。根据图 6.43，赛龙水润滑轴承在轻载时摩擦振动稳定性似乎优于高分子和 PEEK 水润滑轴承。

参 考 文 献

[1] Li S, Kahraman A. A tribo-dynamic model of a spur gear pair[J]. Journal of Sound and Vibration, 2013, 332(20): 4963-4978.

[2] Sharma S C, Phalle V M, Jain S C. Influence of wear on the performance of a multirecess conical hybrid journal bearing compensated with orifice restrictor[J]. Tribology International, 2011, 44(12): 1754-1764.

[3] Kushare P B, Sharma S C. Nonlinear transient stability study of two lobe symmetric hole entry worn hybrid journal bearing operating with non-Newtonian lubricant[J]. Tribology International, 2014, 69: 84-101.

[4] Cha M, Kuznetsov E, Glavatskih S. A comparative linear and nonlinear dynamic analysis of compliant cylindrical journal bearings[J]. Mechanism and Machine Theory, 2013, 64: 80-92.

[5] Merelli C E, Barilá D O, Vignolo G G, et al. Dynamic coefficients of finite length journal bearing. Evaluation using a regular perturbation method[J]. International Journal of Mechanical Sciences, 2019, 151: 251-262.

[6] Lund J W. Review of the concept of dynamic coefficients for fluid film journal bearings[J]. Journal of Tribology, 1987, 109(1): 37-41.

[7] Hamrock B J. Fundamentals of Fluid Film Lubrication[M]. New York: McGraw-Hill, 1994.

[8] Yan S, Dowell E H, Lin B. Effects of nonlinear damping suspension on nonperiodic motions of a flexible rotor in journal bearings[J]. Nonlinear Dynamics, 2014, 78(2): 1435-1450.

[9] 李功勋. 水润滑橡胶轴承系统摩擦噪声分析[D]. 重庆: 重庆大学, 2011.

[10] 刘静. 水润滑橡胶合金轴承动态特性分析[D]. 重庆: 重庆大学, 2011.

[11] 向果. 水润滑轴承系统动态摩擦学与摩擦激励振动机理研究[D]. 重庆: 重庆大学, 2020.

[12] 魏冲锋. 轨道不平顺功率谱时域转换及其应用研究[D]. 成都: 西南交通大学, 2011.

[13] Xiao H F, Sun Y Y, Xu J W. Investigation into the normal contact stiffness of rough surface in line contact mixed elastohydrodynamic lubrication[J]. Tribology Transactions, 2018, 61(4): 742-753.

[14] 邹明松. 船舶三维声弹性理论[D]. 北京: 中国舰船研究院, 2014.

[15] 林长刚. 尾轴承非线性接触下船舶振动及声辐射研究[D]. 北京: 中国舰船研究院, 2022.

[16] Xiang G, Wang J X, Han Y F, et al. Investigation on the nonlinear dynamic behaviors of water-lubricated bearings considering mixed thermoelastohydrodynamic performances[J]. Mechanical Systems and Signal Processing, 2022, 169: 108627.

[17] Lu X, Khonsari M M. On the lift-off speed in journal bearings[J]. Tribology Letters, 2005, 20(3): 299-305.

第7章 推力滑动轴承数值计算方法

7.1 推力滑动轴承润滑模型

7.1.1 无限宽推力滑动轴承润滑模型

Rayleigh[1]提出了无限宽推力滑动轴承的简化理论。实际上，这种类型的轴承在工程中几乎不存在，所有推力滑动轴承的宽度都是有限的，求解大多依赖数值离散方法。然而，基于无限宽假设的解析解有助于加深对推力滑动轴承流体动力润滑机制的基本理解，还可以为设计实践中适当的轴承参数选择提供一些指导。

一个无限宽的倾斜滑动轴承如图 7.1 所示，其上表面静止，下表面以速度 U 运动，假设进口处的最大间隙为 h_1，出口处的最小间隙为 h_0，则润滑膜的厚度可表示为关于 x 的线性函数：

$$h(x) = h_1 - \frac{h_1 - h_0}{B} x \tag{7.1}$$

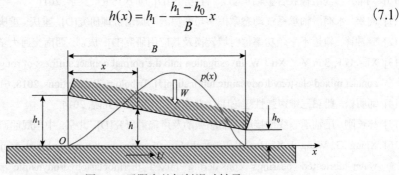

图 7.1 无限宽的倾斜滑动轴承

定义无量纲参数：

$$k = \frac{h_1}{h_0}, \quad \overline{x} = \frac{x}{B}, \quad \overline{h} = \frac{h}{h_0} \tag{7.2}$$

式中，B 为轴承宽度。则式(7.1)可以写为

$$\overline{h}(\overline{x}) = k - \overline{x}(k-1) \tag{7.3}$$

式中，k 为两个表面间隙总收缩量的参数；$\overline{h}(\overline{x})$ 为 $h(x)$ 的无量纲形式。

假设轴承在 z 方向上无限宽(垂直于运动方向)，在这种情况下，雷诺方程简化为

$$\frac{\partial}{\partial x}\left(h^3 \frac{\partial p}{\partial x}\right) = 6\eta U \frac{\partial h}{\partial x} \tag{7.4}$$

式中，h 为膜厚；p 为流体压力；η 为黏度。沿 x 方向积分得

$$\frac{\partial p}{\partial x} = 6\eta U\left(\frac{1}{h^2} + \frac{C_1}{h^3}\right)$$

式中，C_1 为积分常数。假设膜厚在 $\partial p / \partial x = 0$ 处为 h_{n}，则 $C_1 = -h_{\mathrm{n}}$，因此式(7.4)变为

$$\frac{\mathrm{d}p}{\mathrm{d}x} = 6\eta U \frac{h - h_{\mathrm{n}}}{h^3} \tag{7.5}$$

再次对式(7.5)积分得

$$p = 6\eta U \int_{h_1}^{h}\left(\frac{1}{h^2} - \frac{h_{\mathrm{n}}}{h^3}\right)\mathrm{d}x + C_2$$

常数 h_{n} 和 C_2 通过使用边界条件(在 $h = h_1$ 或者 $h = h_0$ 处，$p = 0$)可以很容易地确定为

$$h_{\mathrm{n}} = \left(\int_{h_1}^{h_0} \frac{\mathrm{d}x}{h^2}\right)\bigg/\left(\int_{h_1}^{h_0} \frac{\mathrm{d}x}{h^3}\right), \quad C_2 = 0$$

利用式(7.1)~式(7.3)，可以得到压力 p 和 h_{n} 的表达式为

$$p(x) = \frac{6\eta UB}{h_0^2} \frac{(k-1)(1-\bar{x})\bar{x}}{(k+1)(k-k\bar{x}+\bar{x}^2)} = \frac{6\eta UB}{h_0^2}\bar{p}(\bar{x}) \tag{7.6}$$

$$h_{\mathrm{n}} = \frac{2k}{k+1} \tag{7.7}$$

值得注意的是，无量纲压力分布 $\bar{p}(\bar{x})$ 只依赖于参数 k，k 是进口薄膜厚度与出口薄膜厚度的比值，表示间隙的收敛比。图 7.2 给出了不同 k 值下的一组解。一般 k 值越大，压力越高。出口压力分布不服从雷诺边界条件。

对整个轴承宽度上的压力进行积分，得到每单位轴承宽度下的承载力为

$$W = \frac{6\eta UB^2}{h_0^2} \frac{1}{(k-1)^2}\left[\ln k - \frac{2(k-1)}{k+1}\right] = \frac{6\eta UB^2}{h_0^2}\bar{W}(k) \tag{7.8}$$

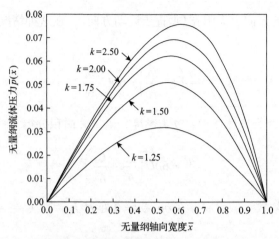

图 7.2　无限宽倾斜滑动轴承的解析法

同样，无量纲承载力 $\overline{W}$ 也仅是参数 k 的函数。表面剪切应力计算公式为

$$\tau = \eta \frac{\partial U}{\partial z} = \frac{\eta U}{h} \pm \frac{h}{2} \frac{\partial p}{\partial x} \tag{7.9}$$

式中，"+"表示下面的运动表面；"−"表示上面的固定表面。将式(7.5)代入式(7.9)，并在整个轴承宽度上进行积分得

$$F_1 = \frac{\eta UB}{h_0} \frac{1}{k-1} \left[4\ln k - \frac{6(k-1)}{k+1} \right] = \frac{\eta UB}{h_0} \overline{F}_1(k) \tag{7.10}$$

$$F_2 = \frac{\eta UB}{h_0} \frac{1}{k-1} \left[-2\ln k + \frac{6(k-1)}{k+1} \right] = \frac{\eta UB}{h_0} \overline{F}_2(k) \tag{7.11}$$

式中，F_1 和 F_2 分别为运动表面和静止表面上的摩擦力；$\overline{F}_1$ 和 $\overline{F}_2$ 为无量纲摩擦力。

　　现在讨论另一种常见类型的推力滑动轴承，即阶梯轴承(或瑞利轴承)。假设轴承在垂直于运动方向的 z 方向上无限宽，可以得到流体压力和承载力的解析解。如图 7.3 所示，若上表面在 x 方向上以速度 U 运动，拥有两个平坦阶梯的下表面静止，分别在 B_1 和 B_2 宽度内形成恒定间隙 h_1 和 h_2，则雷诺方程可以简化为

$$\frac{\mathrm{d}^2 p}{\mathrm{d}x^2} = 0, \quad x \in [B_1] \text{或} x \in [B_2] \tag{7.12}$$

因此可得

$$\frac{\mathrm{d}p}{\mathrm{d}x} = C_1, \quad p = C_1 x + C_2, \quad x \in [B_1] \text{或} x \in [B_2]$$

这意味着压力梯度总是一个常数，因此压力分布在宽 B_1 或 B_2 内是一条直线。

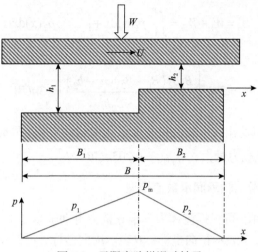

图 7.3　无限宽阶梯滑动轴承

　　首先关注 B_1 侧的入口。假定在 $x=B_1$ 处压力为 p_m，并采用以下边界条件：$x=0$ 时 $p=0$，$x=B_1$ 时 $p=p_\mathrm{m}$，可以确定积分常数 C_1 和 C_2，并得到压力分布公式为

$$p_1(x) = \frac{p_\mathrm{m}}{B_1}x, \quad x \in \left[B_1\right] \tag{7.13}$$

出口端的边界条件为：$x=B_1$ 时 $p=p_\mathrm{m}$，$x=B_1+B_2$ 时 $p=0$。基于此，压力分布求解为

$$p_2(x) = -\frac{p_\mathrm{m}}{B_2}x + \frac{p_\mathrm{m}\left(B_1+B_2\right)}{B_2}, \quad x \in \left[B_2\right] \tag{7.14}$$

现在需要确定 p_m。由于 x 方向的流量可以写为

$$q_x = -\frac{h^3}{12\eta}\frac{\mathrm{d}p}{\mathrm{d}x} + \frac{U}{2}h$$

通过在 $x=B_1$ 处两个阶梯需满足流量连续条件得

$$-\frac{h_1^3}{12\eta}\frac{p_\mathrm{m}}{B_1} + \frac{U}{2}h_1 = \frac{h_2^3}{12\eta}\frac{p_\mathrm{m}}{B_2} + \frac{U}{2}h_2$$

即

$$p_\mathrm{m} = 6\eta U \frac{\left(h_1-h_2\right)B_1 B_2}{B_1 h_2^3 + B_2 h_1^3} \tag{7.15}$$

　　式 (7.13)～式 (7.15) 定义了整个轴承宽度 $B = B_1+B_2$ 上的压力分布，如图 7.3 所示。对轴承宽度 B 内的压力进行积分，可计算出单位轴承宽度的承载力为

$$W = W_1 + W_2 = \int_0^{B_1} p_1(x)\mathrm{d}x + \int_{B_1}^{B_1+B_2} p_2(x)\mathrm{d}x$$

即

$$W = 3\eta U\left[\frac{B_1 B_2 (B_1 + B_2)(h_1 - h_2)}{B_1 h_2^3 + B_2 h_1^3}\right] = 3\eta U\overline{W} \tag{7.16}$$

由式(7.16)可以看出，承载力只与轴承几何结构有关。同时，当 B_1/B_2=2.549，H_1/H_2=1.866 时，承载力最大，$W_{\mathrm{max}} = 0.205\eta U B^2 / h_2^2$。

7.1.2　有限宽推力滑动轴承润滑数值模型

类似于滑动轴承，可根据流体力学推导推力滑动轴承二维雷诺方程。如图 7.4 所示推力滑动轴承，r 表示径向坐标，θ 表示周向坐标，y 表示轴向(膜厚方向)坐标，取柱状控制空间，在时间 $\mathrm{d}t$ 内，净流出量为

$$q_{\mathrm{s}} = \left[\frac{\partial(\rho q_r r)}{\partial r} + \frac{\partial(\rho q_\theta)}{\partial \theta}\right]\mathrm{d}r\mathrm{d}\theta\mathrm{d}t$$

式中，ρ 为密度；q_r 为 r 方向的流量；q_θ 为 θ 方向的流量；t 为时间。推力盘轴向瞬时速度 V 引起控制空间膨胀，由此空间内增多的质量为 $\rho V \mathrm{d}r \cdot r\mathrm{d}\theta\mathrm{d}t$，若不计 ρ 随 t 的变化，则上述二者应达到平衡：

$$\frac{\partial(\rho r q_r)}{\partial r} + \frac{\partial(\rho q_\theta)}{\partial \theta} + \rho V r = 0$$

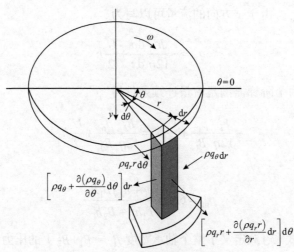

图 7.4　推力滑动轴承单位体积流量

而 $q_r = -\dfrac{h^3}{12\eta}\dfrac{\partial p}{\partial r}$ ，　$q_\theta = \dfrac{h\omega r}{2} - \dfrac{h^3}{12\eta}\dfrac{\partial p}{r\partial \theta}$ ，　故

$$\frac{\partial}{\partial r}\left(\frac{\rho r h^3}{12\eta}\frac{\partial p}{\partial r}\right) + \frac{1}{r}\frac{\partial}{\partial \theta}\left(\frac{\rho h^3}{12\eta}\frac{\partial p}{\partial \theta}\right) = \frac{\omega r}{2}\frac{\partial(\rho h)}{\partial \theta} + \rho r V \tag{7.17}$$

式中，η 为黏度；ω 为角速度；h 为膜厚。

7.2　径向推力一体式轴承数值模型

通过有限差分法、有限体积法或者有限元法对推力滑动轴承进行解析或数值分析的发展已经十分成熟，国内外学者已经取得了丰富的研究成果。因此，本书不再对推力滑动轴承的数值分析及相应成果进行赘述，而将径向滑动轴承在混合润滑-磨损耦合分析、摩擦动力学分析等方面的理论方法推广应用于推力滑动轴承。本节主要介绍无轴轮缘推进器的核心基础部件径向推力一体式轴承的数值建模技术。

7.2.1　径向推力一体式轴承研究背景

在机械与运载工程领域颠覆性技术战略研究中[2]，采用颠覆现有电力推进系统的结构设计无轴推进系统，并结合轮缘驱动技术，可设计出无轴轮缘推进器，成为了新一代舰船动力成现代船舶推进技术的一次重大变革。无轴推进系统以模块化、集成化设计为技术思想，将动力系统和电力系统高度集成，大大提高了舰船空间利用率，提升了推进效率，减小了传统推进系统机械结构噪声，增强了舰船的隐蔽性。新一代舰船动力技术进一步促进了机械工程、材料科学与工程、船舶与海洋工程、电气工程、控制工程、人工智能等多个学科深度交叉融合，是实现具有高功率密度、高效率、低噪声和高机动性能的未来舰船动力的重要学科发展方向。本节主要介绍无轴轮缘推进器技术的优势、瓶颈、科学难题，以及传动摩擦学理论在这一技术中的研究应用。

1. 无轴轮缘推进器技术优势及应用

近年来，随着世界各国之间贸易的加强，海上货运量、船舶数量和吨位也在增大，而且随着船舶向着集成化、大功率、深远海、智能化等方向发展，传统船舶推进系统已经逐渐显现出它的劣势，无法更好地满足工作要求。在传统推进系统中，主机、推进轴系、螺旋桨等是不可或缺的装置。随着主机单机功率的增大，其体积也增大，推进轴系长度更是增至几十米甚至百米，部分船舱被占用，导致

空间利用率低下。同时，由于推进轴系长度的增加，结构日趋复杂，在能量传递过程中损耗增大，传递效率降低，增加了船舶的设计难度和建造成本。这些缺陷导致人们逐渐将目光转向更加先进的无轴推进系统。无轴推进器将电机和推进器进行集成，其一体化设计制造思路是一种革命性的创新。它从电机和材料的选择到制造工艺均经过精心设计，其优异的推进效率、创新性的设计理念将成为新一代船舶推进系统的典范[3]。

以无轴轮缘推进器为代表的新一代船舶动力推进系统是近年来提出并发展的一种全新的船舶推进方式，它打破了常规的思维方式和推进模式，将电机转子与推进器桨叶集成为一体，取消了传统船舶推进系统中冗长的推进轴系，有效地减小了推进系统占用的船舱体积，提高了空间利用率和船舶的推进效率，从根本上消除了驱动轴运转带来的各种噪声。在军事领域，潜艇等水中航行器的辐射噪声降低 6dB 时，敌方被动声呐的作用距离将降低 50%。相比于传统船舶推进系统，无轴推进系统取消了长达数十米的推进轴系和机械传动装置，大大降低了螺旋桨非定常力通过轴系激励艇体引起的低频（≤80Hz）辐射噪声，提升了水中航行器水下服役的隐蔽性和生存能力，在军事和民用领域都具有极高的应用价值和广阔的市场前景。图 7.5 为无轴轮缘推进系统与传统推进系统的对比图[4]。与传统推进系统相比，无轴轮缘推进系统具有以下优点[5]。

（1）控制灵活：无轴推进装置采用全回转方式代替传统的舵，减小了舰船转弯半径，大幅提高了舰船的操作性和机动性。

（2）功率密度高：无轴推进装置浸泡在海水中，通过海水直接冷却电机，电机散热效果好，因此其电机功率密度高。

（3）船舶空间利用率与推进效率高：无轴推进系统取消了传统轴系，节省了舱

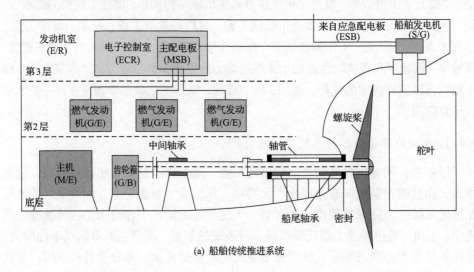

(a) 船舶传统推进系统

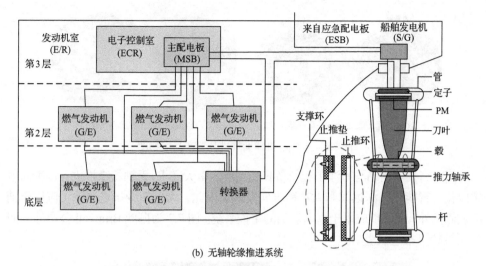

(b) 无轴轮缘推进系统

图 7.5　无轴轮缘推进系统与传统推进系统的对比

内大量空间，有利于船体总体结构优化设计。无轴推进系统的应用可使船尾线型得以改善，提高船尾流场性能，给船型优化提供更大的空间，并借此改进船舶流体性能，提高船舶水动力特性，降低船舶运行阻力。同时，无轴推进系统组成结构简单，减少了轴系等传动部件，提高了传递效率，降低了能量传递损失和密封环所导致的效率损失。

（4）振动噪声低、舰船隐蔽性高：在舰船运行过程中，由于传统轴系、齿轮箱等传动机构运动所产生的振动占其总量的 60%～70%，这对军用舰船，尤其是潜艇等水下航行器的隐蔽性和生存能力造成严重影响。相比于传统推进系统，无轴轮缘推进系统不需要轴和变速箱，噪声来源减少，提高了舰船隐蔽性。

无轴轮缘推进系统技术作为一项颠覆性创新技术正逐渐应用于船舶、舰艇及水下航行器中。目前而言，无轴轮缘推进器与舰船辅推或侧推相结合是无轴推进系统技术应用的主导形式。现阶段，中小功率等级的无轴轮缘辅助推进装备已较为成熟，主要产品来自挪威 Brunvoll、英国 Rolls-Royce 及德国 Schottel 等公司，如图 7.6 所示[6]。

RDT 800　　RDT 1000　　RDT 1250　　RDT 1500　　RDT 1750 (桨叶外径)

(a) 挪威 Brunvoll 公司产品

(b) 英国Rolls-Royce公司产品　　　　(c) 德国Schottel公司产品

图 7.6　集成电机辅助推进装置产品实物图

面向高技术船舶与海洋工程装备日趋发展的重大需求,无轴轮缘推进器逐渐向着集成化、智能化、深远海和大功率方向发展。因此,无轴轮缘推进器除了应用于辅推或侧推外,也逐步应用于水面船舶的主推系统。图 7.7 为挪威 Brunvoll 公司的全回转无轴轮缘推进装置[6]。

图 7.7　挪威 Brunvoll 公司的全回转无轴轮缘推进装置

无轴轮缘推进器的低噪声特性使它在包括深海探测器、深海机器人、潜艇等需要的水中静音型推进器中优势明显。无轴轮缘推进器的一体集成化紧凑设计可为水下航行器节省大量空间,有利于其总体优化设计。目前,集成电机推进在潜艇、鱼雷、自治式潜水器(autonomous underwater vehicle, AUV)、无人水下航行器(unmanned underwater vehicle, UUV)等领域均有初步探索尝试,如图 7.8 和图 7.9所示[5],并取得了良好效果。

图 7.8　美国"Tango Brabo"中的无轴轮缘推进器

(a) 鱼雷推进用110kW无轴轮缘推进器

(b) AUV推进用7.5kW无轴轮缘推进器

图 7.9　美国海军无轴轮缘推进器样机

2. 无轴轮缘推进器研发关键技术瓶颈

图 7.10 为无轴轮缘推进器的结构示意图[6]。由图可见，无轴轮缘推进器集成了电机转子与推进器桨叶，利用电机转子的旋转直接带动桨叶做功。无轴轮缘推进器中电机定子融合于导管内部，取消了传统的机壳和基座结构，转子与桨叶集成为一体，并借助桨叶做功产生压力，为电机冷却气隙内水循环流动提供动力，导管内主流方向与电机冷却气隙内流动方向相反。集成化电机的特殊安装结构，要求其在径向尽可能薄和在轴向尽可能短，以减小导管阻力，且电磁气隙要大，用于容纳气隙内定/转子防腐蚀护套。由于无轴轮缘推进器研发技术难点高，国内在大功率集成电机、新材料、核心基础部件、基础理论体系等方面并未完全掌握相关技术。因此，总结国内研究现状，为实现无轴轮缘推进器在军民融合领域的重大应用推广，急需攻克以下关键技术：

(1)高功率密度和低振动集成化推进电机技术。

(2)高可靠性和低振动水润滑轴承技术。

(3)水动力-电磁-轴承的耦合设计技术。

(4)环形永磁电机设计技术。

(5)径向推力一体式轴承支撑与动力传递技术。

其中，高可靠性和低振动水润滑轴承技术是研发无轴轮缘推进器需要解决的"卡

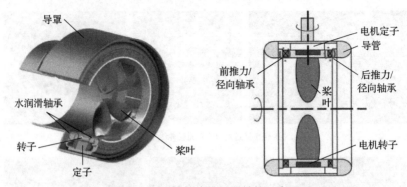

图 7.10　无轴轮缘推进器结构示意图

脖子"重大关键科技难题。在新一代船舶动力推进系统中，核心基础部件径向推力一体式水润滑轴承与轮缘驱动电机高度集成，因此径向推力一体式水润滑轴承的动态服役性能深刻影响无轴轮缘推进器推进性能、效率、寿命等关键技术指标。在军事领域，径向推力一体式水润滑轴承的静音性能直接决定了水中航行器的隐蔽性和作战能力。针对无轴轮缘推进器中水润滑轴承在静音化、高承载、低跳动、长寿命及抗深海压缩变形等方面提出的更为苛刻的技术要求，作者及所在团队发明并研制了具有轴向/径向多重承载、自适应智能变形协调、载荷均布等功能的径向推力一体式水润滑橡胶合金轴承[7,8]（后简称径向推力一体式轴承），提出了无轴轮缘推进器特殊环境与极端工况条件下径向推力一体式轴承传动摩擦学理论研究体系和多学科协同创新设计方法，为新一代船舶动力推进系统径向推力一体式轴承跨尺度、跨结构创新设计奠定了关键理论根基。图 7.11 为无轴轮缘推进器径向推力一体式水润滑橡胶合金轴承。

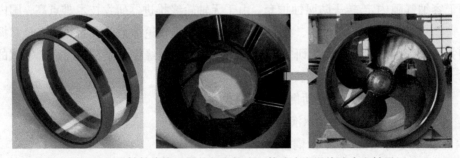

图 7.11　无轴轮缘推进器的径向推力一体式水润滑橡胶合金轴承

7.2.2　径向推力一体式轴承稳态润滑模型

径向推力一体式轴承整体结构由多沟槽水润滑径向滑动轴承与水润滑推力滑动

轴承组成，推力滑动轴承内圈与径向轴承内圈保持连续，并且径向滑动轴承与推力滑动轴承内圈沟槽宽度及沟槽位置均保持一致，从而保证水流的流通性，便于排沙和对推力滑动轴承润滑介质的供给。径向推力一体式轴承整体结构如图 7.12 所示。

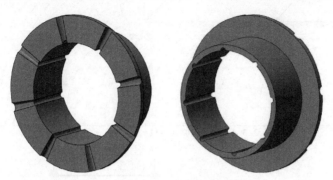

图 7.12　径向推力一体式轴承整体结构

流体润滑中常见的空穴形式是润滑剂中溶解的气体逸出。常压下水中溶解有大量空气，当水膜压力下降到低于环境压力时，溶解在水中的一部分空气会以气泡的形式逸出，造成水膜破裂。本节讨论最常用的收敛-发散间隙的雷诺边界条件。工作状态下整个轴瓦的间隙都是收敛形的(沿转动方向，膜厚一直减小)，因此可认为全部瓦面上都有完整油膜。瓦周边边界上的水膜压力等于环境压力。同时，考虑到水润滑轴承的多沟槽润滑结构，其边界条件如式(7.18)所示：

$$\begin{cases} p_{\mathrm{J}}(\theta,0) = 0 \\ p_{\mathrm{J}}(\theta_{\mathrm{J0}},y) = 0, \quad \partial p_{\mathrm{J}}(\theta_{\mathrm{J0}},y)/\partial\theta = 0 \\ p_{\mathrm{T}}(\theta,R_{\mathrm{T2}}) = 0 \\ p_{\mathrm{T}}(\theta_{\mathrm{T0}},r) = 0, \quad \partial p_{\mathrm{T}}(\theta_{\mathrm{T0}},r)/\partial\theta = 0 \end{cases} \tag{7.18}$$

式中，θ_{J0} 和 θ_{T0} 分别为径向轴承和推力滑动轴承的压力区和空化区之间的边界，下标 J 和 T 分别表示径向轴承和推力滑动轴承；p 表示流体压力；θ 表示周向角度(0°～360°)；y 表示轴承宽度方向坐标；r 表示径向坐标。

径向轴承中的轴向流与推力滑动轴承中的径向流相连，在公共界面上可以用平均流量表示。

流速在周向上的连续性是自动满足的，因此只需要保证径向轴承的轴向流量与推力滑动轴承的径向流量保持连续性。径向推力一体式轴承求解域如图 7.13 所示。

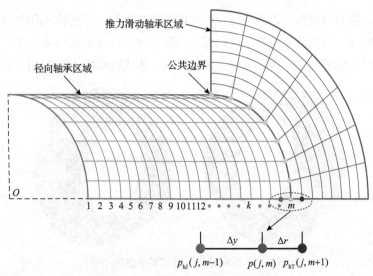

图 7.13　径向推力一体式轴承求解域

径向轴承轴向及推力滑动轴承径向流量连续性方程如下：

$$q_y = q_r$$
$$\frac{h_J^3}{12\mu}\frac{\partial p_{hJ}}{\partial y} = \frac{h_T^3}{12\mu}\frac{\partial p_{hT}}{\partial r} \tag{7.19}$$

式中，q_y 为径向轴承 y 方向流量；q_r 为推力滑动轴承 r 方向流量；μ 为黏度。采用一阶向后差分法和一阶向前差分法分别离散式(7.19)，可得

$$\left(h_J\right)_{(j,k)}^3 \frac{\partial p_{(j,k)}}{\partial y} = \frac{h_J^3\left(p_{hJ(j,k)} - p_{hJ(j,k-1)}\right)}{\Delta y}$$
$$\left(h_T\right)_{(j,k)}^3 \frac{\partial p_{(j,k)}}{\partial r} = \frac{h_T^3\left(p_{hT(j,k+1)} - p_{hT(j,k)}\right)}{\Delta r}$$
$$\frac{h_T^3\left(p_{hT(j,k+1)} - p_{hT(j,k)}\right)}{\Delta r} = \frac{h_J^3\left(p_{hJ(j,k)} - p_{hJ(j,k-1)}\right)}{\Delta y} \tag{7.20}$$
$$p_{hT(j,k)} = p_{hJ(j,k)} = p_{(j,k)}$$
$$p_{(j,k)} = \frac{\Delta y h_J^3 p_{hT(j,k+1)} + \Delta r h_T^3 p_{hJ(j,k-1)}}{\Delta y h_T^3 + \Delta r h_J^3}$$

式中，$p_{(j,k)}$ 为公共边界处的流体压力。径向推力一体式轴承混合润滑数值计算是一个涉及多重判定的循环迭代过程，而接触界面水膜压力、接触压力、弹性变形及膜厚方程之间的相互耦合使得模型求解更加困难。数值模拟中，首先输入初始参数，包括偏心率、偏位角等，然后通过超松弛迭代法进行迭代求解得到节点水膜压力，同时采用 Ren-Lee 粗糙峰接触模型求解接触压力(参见 3.1.2 节)，判断流体压力和接

触压力是否达到收敛条件，应用影响系数法计算水润滑轴承轴瓦表面的弹性变形，并对每一次迭代的弹性变形量进行低松弛迭代修正。接下来，计算偏位角并对偏位角进行修正，直到满足角度收敛精度，数值计算流程如图 7.14 所示。计算涉及三次收敛性的判定，分别是压力收敛精度判定(包括流体压力和接触压力)和偏位角收敛精度判定。其中，压力收敛精度判定公式为

$$\frac{\sum\limits_{j=2}^{m}\sum\limits_{k=2}^{n}\left|p_{(j,k)}^{(\mathrm{old})}-p_{(j,k)}^{(\mathrm{new})}\right|}{\sum\limits_{j=2}^{m}\sum\limits_{k=2}^{n}\left|p_{(j,k)}^{(\mathrm{new})}\right|}\leqslant 1.0\times 10^{-5}$$

式中，$p_{(j,k)}^{(\mathrm{old})}$、$p_{(j,k)}^{(\mathrm{new})}$ 分别为上一轮迭代与本轮迭代的压力。偏位角收敛精度判定公式为

$$\arctan\left(\frac{F_{\mathrm{h}\zeta}+F_{\mathrm{c}\zeta}}{F_{\mathrm{h}\kappa}+F_{\mathrm{c}\kappa}}\right)\leqslant 1.0\times 10^{-4}$$

式中，$F_{\mathrm{h}\zeta}$ 和 $F_{\mathrm{h}\kappa}$ 分别为滑动轴承横向和纵向的流体动压载荷；$F_{\mathrm{c}\zeta}$ 和 $F_{\mathrm{c}\kappa}$ 分别为滑动轴承横向和纵向的接触载荷。

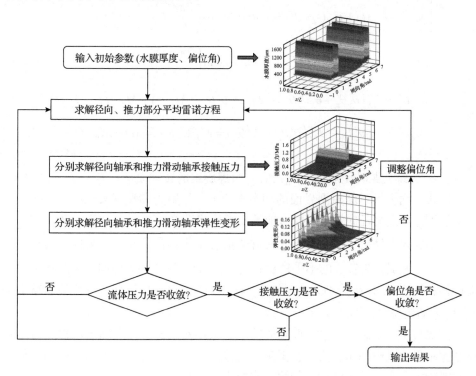

图 7.14 数值仿真流程

　　值得注意的是，在一体式轴承混合润滑仿真分析中，流体压力与接触压力都涉及两次判断收敛的过程，分别对应径向轴承与推力轴承的压力判断。此外，求解径向轴承与推力滑动轴承流体压力分布时还需要保证边界压力的连续性。因此，与单一轴承的混合润滑数值仿真相比，一体式轴承混合润滑数值仿真的收敛性往往更差。

7.2.3　径向推力一体式轴承瞬态摩擦动力学模型

　　如图 7.15 所示，在无轴推进系统应用工况中，一体式水润滑轴承与电机集成并形成同步旋转。为了更方便地对一体式轴承进行动态摩擦学建模，将一体式水润滑轴承固定，并将旋转轴等效为螺旋桨(转子)。图 7.15 为动力学建模的空间坐标系。由图可见，一体式水润滑轴承具有 x、y、z 方向微移动及绕 x、y 轴微转动 5 个自由度。图中，θ_x 和 θ_y 为一体式水润滑轴承绕 x 与 y 轴的旋转角度。根据动量矩定理及牛顿第二定律可推导出一体式水润滑轴承在螺旋桨与不平衡动载激励作用下的五自由度动力学方程：

$$\begin{cases} m_r z'' = F_{hz}(t) + F_{cz}(t) - F_{dz}(t) \\ m_r x'' = F_{hx}(t) + F_{cx}(t) - F_{dx}(t) + m_r \omega^2 r_0 \cos\left(\dfrac{2\pi\omega}{60}t\right) \\ m_r y'' = F_{hy}(t) + F_{cy}(t) - F_{dy}(t) + m_r \omega^2 r_0 \sin\left(\dfrac{2\pi\omega}{60}t\right) \\ J_{dd}\theta_x'' + J_{zz}\left(\theta_y'\theta_z' + \theta_x'\theta_y'\theta_y\right) - 2J_{dd}\theta_x'\theta_y'\theta_y = M_{Jx}(t) + M_{Tx}(t) - M_{dx}(t) \\ J_{dd}\theta_y'' + J_{dd}\theta_x'^2\theta_y - J_{zz}\left(\theta_x'\theta_z' + \theta_x'^2\theta_y\right) = M_{Jy}(t) + M_{Ty}(t) - M_{dy}(t) \end{cases} \tag{7.21}$$

式中，m_r 为螺旋桨转子质量；J_{dd} 和 J_{zz} 为螺旋桨的转动惯量；F_h、F_c 和 F_d 分别为一体式水润滑轴承摩擦副界面的动态水膜力、接触力和螺旋桨扰动力；M_{Jx}、M_{Tx}、M_{dx} 分别为径向轴承、推力轴承及螺旋桨沿着 x 方向的力矩；M_{Jy}、M_{Ty}、M_{dy} 分别为径向轴承、推力轴承及螺旋桨沿着 y 方向的力矩；ω 为螺旋桨转子的角速度；r_0 为螺旋桨转子的不平衡比；x、y、z 为一体式轴承横向、纵向和轴向振动位移；θ_x、θ_y 和 θ_z 分别为绕 x 轴、y 轴和 z 轴的振动角位移。本模型忽略了绕 z 轴的振动角位移，因此 $\theta_z = 0$。

　　由式(7.21)可见，一体式水润滑轴承动态特性依赖于径向轴承与推力滑动轴承摩擦副界面的瞬态水膜力、接触力、水膜力矩及接触力矩。下面将阐明一体式水润滑轴承动态特性求解所需的瞬态水膜力、接触力及力矩。

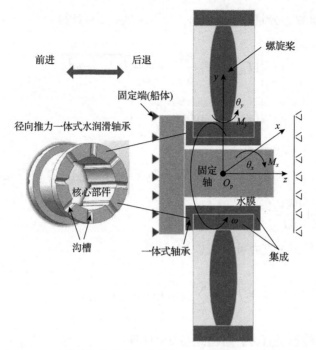

图 7.15　无轴轮缘推进器径向推力一体式水润滑轴承示意图

7.2.4　桨叶非线性激扰模型

由于一体式水润滑轴承跟随螺旋桨同步旋转，螺旋桨叶产生的非线性激振力和力矩作为外部激励将直接作用于轴承，进而与界面润滑力、接触力等产生动态耦合。无轴推进器螺旋桨叶激振力可通过拟定常法求解。拟定常法实质上是假定某个位置螺旋桨非定常运动特性由该位置定常流的特性来代替，可直接采用螺旋桨理论方法计算其在各角度的局部推力和局部转矩。具体处理中采用如下两个假设[7]：

（1）由局部推进系数 $J(\theta)$ 的值确定的推力系数 $K_{\mathrm{T}}(\theta)$ 和转矩系数 $K_{\mathrm{Q}}(\theta)$ 定义螺旋桨此时的特性。

（2）推力和转矩集中在桨叶的某一半径位置，称为代表半径，通常取 $0.7R$（R 为螺旋桨半径）。在忽略切向伴流的影响下，利用拟定常法可将螺旋桨轴承力六个分量归纳如下。

螺旋桨叶瞬态径向力可由式（7.22）计算：

$$F_{\mathrm{dz}} = F_{\mathrm{dz}0} + \sum_{k=1}^{\infty} \left(F_{\mathrm{dz}} \right)_k \cos\left[k\omega t - \left(\gamma_{\mathrm{Fz}} \right)_k \right] \tag{7.22}$$

式中，$F_{\mathrm{dz}0}$ 为静态径向推力；$\omega = 2\pi nZ$ 为对应叶频的圆周频率，n 为转速，Z 为

桨叶数；k 为阶数。分量 $\left(F_{\mathrm{dz}}\right)_k$ 与 $\left(\gamma_{\mathrm{Fz}}\right)_k$ 可由式(7.23)计算：

$$
\begin{cases}
\left(F_{\mathrm{dz}}\right)_k = T_0 \dfrac{K'_{\mathrm{T0}}}{K_{\mathrm{T0}}} \dfrac{J_0}{1-\omega_0} \sqrt{\omega_{\mathrm{kZ,c}}^2 + \omega_{\mathrm{kZ,s}}^2} \\[3mm]
\left(\gamma_{\mathrm{Fz}}\right)_k = \arctan\left(\dfrac{\omega_{\mathrm{kZ,s}}}{\omega_{\mathrm{kZ,c}}}\right)
\end{cases}
\tag{7.23}
$$

式中，K_{T0} 为 $J=J_0$ 时的敞水推力系数；$J_0 = \dfrac{V_{\mathrm{s}}}{nD}(1-\omega_0)$，$D$ 为螺旋桨直径，V_{s} 为船速；$K'_{\mathrm{T0}} = -\left(\dfrac{\mathrm{d}K_{\mathrm{T}}}{\mathrm{d}J}\right)_{J=J_0}$。

螺旋桨叶瞬态垂直力可由式(7.24)计算：

$$
F_{\mathrm{dy}} = F_{\mathrm{dy0}} + \sum_{k=1}^{\infty} \left(F_{\mathrm{dy}}\right)_k \cos\left[k\omega t - \left(\gamma_{\mathrm{Fy}}\right)_k\right]
\tag{7.24}
$$

式中，F_{dy0} 为静态垂直力，可由式(7.25)计算：

$$
F_{\mathrm{dy0}} = -\frac{Q_0}{2r} \frac{K'_{\mathrm{Q0}}}{K_{\mathrm{Q0}}} J_0 \frac{\omega_{1,\mathrm{s}}}{\omega - \omega_0}
\tag{7.25}
$$

式中，$Q_0 = K_{\mathrm{Q0}} \rho n^2 D^5$，$\rho$ 为水的密度；K_{Q0} 为 $J=J_0$ 时的敞水转矩系数；$K'_{\mathrm{Q0}} = -\left(\dfrac{\mathrm{d}K_{\mathrm{Q}}}{\mathrm{d}J}\right)_{J=J_0}$；$\omega = \omega_0 + \sum\limits_{n=1}^{\infty}\left(\omega_{n,\mathrm{c}}\cos n\theta + \omega_{n,\mathrm{s}}\sin n\theta\right)$，$\omega_0$、$\omega_{n,\mathrm{c}}$、$\omega_{n,\mathrm{s}}$ 分别为伴流的谐调成分；$\dfrac{K'_{\mathrm{Q0}}}{K_{\mathrm{Q0}}} = \dfrac{K'_{\mathrm{T0}}}{K_{\mathrm{T0}}} = f\left(\dfrac{P}{D}, \dfrac{A_{\mathrm{E}}}{A_0}, Z, J_0\right)$，其数值可以通过查表获得[7]。

式(7.24)中的分量 $\left(F_{\mathrm{dy}}\right)_k$ 与 $\left(\gamma_{\mathrm{Fy}}\right)_k$ 可按式(7.26)评估：

$$
\begin{cases}
\left(F_{\mathrm{dy}}\right)_k = T_0 \dfrac{K'_{\mathrm{Q0}}}{K_{\mathrm{Q0}}} \dfrac{J_0}{1-\omega_0} \sqrt{\left(\omega_{\mathrm{kZ-1,c}} - \omega_{\mathrm{kZ+1,c}}\right)^2 + \left(\omega_{\mathrm{kZ-1,s}} - \omega_{\mathrm{kZ+1,s}}\right)^2} \\[3mm]
\left(\gamma_{\mathrm{Fy}}\right)_k = \arctan\left(\dfrac{\omega_{\mathrm{kZ-1,s}} - \omega_{\mathrm{kZ+1,s}}}{\omega_{\mathrm{kZ-1,c}} - \omega_{\mathrm{kZ+1,c}}}\right)
\end{cases}
\tag{7.26}
$$

螺旋桨叶瞬态横向力可由式(7.27)计算：

$$F_{dx} = F_{dx0} + \sum_{k=1}^{\infty} (F_{dx})_k \cos\left[k\omega t - (\gamma_{Fx})_k\right] \tag{7.27}$$

式中，F_{dx0} 为静态横向力，可由式 (7.28) 计算：

$$F_{dx0} = -\frac{Q_0}{2r}\frac{K'_{Q0}}{K_{Q0}} J_0 \frac{\omega_{1,c}}{\omega - \omega_0} \tag{7.28}$$

式中，K_{Q0} 为 $J = J_0$ 时的转矩系数。式 (7.27) 中的分量 $(F_{dx})_k$ 与 $(\gamma_{Fx})_k$ 可按式 (7.29) 评估：

$$\begin{cases} (F_{dx})_k = T_0 \dfrac{K'_{Q0}}{K_{Q0}} \dfrac{J_0}{1-\omega_0} \sqrt{\left(\omega_{kZ-1,c} + \omega_{kZ+1,c}\right)^2 + \left(\omega_{kZ-1,s} + \omega_{kZ+1,s}\right)^2} \\[3mm] (\gamma_{Fx})_k = \arctan\left(\dfrac{\omega_{kZ-1,s} + \omega_{kZ+1,s}}{\omega_{kZ-1,c} + \omega_{kZ+1,c}}\right) \end{cases} \tag{7.29}$$

螺旋桨叶绕 x 轴的瞬态力矩可由式 (7.30) 计算：

$$M_{dx} = M_{dx0} + \sum_{k=1}^{\infty} (M_{dx})_k \cos\left[k\omega t - (\gamma_{Mx})_k\right] \tag{7.30}$$

式中，M_{dx0} 为静态瞬态力矩，可由式 (7.31) 计算：

$$M_{dx0} = \frac{T_0}{2} r \frac{K'_{T0}}{K_{T0}} J_0 \frac{\omega_{1,s}}{1-\omega_0} \tag{7.31}$$

式 (7.30) 中的分量 $(M_{dx})_k$ 和 $(\gamma_{Mx})_k$ 可由式 (7.32) 计算：

$$\begin{cases} (M_{dx})_k = \dfrac{1}{2} T_0 r \dfrac{K'_{T0}}{K_{T0}} \dfrac{J_0}{1-\omega_0} \sqrt{\left(\omega_{kZ-1,c} - \omega_{kZ+1,c}\right)^2 + \left(\omega_{kZ-1,s} - \omega_{kZ+1,s}\right)^2} \\[3mm] (\gamma_{Mx})_k = \arctan\left(\dfrac{\omega_{kZ-1,c} - \omega_{kZ+1,c}}{\omega_{kZ-1,s} - \omega_{kZ+1,s}}\right) \end{cases} \tag{7.32}$$

螺旋桨叶绕 y 轴的瞬态力矩可由式 (7.33) 计算：

$$M_{dy} = M_{dy0} + \sum_{k=1}^{\infty} (M_{dy})_k \cos\left[k\omega t - (\gamma_{My})_k\right] \tag{7.33}$$

式中，M_{dy0} 为静态瞬态力矩，可由式 (7.34) 计算：

$$M_{\mathrm{d}y0} = -\frac{T_0}{2} r \frac{K'_{\mathrm{T}0}}{K_{\mathrm{T}0}} J_0 \frac{\omega_{1,\mathrm{c}}}{1-\omega_0} \tag{7.34}$$

式(7.33)中的分量 $\left(M_{\mathrm{d}y}\right)_k$ 和 $\left(\gamma_{\mathrm{M}y}\right)_k$ 可由式(7.35)计算：

$$\begin{cases} \left(M_{\mathrm{d}y}\right)_k = \dfrac{1}{2} T_0 r \dfrac{K'_{\mathrm{T}0}}{K_{\mathrm{T}0}} \dfrac{J_0}{1-\omega_0} \sqrt{\left(\omega_{kZ-1,\mathrm{c}} - \omega_{kZ+1,\mathrm{c}}\right)^2 + \left(\omega_{kZ-1,\mathrm{s}} - \omega_{kZ+1,\mathrm{s}}\right)^2} \\[4mm] \left(\gamma_{\mathrm{M}y}\right)_k = \arctan\left(\dfrac{\omega_{kZ-1,\mathrm{c}} - \omega_{kZ+1,\mathrm{c}}}{\omega_{kZ-1,\mathrm{s}} - \omega_{kZ+1,\mathrm{s}}}\right) \end{cases} \tag{7.35}$$

式中，$T_0 = K_{\mathrm{T}0}\rho n^2 D^4$；$K'_{\mathrm{T}0} = -\left(\dfrac{\mathrm{d}K_{\mathrm{T}}}{\mathrm{d}J}\right)_{J=J_0}$；$r$ 为载荷集中半径，通常取 $0.7R$。

　　需要注意的是，无轴轮缘推进器桨叶转子在非定常激扰力和力矩作用下，径向推力一体式轴承将处于动态混合润滑状态，其摩擦副界面产生的非线性摩擦力、动压力、弹塑性接触力均会对无轴轮缘推进器桨叶转子系统动态响应产生显著影响，因此需要对径向推力一体式轴承中的径向轴承和推力滑动轴承摩擦副界面产生的动态反力和力矩进行评估。

　　如第 3 章所述，径向轴承摩擦副界面瞬态水膜压力可通过有限差分法求解得到，随后将瞬态水膜压力在径向轴承内表面上进行积分可得到瞬态水膜力 $F_{\mathrm{h}x}(t)$ 和 $F_{\mathrm{h}y}(t)$。由于考虑了螺旋桨转子沿 x 轴与 y 轴的瞬态偏转，径向轴承摩擦副界面瞬态水膜间隙可由式(7.36)计算：

$$h_{\mathrm{J}}(\theta,z,t) = h_{\mathrm{J}0}(\theta,z,t) + h_{\mathrm{Jm}}(\theta,z,t) + \delta_{\mathrm{JE}}(\theta,z,t) + D_{\mathrm{g}}(\theta,z) \tag{7.36}$$

式中，δ_{JE} 为径向轴承内表面弹性变形；D_{g} 为沟槽区深度分布；$h_{\mathrm{J}0}$ 为径向轴承不含偏转项的瞬态几何水膜间隙，

$$h_{\mathrm{J}0}(\theta,z,t) = C\left\{1 + \varepsilon(t)\cos\left[\theta - \varphi(t)\right]\right\} \tag{7.37}$$

h_{Jm} 为螺旋桨转子偏转引起的径向轴承瞬态水膜间隙，

$$\begin{aligned} h_{\mathrm{Jm}}(\theta,z,t) = {} & (z-0.5L)\sin\left[\theta_x(t)\right]\cos\left[\theta_x(t)\right]\theta_x(t)\cos(\theta-\varphi) \\ & - (z-0.5L)\sin\left[\theta_y(t)\right]\cos\left[\theta_y(t)\right]\theta_y(t) \end{aligned} \tag{7.38}$$

　　将 KE 弹塑性接触模型中两粗糙表面间隙替换为螺旋桨转子与轴承表面的瞬态水膜间隙，即可推导出瞬态形式的 KE 弹塑性接触模型，求解可得到径向轴承瞬态弹塑性接触压力分布 p_{Jc}。在求解得到径向轴承摩擦副界面瞬态水膜压力与弹

塑性接触压力后，径向轴承引起的沿 x 轴和 y 轴的瞬态力矩可按式(7.39)计算：

$$\begin{cases} M_{\mathrm{J}x}(t) = \int_0^{2\pi} \int_0^L (z - 0.5L) \left[p_{\mathrm{Jh}}(\theta, z, t) + p_{\mathrm{Jc}}(\theta, z, t) \right] \cos\theta \mathrm{d}\theta \mathrm{d}z \\ M_{\mathrm{J}y}(t) = -\int_0^{2\pi} \int_0^L (z - 0.5L) \left[p_{\mathrm{Jh}}(\theta, z, t) + p_{\mathrm{Jc}}(\theta, z, t) \right] \sin\theta \mathrm{d}\theta \mathrm{d}z \end{cases} \tag{7.39}$$

螺旋桨转子的轴向与偏转方向的振动，致使水润滑推力轴承界面水膜间隙呈现瞬态特征，推力轴承界面瞬态水膜间隙可由式(7.40)计算：

$$h_{\mathrm{T}}(\theta, z, t) = h_{\mathrm{T}0}(\theta, z, t) + h_{\mathrm{Tm}}(\theta, z, t) + \delta_{\mathrm{TE}}(\theta, z, t) + D_{\mathrm{g}}(\theta, z) \tag{7.40}$$

式中，$h_{\mathrm{T}0}(\theta, z, t)$ 为推力轴承瞬态几何间隙，

$$h_{\mathrm{T}0}(\theta, z, t) = h_{\mathrm{p}}(t) + \alpha_{\mathrm{T}} r \sin\left(\theta_{\mathrm{p}} - \theta\right) \tag{7.41}$$

h_{p} 为推力轴承瞬态轴向位移；$h_{\mathrm{Tm}}(\theta, z, t)$ 为螺旋桨偏转引起的推力轴承瞬态水膜间隙，

$$h_{\mathrm{Tm}}(\theta, z, t) = r\theta_y(t)\sin\theta - \theta_x(t)\cos\theta \tag{7.42}$$

推力轴承摩擦副界面瞬态接触载荷同径向轴承的求解方法，仍采用 KE 弹塑性接触模型。在求解得到推力轴承摩擦副界面水膜压力与弹塑性接触压力后，可通过积分得到推力轴承引起的沿 x 轴和 y 轴的瞬态力矩，即

$$\begin{cases} M_{\mathrm{T}x}(t) = -\int_0^{2\pi} \int_{R_{\mathrm{t}1}}^{R_{\mathrm{t}2}} r^2 \left[p_{\mathrm{Th}}(\theta, z, t) + p_{\mathrm{Tc}}(\theta, z, t) \right] \cos\theta \mathrm{d}\theta \mathrm{d}r \\ M_{\mathrm{T}y}(t) = \int_0^{2\pi} \int_{R_{\mathrm{t}1}}^{R_{\mathrm{t}2}} r^2 \left[p_{\mathrm{Th}}(\theta, z, t) + p_{\mathrm{Tc}}(\theta, z, t) \right] \sin\theta \mathrm{d}\theta \mathrm{d}r \end{cases} \tag{7.43}$$

径向推力一体式轴承润滑模型与五自由度非线性动力学模型的完全耦合算法可参考文献[9]。

7.3　典型算例分析

7.3.1　径向推力一体式轴承稳态分析案例

1. 水膜压力分布

图 7.16 和图 7.17 分别给出了转速为 1000r/min、推力轴承收敛端间隙 h_{p} 为 1μm、径向轴承偏心率 ε 为 0.9 和 1.0 时径向轴承在有耦合效应和无耦合效应下的水膜压力分布。由图可知，在无耦合效应下，水膜压力主要分布在轴承最下端承

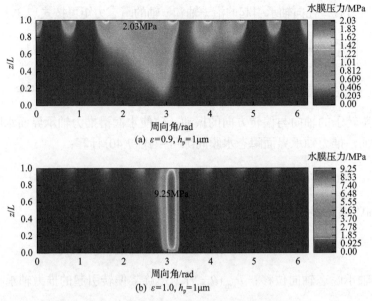

图 7.16 有耦合效应下径向轴承水膜压力分布

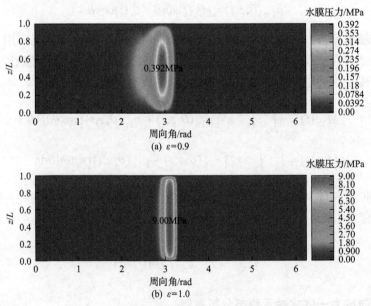

图 7.17 无耦合效应下径向轴承水膜压力分布

载"脊"处,沟槽区的水膜压力为 0,而其他承载"脊"处的水膜压力也约为 0,并且由于润滑介质的端泄效应,轴承两端水膜压力要明显小于中心部位;在有耦合效应下,由于在边界处流体压力有连续性,径向轴承最大承载"脊"旁微沟槽区和其他承载"脊"处的水膜压力不再为 0,而是在靠近边界位置处沿周向出现了多个压力峰，其位置与推力盘位置相对应，上端大沟槽内的水膜压力仍然为 0。

图 7.18 和图 7.19 分别为转速 1000r/min、径向轴承偏心率为 1、收敛端间隙为 1μm 和 3μm 时推力滑动轴承在有耦合效应和无耦合效应下的水膜压力分布。由图可知，在无耦合效应下，推力滑动轴承水膜压力沿周向均匀分布，并且每一片瓦块上的水膜压力分布规律具有一致性，而瓦块间沟槽区的水膜压力均为 0；在有耦合效应下时，推力滑动轴承水膜压力分布不再沿周向均匀分布，此时由于径向轴承最下端承载"脊"处压力的集中效应，推力滑动轴承对应位置推力盘上也出现了局部水膜压力增大的现象。可以看到，由于径向轴承和推力滑动轴承的耦合作用，在推力滑动轴承下端的部分推力盘之间的沟槽区内水膜压力也不再为 0。与径向轴承相似，在收敛端间隙较大时，耦合效应的影响效果要明显大于收敛端间隙较小的情况。

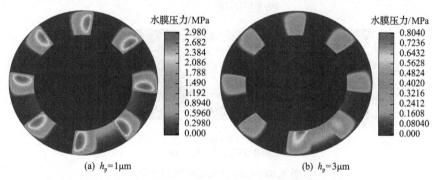

(a) $h_p=1\mu m$　　　　　(b) $h_p=3\mu m$

图 7.18　有耦合效应下推力滑动轴承水膜压力分布

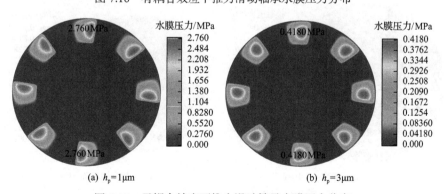

(a) $h_p=1\mu m$　　　　　(b) $h_p=3\mu m$

图 7.19　无耦合效应下推力滑动轴承水膜压力分布

2. 接触压力分布

图 7.20 和图 7.21 分别给出了转速为 1000r/min、径向轴承偏心率为 1.0、推力轴承收敛端间隙为 1μm 时径向轴承和推力滑动轴承在有耦合效应和无耦合效应下

的接触压力分布。由图可知，在无耦合效应下，径向轴承接触载荷沿轴向呈对称分布；在有耦合效应下，由于公共边界处的耦合效应在边界处产生了较大的水膜压力，对应位置上的弹性变形量增大，从而避免了较大的粗糙界面接触，因此在径向轴承末端及推力轴承内环上的接触压力相应减小，其分布也不再保持对称性。

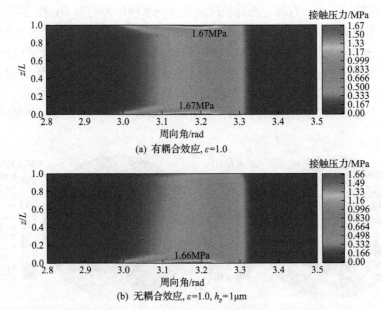

(a) 有耦合效应, $\varepsilon=1.0$

(b) 无耦合效应, $\varepsilon=1.0$, $h_p=1\mu m$

图 7.20　径向轴承接触压力分布

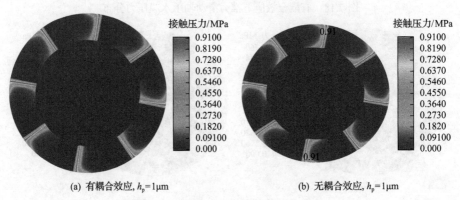

(a) 有耦合效应, $h_p=1\mu m$　　　　　　　　(b) 无耦合效应, $h_p=1\mu m$

图 7.21　推力滑动轴承接触压力分布

3. 偏心率和收敛端间隙对径向推力一体式轴承润滑性能的影响

1) 偏心率和收敛端间隙对承载力的影响

图 7.22(a)给出了径向轴承承载力在无耦合效应及有耦合效应下随偏心率的

变化规律。由图可知，相较于无耦合效应，耦合作用明显增大了径向轴承的承载力，即推力滑动轴承的存在对径向轴承的承载性能具有增强作用，并且随着收敛端间隙的减小，增强作用更明显，径向轴承的承载力也更大。随着偏心率的增大，径向轴承的承载力也增大。图 7.22(b)给出了推力滑动轴承承载力在无耦合效应及有耦合效应下随收敛端间隙的变化规律。由图可知，相对于无耦合效应，有耦合效应下推力滑动轴承承载力增大；随着收敛端间隙的增大，不同偏心率下推力滑动轴承承载力之间的差异增大，即径向轴承对推力滑动轴承的耦合效应增强。

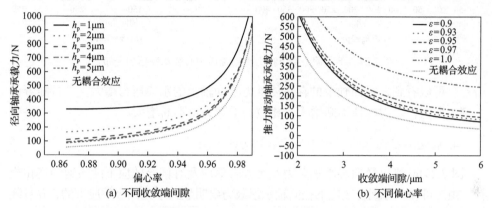

图 7.22　不同收敛端间隙下径向轴承承载力随偏心率的变化规律和不同偏心率下推力滑动轴承承载力随收敛端间隙的变化规律

2)偏心率和收敛端间隙对水膜压力的影响

径向轴承在不同收敛端间隙下的中心线水膜压力分布如图 7.23 所示。由图可知，推力滑动轴承的存在提高了主要承载区内的水膜压力，但是也使径向轴承沿周向产生了连续波纹状压力峰(与推力瓦位置对应)，并且随着收敛端间隙的减小，压力峰的数值增大。不同偏心率下推力滑动轴承中心线水膜压力分布如图 7.24

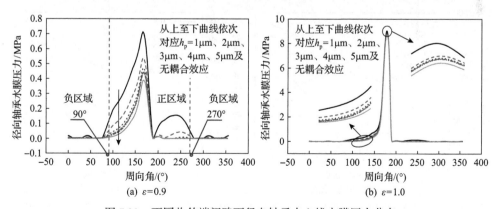

图 7.23　不同收敛端间隙下径向轴承中心线水膜压力分布

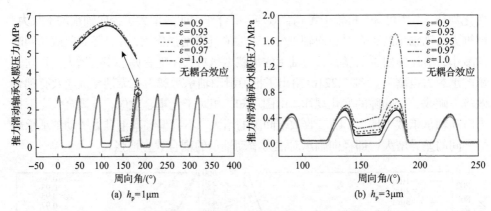

图 7.24　不同偏心率下推力滑动轴承中心线水膜压力分布

所示。可以看到，径向轴承的存在使推力滑动轴承的水膜压力增大，并且随着偏
心率的增大，压力峰值不断增大，相应的承载力也不断增大。

4. 转速对径向推力一体式轴承承载力的影响

图 7.25(a)给出径向轴承承载力在无耦合效应及有耦合效应下随转速的变化规
律。由图可知，有耦合效应下径向轴承承载力要明显大于无耦合效应下的，并且随
着推力滑动轴承收敛端间隙的减小，耦合作用不断增强，径向轴承承载力也在不断
提高；随着转速的增大，无耦合效应下径向轴承承载力和有耦合效应下不同收敛端
间隙时的径向轴承承载力之间的差异不断增大。由图7.25(b)可以发现，推力滑动轴
承承载力随转速变化规律与径向轴承具有一致性。随着转速增大，接触载荷减小，
流体动压力增大，耦合效应增强，因此推力轴承的承载力随着转速的增大而增大。
在无耦合效应及有耦合效应下，不同偏心率下推力轴承承载力之间的差异也在不
断变大。

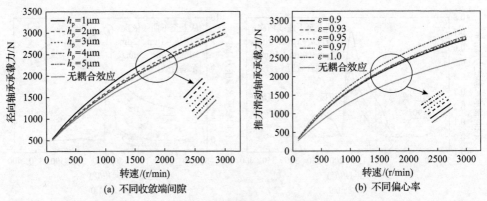

图 7.25　不同收敛端间隙下径向轴承承载力随转速的变化规律和不同偏心率下推力滑动轴承承
载力随转速的变化规律

7.3.2　径向推力一体式轴承动态分析案例

无轴轮缘推进器螺旋桨叶在旋转过程中产生了 x、y、z 三个方向的轴向非线性激扰力以及绕桨叶水平方向和竖直方向的非线性激扰力矩。以内径为 45mm 径向轴承和外径为 68mm 推力滑动轴承的缩比径向推力一体式轴承为研究案例，当转速为 1000r/min 时，桨叶产生的非线性扰动力和扰动力矩如图 7.26 所示。具体计算参数参见文献[10]。

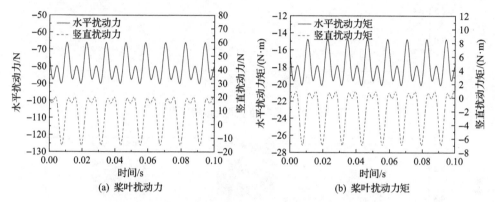

图 7.26　无轴轮缘推进器桨叶转子非线性激扰作用

由图 7.26 可以看到，螺旋桨叶产生的水平扰动力和力矩大于竖直扰动力和力矩。激扰力矩会使水润滑轴承产生偏转，轴承将表现出更复杂的摩擦动力学响应，为了识别螺旋桨叶产生的扰动力矩对径向推力一体式轴承传动摩擦学行为的影响，本节将从不考虑扰动力矩、仅考虑绕 x 轴的扰动力矩、仅考虑绕 y 轴的扰动力矩以及考虑绕 x 和 y 轴的扰动力矩这四个方面对径向推力一体式轴承传动摩擦学性能进行对比分析。

图 7.27 为径向轴承在第二旋转周期(传动摩擦学响应从第二旋转周期开始趋于稳定)时最大接触压力瞬态变化图。由图可见，在一个旋转周期内，最大接触压力发生了 5 次周期性脉动，这是因为螺旋桨叶数为 5。从最大接触压力来看，同时存在两个方向扰动力矩时的最大接触压力波动最大且达到最大值。由图还可以看出，仅考虑绕 x 轴扰动力矩时，最大接触压力出现部位为入口处，并在 0.167s 时达到 2.67MPa，而不考虑此扰动力矩时，沿轴向均匀分布，说明当绕 x 轴扰动力存在时，径向轴承入口处的混合接触效应更显著，随着运行时间的增加，入口处的磨损将增加。

图 7.28 表明，考虑扰动力矩将增加径向轴承底部的弹性变形量，且绕 x 轴的扰动力矩对其影响更大，这是因为绕 x 轴的扰动力矩大于绕 y 轴的扰动力矩，同时与最大接触压力相互叠加，在轴承入口处的弹性变形更明显。这些结果与最大

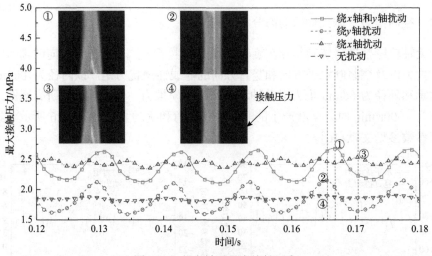

图 7.27　径向轴承最大接触压力

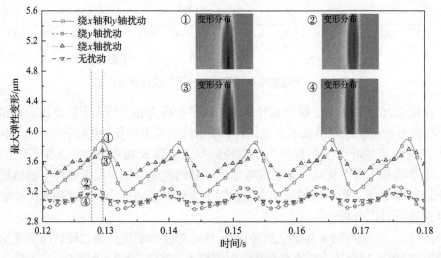

图 7.28　径向轴承最大弹性变形

接触压力所对应，造成入口处的混合磨损最严重，0.129s 时的变形量为 3.87μm。造成这些现象的原因是绕 x 轴扰动力矩的存在使径向轴承做绕 x 轴的俯仰运动，使入口和出口处的水膜压力减小、接触效应增加。

图 7.29 的最大水膜压力表明，仅考虑 x 轴扰动力矩时，最大水膜压力将在 0.13s 达到最大值 3.33MPa，然而，同时考虑两个方向的扰动力矩时，最大水膜压力为 3.12MPa，出现在 0.125s。这是因为在考虑两个方向的扰动力矩时，径向轴承运动的耦合效应对轴承润滑性能的影响不同于与两个扰动力各自作用的摩擦动态响应。这种更深层的耦合作用机理值得进一步探究。

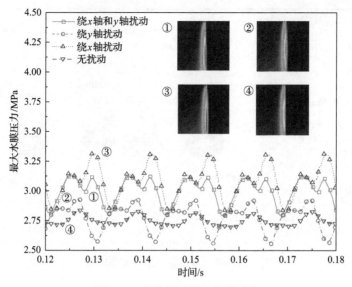

图 7.29　径向轴承最大水膜压力

图 7.30 与图 7.27 相似，当考虑绕 x 轴扰动力时，推力轴承底部的最大接触压力相对于不考虑时更为突出，最大值达到 0.864MPa，为不考虑扰动力矩时的 3.3 倍左右，此时底部的混合接触在周向上最剧烈。然而从接触载荷中可以看出，仅存在三个方向扰动力时的接触载荷最大，考虑 x、y 轴扰动力矩后接触载荷反而最小。出现这种情况的原因是当存在扰动力矩时，轴承的俯仰和摇摆运动会增强推力滑动轴承的楔形效应，从而使推力滑动轴承水膜压力增大。如图 7.31 所示，考虑扰动力矩时的最大水膜压力均比不考虑时大，特别是考虑 x 轴的扰动力矩后，

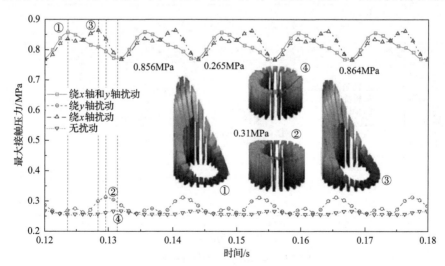

图 7.30　推力滑动轴承最大接触压力

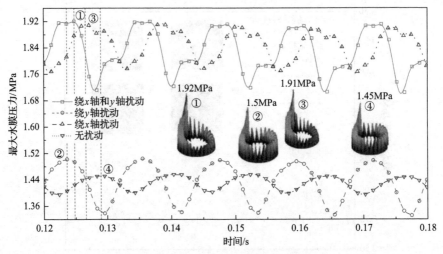

图 7.31　推力滑动轴承最大水膜压力

数值上升了 0.46MPa。

　　推力滑动轴承底部的接触压力和水膜压力均很大，可以预测到底部的变形量也应为最大。如图 7.32 所示，最大弹性变形和最大水膜压力随时间的变化趋势基本相同，在同时考虑 x、y 轴扰动力矩时，最大弹性变形量 0.447μm 约在 0.124s 时出现。由图可以看到，存在 x 轴扰动力矩时，推力滑动轴承底部水膜厚度在 0.128s 时到达最小值 1.639μm，上部水膜厚度增大至 9.147μm。因此，楔形效应得到增强，从而提高了推力滑动轴承的摩擦润滑性能。

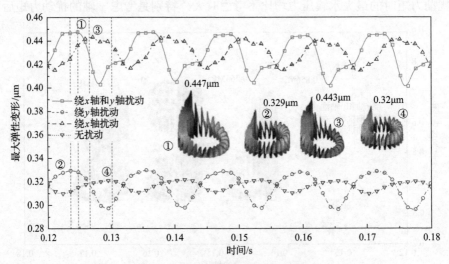

图 7.32　推力滑动轴承最大弹性变形

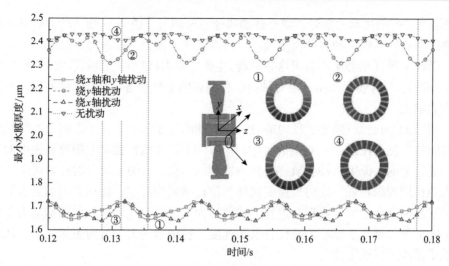

图 7.33　推力滑动轴承最小水膜厚度

由上述分析可以看出，引入径向轴承扰动力矩，将使入口处的弹性变形显著增大，从而加剧混合润滑、接触及磨损程度，但整体的动压分布合理。对于推力滑动轴承，扰动力矩的引入将增加动压形成的楔形效应，从而提高了轴承的润滑性能，但也会使轴承底部接触压力和变形增加，尽管增加的程度并不显著。总的来说，对于径向推力一体式轴承，桨叶的非线性激扰会在一定程度上提高推力滑动轴承的润滑性能，但同时会加剧径向轴承入口处的磨损，尽管如此，整体仍带来正向效益。为了避免入口处磨损，可适当对入口处进行修形以减小最大接触压力和弹性变形。

如图 7.34(a)所示，在不考虑扰动力矩时，径向推力一体式轴承轴心轨迹运动范围较小，运动较为紊乱；当存在 y 轴扰动力矩时，轴心轨迹运动范围变大且较为规则，呈椭圆形；x 轴扰动则使轴心轨迹上升，运动更为紊乱；而同时存在 x、

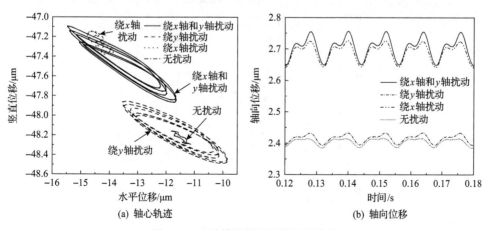

図 7.34　四种模拟情况下轴承的位移

y 轴两个方向的扰动力矩时，轴心运动路径呈椭圆形，说明 y 轴扰动力矩对轴心轨迹运动的影响较 x 轴扰动力矩大。这是因为在 y 轴上存在重力、接触力、水动力，而绕 x 轴扰动力矩相对于这些载荷(主要是重力)较小，所以表现出的影响也较小。图 7.34(b) 表明扰动力矩对轴向位移的影响十分显著，轴向位移随着力矩的增大而增大。

图 7.35(a)～(c)描述了径向推力一体式轴承在 x、y、z 三个方向上的加速度随时间的变化。在图 7.35(a)和(b)中，y 方向上的非线性扰动力矩对加速度的影响均是显著的，原因与轴心轨迹分析中提到的相似，x 轴方向上的外力较小，扰动力矩作用效果较强。轴向加速度同样与位移结果相对应，扰动力矩的引入加剧了加速度的变化，因此表现在位移上数值增大。总之，扰动力矩对轴承动力学特性影响显著，增大了轴心轨迹位移及加速度，使轴承动力学行为更加复杂，从而降低了轴承运行稳定性。

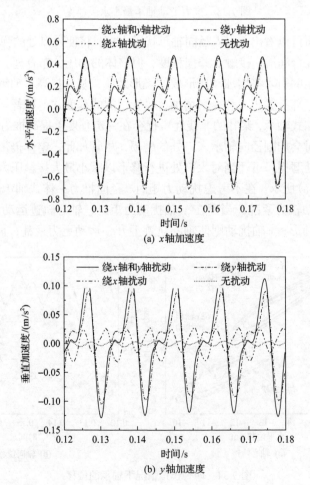

(a) x 轴加速度

(b) y 轴加速度

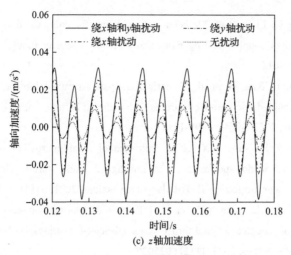

图 7.35　四种模拟情况下轴承的加速度

　　关于径向推力一体式轴承稳态和瞬态摩擦动力学数值分析方面的更多研究成果，可参见文献[9]～[14]。

参 考 文 献

[1] Rayleigh. Notes on the theory of lubrication[J]. Philosophical Magazine, 1918, 35: 1-12.

[2] 杨艳明, 赵云, 邵珠峰, 等. 机械与运载工程领域颠覆性技术战略研究[J]. 中国工程科学, 2018, 20(6): 27-33.

[3] 谈微中, 严新平, 刘正林, 等. 无轴轮缘推进系统的研究现状与展望[J]. 武汉理工大学学报 (交通科学与工程版), 2015, 39(3): 601-605.

[4] Liang X X, Yan X P, Ouyang W, et al. Experimental research on tribological and vibration performance of water-lubricated hydrodynamic thrust bearings used in marine shaft-less rim driven thrusters[J]. Wear, 2019, 426: 778-791.

[5] 王东, 靳栓宝, 魏应三, 等. 集成电机推进装置应用综述[J]. 中国电机工程学报, 2020, 40(11): 3654-3663.

[6] 胡举喜, 吴均云, 陈文聘. 无轴轮缘推进器综述[J]. 数字海洋与水下攻防, 2020, 3(3): 185-191.

[7] 盛振邦, 刘应中. 船舶原理. 下册[M]. 上海: 上海交通大学出版社, 2004.

[8] 王家序, 向果, 韩彦峰, 等. 径向推力一体式水润滑轴承及其自适应混合润滑分析方法: CN112307571B[P]. 2021-06-29.

[9] Xiang G, Wang J X, Zhou C D, et al. A tribo-dynamic model of coupled journal-thrust water-lubricated bearings under propeller disturbance[J]. Tribology International, 2021, 160: 107008.

[10] Cai J L, Xiang G, Li S, et al. Mathematical modeling for nonlinear dynamic mixed friction behaviors of novel coupled bearing lubricated with low-viscosity fluid[J]. Physics of Fluids, 2022, 34(9): 093612.

[11] Tang D X, Yin L, Xiao B, et al. Numerical analysis on mixed lubrication performance of journal-thrust coupled microgroove bearings with different bottom shapes[J]. Journal of Central South University, 2022, 29(4): 1197-1212.

[12] Xiang G, Han Y F, Wang J X, et al. Influence of axial microvibration on the transient hydrodynamic lubrication performance of misaligned journal-thrust microgrooved coupled bearings under water lubrication[J]. Tribology Transactions, 2021, 64(4): 579-592.

[13] Zhang H G, Cai J L, Yang T Y, et al. Influence of bearing waviness on the lubrication performances of coupled journal-thrust water-lubricated bearings[J]. Surface Topography: Metrology and Properties, 2023, 11(2): 025025.

[14] Yang T Y, Cai J L, Wang L W, et al. Numerical analysis of turbulence effect for coupled journal-thrust water-lubricated bearing with micro grooves[J]. Journal of Tribology, 2023, 145(8): 084101.

第8章 滑动轴承优化设计案例

基于本书前述章节介绍的润滑(含动压润滑和混合润滑)模型、混合润滑-磨损耦合模型、线性/非线性摩擦动力学模型等数值分析模型和方法,可对滑动轴承润滑、磨损及动力学特性等方面进行综合优化。本章主要介绍利用数值分析方法对滑动轴承进行优化设计的分析案例,主要包括基于微结构(微沟槽和微织构)润滑优化设计、基于修形和微沟槽优化的抗磨损优化设计等内容。

8.1 滑动轴承微结构润滑优化设计

滑动轴承微结构主要包括微沟槽和微织构两类。本节分别介绍利用微沟槽底部形状优化混合润滑性能,以及利用微织构优化滑动轴承动压润滑性能的典型分析案例。其中,微沟槽优化分析案例来源于作者团队的科研成果[1],微织构优化动压润滑的案例来源于 Tala-Ighil 等[2]课题组的成果。

8.1.1 微沟槽优化设计案例

本节研究对象为处于混合润滑状态的径向推力一体式水润滑滑动轴承(图7.12),并且仅关注径向轴承与推力轴承耦合效应下的径向滑动轴承微沟槽优化设计。通过设计选取合适的微沟槽形貌来最优化水润滑滑动轴承的混合润滑性能。水润滑轴承混合润滑的模拟参数参见文献[1]。本节设计分析的轴承内表面沟槽形貌特征如图8.1

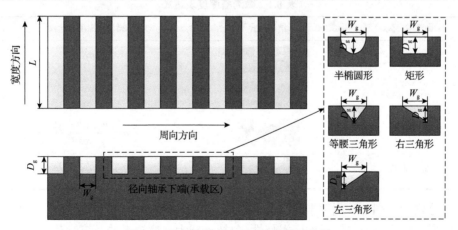

图 8.1　径向轴承内表面微沟槽形貌特征

所示。内表面下端(承载端)开有微沟槽,且沟槽形貌分别为半椭圆形、矩形、等腰三角形、右三角形及左三角形,其中 W_g 为沟槽宽度,D_g 为沟槽最大深度。

不同微沟槽形貌及其微沟槽深度表达式(参照半椭圆形计算)分别如图 8.2 和表 8.1 所示。

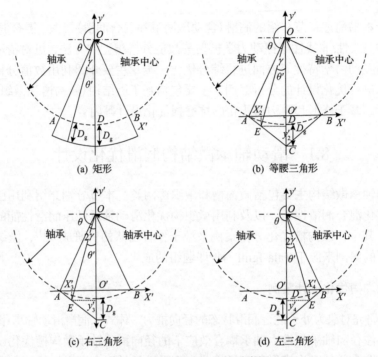

图 8.2　微沟槽形貌结构示意图

表 8.1　微沟槽深度表达式

微沟槽形貌	结构形式	微沟槽深度表达式
矩形		$h_g(\theta) = D_g$
等腰三角形		$h_g(\theta) = \dfrac{R_{J1}\cos\gamma - y'_2}{\cos\theta'} - R_{J1}$
右三角形		$h_g(\theta) = \dfrac{R_{J1}\cos 2\gamma - y'_3}{\cos\theta'} - R_{J1}$
左三角形		$h_g(\theta) = \dfrac{R_{J1}\cos 2\gamma - y'_4}{\cos\theta'} - R_{J1}$

分别针对耦合效应下半椭圆形、矩形、等腰三角形、右三角形及左三角形等不同微沟槽形貌径向轴承的润滑特性(包括承载力、摩擦系数及接触载荷)进行数值模拟仿真,分析研究结果如下。

1. 微沟槽形貌载荷特性分析

图 8.3 为不同微沟槽形貌下，径向轴承承载力随着偏心率的变化规律（推力轴承收敛端间隙分别为 1μm 和 5μm）。由图可以看到，随着偏心率的增大，不同耦合效应下径向轴承承载力均呈现稳定上升的趋势，并且不同微沟槽形貌对于径向轴承承载力之间的差异随着偏心率的增大而增大。同时可以发现，耦合效应较强时（推力轴承 h_p=1μm），在相同偏心率下，不同微沟槽形貌承载力之间的差异逐渐变大，即此阶段内，径向推力一体式轴承耦合效应增强，微沟槽形貌对径向轴承承载力的影响作用也在增强。之后随着偏心率的进一步增大，径向轴承逐渐进入混合润滑阶段，此时耦合效应对微沟槽的影响力减弱，使得不同耦合效应下，不同微沟槽承载力之间的差异基本相同。另外，图 8.3（a）和（b）均表明，在相同偏心率下，左三角形形貌径向轴承承载力最大，而矩形最小。

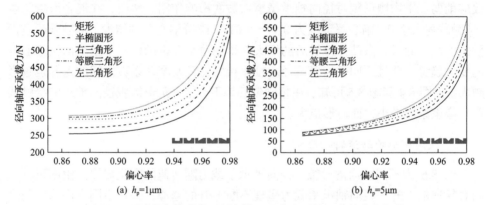

图 8.3　不同微沟槽形貌下径向轴承承载力随偏心率的变化规律

图 8.4 和图 8.5 分别为不同微沟槽形貌下径向轴承摩擦系数和接触载荷随偏心率的变化规律。可以看到，在弹流润滑阶段（接触载荷为 0，偏心率范围为 0.82～

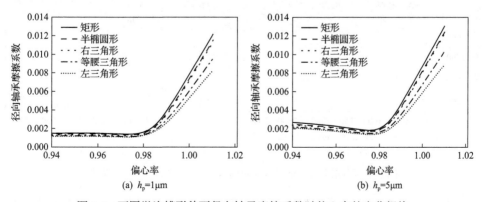

图 8.4　不同微沟槽形貌下径向轴承摩擦系数随偏心率的变化规律

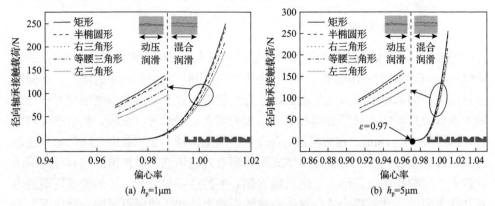

(a) $h_p=1\mu m$ (b) $h_p=5\mu m$

图 8.5　不同微沟槽形貌下径向轴承接触载荷随偏心率的变化规律

0.97），推力轴承 $h_p=1\mu m$ 时，不同微沟槽形貌摩擦系数之间的差异更小，即耦合效应削弱了微沟槽形貌对径向轴承摩擦系数的影响作用。然而，在混合润滑阶段（接触载荷大于 0，偏心率范围为 0.97~1.01），随着偏心率的增大，接触载荷呈指数式增大，此时，微凸体接触力的增大使得摩擦系数也随偏心率呈现出快速上升的变化趋势，并且不同微沟槽下径向轴承接触载荷及摩擦系数之间的差异也越来越大。由图 8.4 和图 8.5 可知，在相同偏心率下，左三角形形貌径向轴承的接触载荷和摩擦系数最小，而矩形最大。

2. 微沟槽形貌转速特性分析

图 8.6 为不同微沟槽形貌下径向轴承承载力随转速的变化规律。由图可见，随着转速的上升，径向轴承承载力呈现不断上升的趋势，并且不同微沟槽形貌之间的差异也逐渐变大，其中左三角形形貌表现出最好的承载性能，而矩形最差。

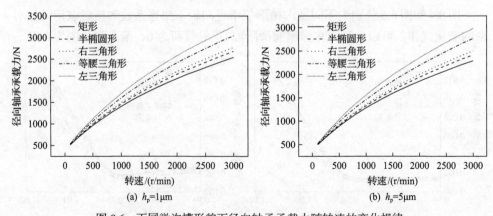

(a) $h_p=1\mu m$ (b) $h_p=5\mu m$

图 8.6　不同微沟槽形貌下径向轴承承载力随转速的变化规律

不同微沟槽形貌下径向轴承摩擦系数与接触载荷随转速的变化规律分别

如图 8.7 和图 8.8 所示。由图可以看出，随着转速的增大，接触载荷和摩擦系数总体呈现下降的趋势，两者的变化规律是协调一致的，并且可以看到在混合润滑阶段，径向轴承在不同微沟槽形貌之间润滑性能(接触载荷和摩擦系数)的差异随转速变化呈现出先增大后减小的趋势，在低速(0～200r/min)和高速(2500～3000r/min)区段内，沟槽形貌对润滑特性的影响较小。同时也可以发现，在固定转速下，左三角形形貌的接触载荷和摩擦系数最小，而矩形最大。

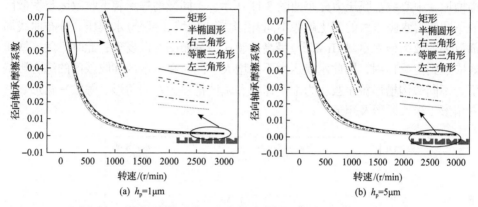

图 8.7　不同微沟槽形貌下径向轴承摩擦系数随转速的变化规律

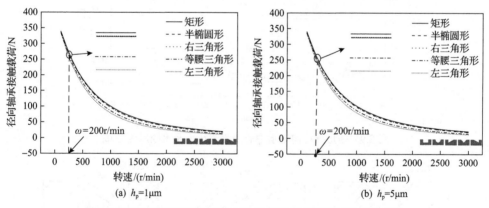

图 8.8　不同微沟槽形貌下径向轴承接触载荷随转速的变化规律

综合图 8.3～图 8.8 可以发现，在不同偏心率和转速下，不同微沟槽形貌径向轴承的混合润滑性能和承载性能的优劣性都保持着一致性，即从承载力、接触载荷及摩擦系数等方面对不同微沟槽形貌径向轴承进行系统评价时，其性能优劣性始终保持左三角形、等腰三角形、右三角形、半椭圆形、矩形的排列顺序。另外，在弹流润滑阶段，耦合效应对不同微沟槽形貌下径向轴承的承载力及摩擦系数的影响作用较强(一方面增强了微沟槽形貌对径向轴承承载力的影响，另一方面削弱了对径向轴承摩擦系数的影响)，而在混合润滑阶段影响作用较弱。

3. 微沟槽形貌对水膜动压影响机理分析

图 8.9 为矩形槽径向轴承中心线水膜压力及水膜厚度分布。对于入口区沟槽 1 和沟槽 2 内的水膜压力分布，不同微沟槽形貌呈现出不同的上升趋势。这一现象可解释为：如图 8.10 所示，当水流流过沟槽 1 和沟槽 2 位置时，由流体动压产生的条件可知，水膜压力会先后经历发散区降压和收敛区增压两个过程[3]，不同微沟槽形貌中心线水膜压力分布如图 8.11 所示。不同微沟槽形貌下收敛区与发散区的不同使得水膜压力的变化趋势不同，由沟槽 1 区域(I 部分)水膜压力分布曲线局部放大图及沟槽 2 区域(II 部分)最高水膜压力分布图可以发现，此时收敛区增压效应起到主导作用，因此水膜压力不断增大，同时在发散区和收敛区的综合影响下，不同微沟槽形貌水膜压力上升速率和幅度排序为左三角形、等腰三角形、右三角形、半椭圆形及矩形。

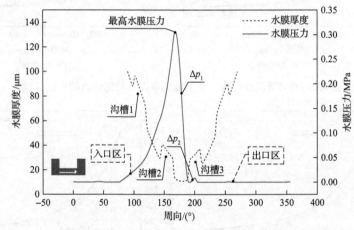

图 8.9　矩形槽径向轴承中心线水膜压力及水膜厚度分布

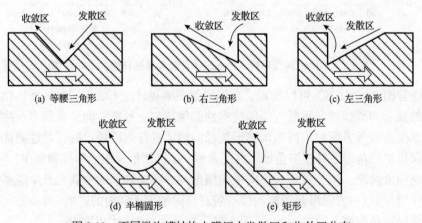

图 8.10　不同微沟槽结构水膜压力发散区和收敛区分布

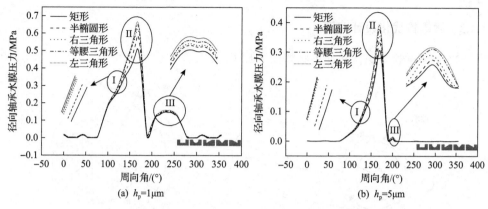

图 8.11　不同微沟槽形貌下径向轴承中心线水膜压力分布

图 8.9 中的 Δp_1 和 Δp_2 分别为水流经过沟槽 3 位置时水膜压力在沟槽区的压降值和压升值，分析可以得到水膜压力在沟槽进口区域的压降会在一定程度上提高轴承的承载力。当水流过沟槽区时，水膜压力的骤降及水膜厚度的增加会产生较大的抽吸作用，使得润滑水流入沟槽中，压差越大，抽吸作用越强。左三角形形貌的水膜压力恢复得最快，从而最大程度提高了水膜动压效应，如图 8.11 中沟槽 3 区域(III 部分)水膜压力分布所示。因此，相比于其他沟槽形貌，左三角形形貌能够产生更大的承载力。与此同时，在相同承载力下，左三角形形貌相比于其他微沟槽形貌能产生更大的动压载荷，从而使得接触载荷比减小，最终达到更好的接触效应，具有最小的摩擦系数。基于此，沟槽入口区压降值大小排序为左三角形 > 等腰三角形 > 右三角形 > 半椭圆形 > 矩形，对应的水流抽吸效应强弱和沟槽区压力恢复大小排序也与之一致。因此，出口区动压效应自左三角形、等腰三角形、右三角形、半椭圆形、矩形依次递减。对比不同耦合效应下不同微沟槽径向轴承的中心线水膜压力分布可知，耦合效应增强了微沟槽形貌在沟槽 1 处的增压效应及在沟槽 2 处的压力恢复能力，并且对不同微沟槽形貌的增强效果不同。最终导致在此阶段内，耦合效应较强，不同微沟槽形貌下径向轴承承载力之间的差异变大。然而，由于水膜压力增大，流体剪切力也随之增大，这两者的共同作用使得不同微沟槽形貌摩擦系数之间的差异减小。

通过对入口区沟槽 1 与出口区沟槽 2 位置的压力分布规律进行综合分析，最终得到在所讨论的微沟槽形貌中左三角形微沟槽具有最好的混合润滑性能与承载性能，而矩形微沟槽的表现最差，这一分析结果与数值模拟仿真结果一致。

通过综合不同微沟槽形貌对耦合效应下径向轴承承载性能和润滑性能的影响，可以得到以下结论：在所有微沟槽形貌中，承载性能与润滑性能的优劣排序依次为左三角形 > 等腰三角形 > 右三角形 > 半椭圆形 > 矩形，即在左三角形微沟槽形貌下，耦合效应下的径向轴承能够表现出最好的混合润滑特性。

8.1.2　微织构优化设计案例

滑动轴承和微织构几何形状如图 8.12 所示。

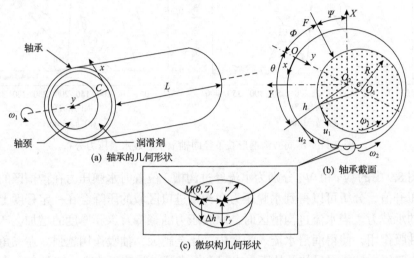

图 8.12　滑动轴承和微织构几何形状

1. 动压控制方程

$$\frac{\partial}{\partial x}\left(\frac{h^3}{12\mu}\frac{\partial P}{\partial x}\right)+\frac{\partial}{\partial z}\left(\frac{h^3}{12\mu}\frac{\partial P}{\partial z}\right)=\frac{u_2-u_1}{2}\frac{\partial h}{\partial x}+\frac{\partial h}{\partial t} \tag{8.1}$$

式中，h 为膜厚；P 为流体压力；μ 为润滑剂黏度；t 为时间；u_1 和 u_2 分别为表面 1 和表面 2 的线速度。

使用变量 $Z=z/L,\ \theta=x/R,\ \omega_2-\omega_1=(u_2-u_1)/R$ 进行无量纲化，则对于稳态运行的滑动轴承，雷诺方程(8.1)可改写为

$$\frac{\partial}{\partial\theta}\left(h^3\frac{\partial P}{\partial\theta}\right)+\left(\frac{R}{L}\right)^2\frac{\partial}{\partial Z}\left(h^3\frac{\partial P}{\partial Z}\right)=6\mu R^2\left[(\omega_2-\omega_1)\frac{\partial h}{\partial\theta}\right] \tag{8.2}$$

式(8.2)中流体膜的厚度 h 可表示为

$$h(\theta,Z)=C(1+\varepsilon\cos\theta)+\Delta h(\theta,Z) \tag{8.3}$$

式中，C 为径向滑动轴承间隙；$\varepsilon=e/C$ 为偏心率；$\Delta h(\theta,Z)$ 为由微织构表面引起的膜厚变化。

F 为施加在轴承轴颈上的静态外力。该案例中，滑动轴承在稳态条件下运行，施加的载荷 F 是恒定的且方向垂直($\Psi=0$)。在全局坐标系(O_2, X, Y)中，流体动

力载荷分量 W_X 和 W_Y 通过沿滑动轴承接触表面的压力场积分来计算。最终通过接触面情况和偏位角 $\varPhi$ 计算得到总载荷 W，如图 8.12(b)所示。

通过沿轴颈表面 $(y = h)$ 和沿轴承表面 $(y = 0)$ 的剪应力积分，可分别得到轴颈上的摩擦力矩 ξ_1 和轴承上的摩擦力矩 ξ_2。润滑膜上的剪应力表达式为 $\tau_{xy} = [\pm h / 2(\partial_p / \partial_x) + \mu(u_1 - u_2)/h]$。接触面间因流体摩擦产生的耗散功率可由方程 $p_d = \zeta_1\omega_1 + \zeta_2\omega_2$ 确定。轴向流体流动通过流体速度在轴向 z 的积分得到，膜截面面积 $ds = dx \cdot dy$。

2. 微织构深度数学模型

椭圆微织构的几何定义为

$$\frac{(x - x_c)^2}{r_x^2} + \frac{(\Delta h - y_c)^2}{r_y^2} + \frac{(z - z_c)^2}{r_z^2} = 1 \tag{8.4}$$

式中，r_x、r_y 和 r_z 分别为椭圆微织构在 x、y 和 z 方向上的半径；在球面几何的情况下，$r_x = r_z = r$，其中 r 为轴承面上的圆半径；Δh 为微织构表面的膜厚变化(图 8.12(c))；$O_c(x_c, y_c, z_c)$ 为微织构局部坐标的中心点，微织构的中心位于轴承表面，使 $y_c = 0$。

将球面微织构几何区域内轴承表面上点 M 的深度定义为

$$\Delta h = \frac{r_y}{r}\sqrt{r^2 - (x - x_c)^2 - (z - z_c)^2} \tag{8.5}$$

对于图 8.12(a)所示的径向轴承，研究椭圆微织构对其润滑特性的影响。沿周向角 θ 和轴向 Z 方向的织构数由参数 Nt_θ 和 Nt_Z 分别定义。对于给定数量的微织构($Nt_\theta \times Nt_Z$)，Nt_θ、Nt_Z 分别为奇数和偶数时在轴承表面的微织构分布如图 8.13 所示。

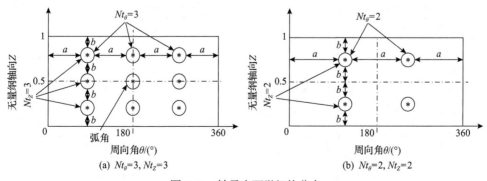

(a) $Nt_\theta = 3$, $Nt_Z = 3$ (b) $Nt_\theta = 2$, $Nt_Z = 2$

图 8.13 轴承表面微织构分布

　　为了显示微织构表面对滑动轴承性能的影响，对具有微织构表面的滑动轴承性能的结果与表 8.2 中光滑表面性能的结果（$L/D=1$）进行比较。

表 8.2　光滑表面轴承参数

参数	本模型结果		Vincent 的结果	
	工况一	工况二	工况一	工况二
外力振幅 F/N	12600	81591	12600	81591
Sommerfeld 数 S	0.1210	0.0187	0.1210	0.0187
偏心率 ε	0.601	0.901	0.600	0.900
偏位角 Φ/(°)	50.5	26.35	50.2	26.03
最大压力 P_{max}/MPa	7.7	83.58	7.0	81.71
最小膜厚 h_{min}/10^{-6}m	11.96	2.97	12.00	3.00
轴向流量 Q/(10^{-5}m³/s)	1.74	2.58	1.73	2.55

3. 结果分析

1）椭圆微织构大小的影响

　　首先比较三种不同半径和深度 (r, r_y)（分别为（10mm, 0.001mm）、（5mm, 0.001mm）和（1mm, 0.001mm））的椭圆微织构的最大压力、最小膜厚、轴向流量和摩擦力矩，结果如图 8.14 所示。

　　由图 8.14 可以看出，最大压力、最小膜厚、轴向流量、摩擦力矩与光滑表面的值有明显差异，且随着椭圆微织构尺寸的增加（$r=5$mm 和 $r=10$mm），差异越发明显。这种差异也随着 Nt_θ 的增大而变化，当椭圆微织构尺寸增大时，在轴承表面的密度也会增大，从而影响轴承特性。然而最小椭圆微织构尺寸（$r=1$mm）的各

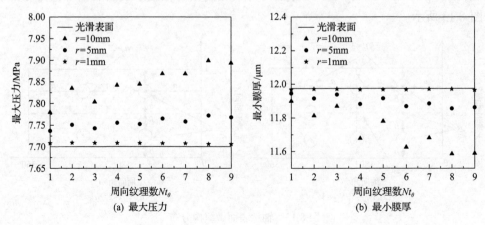

(a) 最大压力　　　　　　　　　　　　　　(b) 最小膜厚

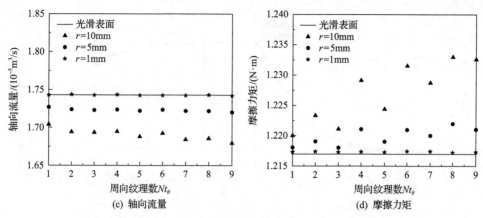

(c) 轴向流量

(d) 摩擦力矩

图 8.14 光滑表面和微织构表面对润滑性能的影响($r_y=0.001\text{mm}$，$Nt_Z=2$)

项值与光滑表面值的差异并不明显，这是因为椭圆微织构的数量不足以影响承载特性(微织构密度低)。

由图 8.15 还观察到 Nt_θ 为偶数和奇数时的结果之间存在差异，这种偏差随着 Nt_θ 的增大而减小(椭圆微织构密度的增加)。产生这种差异的原因是，Nt_θ 为奇数时(图 8.13(a))，在轴承中心($\theta=180°$处)存在微织构，而 Nt_θ 为偶数时(图 8.13(b))不是这种情况。与图 8.15(a)($Nt_\theta=2$)相比，轴承中心微织构的存在导致轴承中心与边缘之间的膜厚发生重要变化，如图 8.15(b)所示($Nt_\theta=3$)。

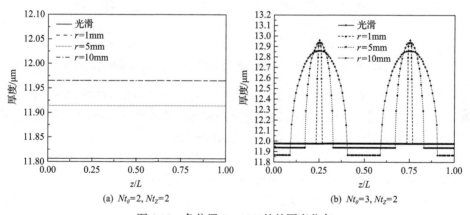

(a) $Nt_\theta=2$，$Nt_Z=2$

(b) $Nt_\theta=3$，$Nt_Z=2$

图 8.15 角位置 $\theta=180°$处的厚度分布

为了分析轴承特性随椭圆微织构深度的变化情况，取最小椭圆微织构尺寸 $r=1\text{mm}$，在整个轴承表面上取最大微织构数($Nt_\theta=98$，$Nt_Z=30$)，深度 r_y 从 0.00001mm 增加到 0.020mm，结果如图 8.16 所示。

图 8.16 中，最大压力、最小膜厚、轴向流量和摩擦力矩与光滑表面明显不同。随着椭圆微织构深度 r_y 的增大，这种差异越发明显，当深度 $r_y > 0.001\text{mm}$ 时，

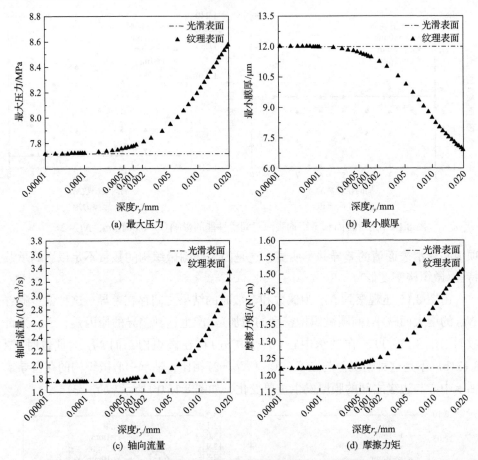

图 8.16 光滑表面和微织构表面润滑性能随椭圆微织构深度 r_y 的变化

这种差异急剧上升；当深度 $r_y > 0.010\text{mm}$ 时，微织构对接触特性的影响显著。

值得注意的是，比值 $h_{\min}/r_y$ 的变化是椭圆微织构深度 r_y 的函数，其中 $h_{\min}$ 为光滑表面轴承的最小膜厚，$h_{\min} = 0.01196\text{mm}$（表 8.2）。

de Kraker 等[4]认为，若比值 $h_{\min}/r_y < 1$，则使用雷诺方程来研究微织构对润滑性能的影响是有效的。这在 $r_y > 0.010\text{mm}$ 时得到了验证（图 8.17）。

对于接下来的其余部分，考虑尺寸为 $r = 1\text{mm}$ 和 $r_y = 0.012\text{mm}$ 的椭圆微织构。

2) 椭圆微织构数量的影响

首先，固定 Nt_θ 的值为 98，然后确定最大压力 $P_{\max}$、最小膜厚 $h_{\min}$、轴向流量 Q 和摩擦力矩 C 随 Nt_Z 的变化。Nt_Z 在 0～30 变化，相应的结果如图 8.18 所示。

图 8.18 中，最大压力和摩擦力矩均随着 Nt_Z 的增加而增加，而最小膜厚和轴向流量均随着 Nt_Z 的增大而减小。图 8.18(a) 中，除 $Nt_Z = 1$ 和 $Nt_Z = 3$ 外，所有情况

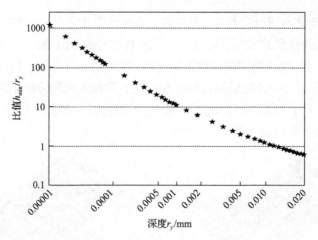

图 8.17 $h_{\min}/r_y$ 随椭圆微织构深度 r_y 的变化 ($r=1\text{mm}$, $Nt_\theta=98$, $Nt_Z=30$)

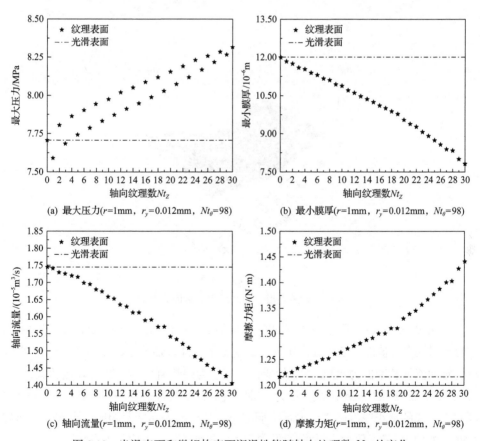

(a) 最大压力($r=1\text{mm}$，$r_y=0.012\text{mm}$，$Nt_\theta=98$)

(b) 最小膜厚($r=1\text{mm}$，$r_y=0.012\text{mm}$，$Nt_\theta=98$)

(c) 轴向流量($r=1\text{mm}$，$r_y=0.012\text{mm}$，$Nt_\theta=98$)

(d) 摩擦力矩($r=1\text{mm}$，$r_y=0.012\text{mm}$，$Nt_\theta=98$)

图 8.18 光滑表面和微织构表面润滑性能随轴向纹理数 Nt_Z 的变化

下的压力都高于光滑情况。若 Nt_Z 是偶数，则此压力会更大。这种差异随着 Nt_Z 的增大(椭圆微织构密度的增大)而减小。造成这种差异的原因是，Nt_Z 为奇数时，轴承中心($Z=1/2$ 处)处于椭圆微织构范围之内(图 8.13(a))，Nt_Z 为偶数则不然(图 8.13(b))，即位置 $Z=0.5$ 处微织构的存在造成了沿轴承周向薄膜厚度的显著变化。

　　图 8.19 显示了光滑表面、$Nt_\theta=20$ 和 $Nt_Z=10$ 的微织构表面及 $Nt_\theta=40$ 和 $Nt_Z=27$ 的微织构表面的膜厚分布。

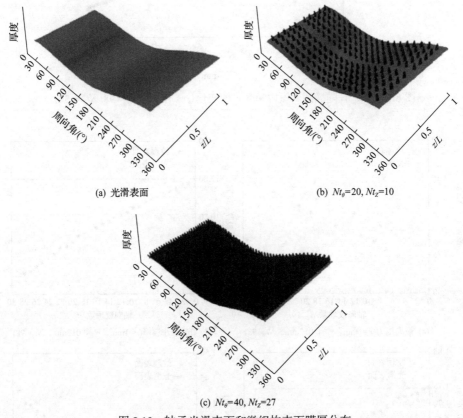

(a) 光滑表面　　　　　　　　　(b) Nt_θ=20, Nt_Z=10

(c) Nt_θ=40, Nt_Z=27

图 8.19　轴承光滑表面和微织构表面膜厚分布

　　图 8.19(b)和(c)呈现了两种不同微织构数量的表面构型。分析轴承表面椭圆微织构分布对润滑性能的影响：在固定 Nt_Z 的情况下，计算轴承参数(最大压力、最小膜厚、轴向流量和摩擦力矩)随 Nt_θ 的变化。Nt_Z 为偶数值(Nt_Z=28)和奇数值(Nt_Z=27)的结果如图 8.20 所示。最大压力、轴向流量、摩擦力矩随 Nt_Z 的增大逐渐增大，同时，薄膜的最小厚度随 Nt_Z 的增大而减小。与光滑表面情况相比，当 Nt_Z 为偶数(Nt_Z=28)时，最大压力、最小膜厚、轴向流量和摩擦力矩均大于奇数(Nt_Z=27)情况。对于较大的 Nt_Z，偶数或奇数的 Nt_Z 对轴向流量的影响显著。

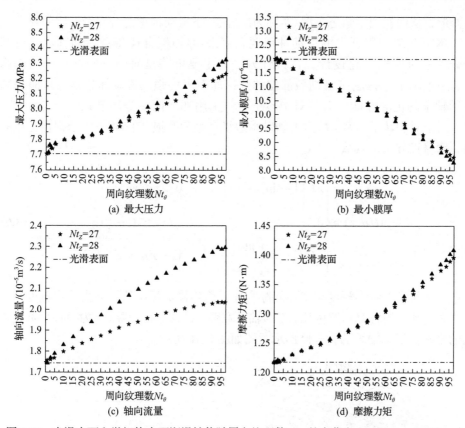

图 8.20　光滑表面和微织构表面润滑性能随周向纹理数 Nt_θ 的变化($r=1$mm，$r_y=0.012$mm)

偶数或奇数的 Nt_Z 和 Nt_θ 对轴承特性的影响目前是显而易见的。如前所述，在位置 $Z=1/2$（Nt_Z 为奇数(图 8.13(a)) 或位置 $\theta=180°$（Nt_Z 为偶数(图 8.13(b))处存在一系列微织构，分别沿轴承中心和圆周方向产生了显著的膜厚变化。轴承特性值随着轴承表面椭圆微织构密度的增大而增大。

8.2　滑动轴承抗磨损优化设计

8.2.1　基于修形优化的抗磨损设计案例

在传动部件(轴承、齿轮等)摩擦学优化设计领域，针对研究对象几何表面进行修形优化是表面设计的重点内容之一。在润滑状态下，表面轮廓的改变将显著影响摩擦副界面的磨损和润滑性能。

对于滑动轴承，通过轮廓修形对其混合润滑性能进行优化的研究鲜有报道，最早见于美国工程院院士王茜教授团队的研究[5,6]。该团队通过对滑动轴承端面进行修形，从而实现了瞬态工况（实际为准静态）下滑动轴承混合润滑性能的提升。

　　本节介绍利用开发的滑动轴承混合润滑-磨损耦合模型对滑动轴承进行基于修形的抗磨损优化设计，该设计方法的主要思路是对轴承轮廓进行局部修形，通过增加摩擦副接触剧烈部位的几何间隙来增强局部动压性能，从而提高滑动轴承的抗磨性能。对于对中转子，可采用如下两端修形方式。

　　对于对中转子，为了减少滑动轴承边缘接触和磨损（图5.4），本节提出正弦表面轮廓修正方法，其数学表达式为

$$M(\theta,z)=\begin{cases}\lambda C\left[1-\sin\left(\dfrac{\pi z}{2\chi L}\right)\right], & 0\leqslant z\leqslant \chi L \\ 0, & \chi L<z<(1-\chi)L \\ \lambda C\left\{1-\sin\left[\dfrac{\pi(L-z)}{2\chi L}\right]\right\}, & (1-\chi)L\leqslant z\leqslant L\end{cases}\tag{8.6}$$

式中，λ 为最大修形深度与半径间隙之比，简称修形深度比；χ 为修形宽度与轴承半宽之比，简称修形宽度比；L 为轴承宽度；C 为半径间隙；z 为沿轴承宽度方向的坐标。滑动轴承的轮廓修形示意图如图8.21所示。

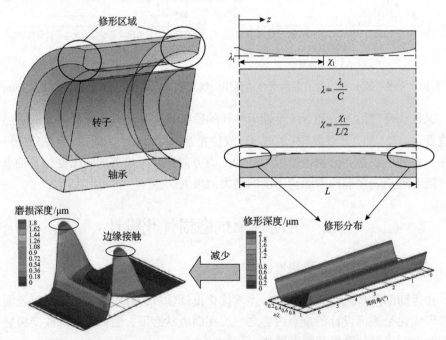

图8.21　滑动轴承的轮廓修形示意图

偏斜转子（轴颈变形、装配误差、偏载等因素）可能导致局部粗糙接触而造成

轴向非均匀磨损的不良现象。因此，采用一种端面修形的方法（同样采用正弦表达式）来改善和优化非对称接触和磨损。当轴颈倾斜端与轴承表面接触时，根据正弦表达式建立单侧修形深度 $h_p(\theta,z)$：

$$h_p(\theta,z) = \lambda C\left\{1 - \sin\left[\frac{\pi(L-z)}{2\chi L}\right]\right\}, \quad 1-\chi \leqslant z \leqslant L \tag{8.7}$$

偏斜轴承的轮廓修形示意图如图 8.22 所示。

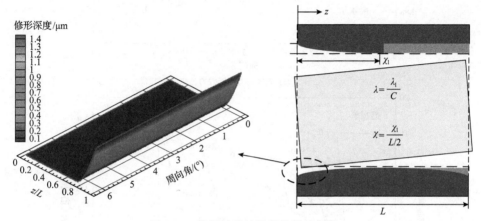

图 8.22　偏斜轴承的轮廓修形示意图

1. 水润滑滑动轴承修形优化设计案例

采用两端修形方法降低水润滑轴承边缘接触和磨损，与本案例相关的轴承尺寸、材料、工况参数等详见文献[7]。

为验证该轮廓修形优化磨损方法的有效性，对不同修形深度比下水润滑轴承与无修形水润滑轴承磨损性能进行对比。如图 8.23（a）所示，在不同修形深度比下，接触力在 t=5h 前迅速下降，随后接触力趋向于一个常数。由图 8.23（a）和（b）可以观察到，瞬态水膜力相比于瞬态接触力呈现反向变化趋势。在修形深度比 λ=0.04 和 λ=0.08 处产生的瞬态接触力小于 λ=0 处，这说明当前的轮廓两端修形方法可改善水润滑轴承的润滑和抗磨性能。

为了更合理地评估表面轮廓修形对水润滑轴承运行过程中热混合润滑-磨损耦合性能的影响，定义一段磨损时间内的润滑、接触、磨损和热等性能的平均值 $\bar{\vartheta}$，其可以表示为

$$\bar{\vartheta} = \frac{1}{t_w}\int_0^{t_w} \vartheta \mathrm{d}t \tag{8.8}$$

式中，t_w 为磨损时间；ϑ 为水润滑轴承热混合润滑性能参数。

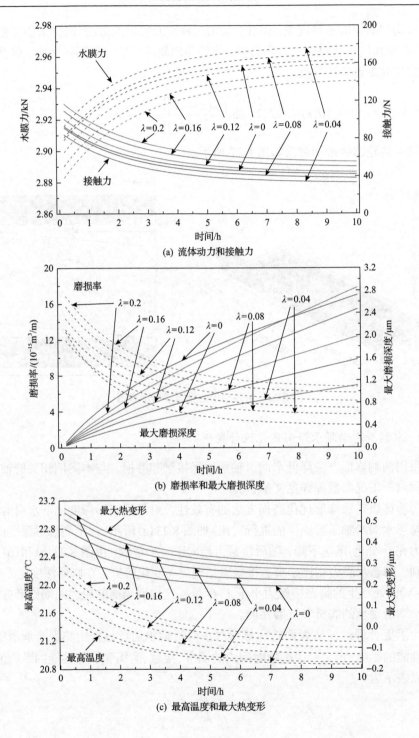

(a) 流体动力和接触力

(b) 磨损率和最大磨损深度

(c) 最高温度和最大热变形

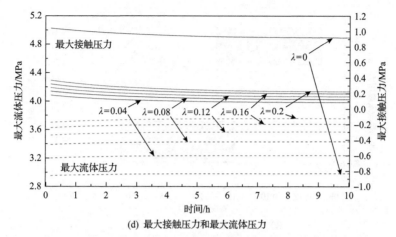

(d) 最大接触压力和最大流体压力

图 8.23 不同修形深度比下的瞬态热混合润滑-磨损(WFST)性能

由图 8.24(a)可以看出,当修形深度比 $\lambda < 0.04$ 时,平均接触载荷先减小,随后随着修形深度比的增大而不断增大,说明存在一个最优修形深度。在目前的工况条件下,λ 的最优值为 0.04。由图 8.24(a)还可以看出,当修形深度比小于 0.1 时,表面轮廓修形具有改善效果。如图 8.24(b)所示,在所有模拟情况下,表面轮廓的改变都显著降低了平均最大接触压力,随着修形深度比的增大,平均最大水膜压力和平均最高温度均不断增大。那么,最佳修形深度比是否受水润滑轴承结构和运行工况参数的影响,这个问题将在下面的分析中得到解答。

图 8.25 对比了等温动压润滑模型(HD)、弹性流体动力润滑模型(EHD)和热弹性流体动压润滑模型(TEHD)的分析结果,以确定热弹性变形和热效应对修形效果的影响。结果表明,热弹性变形特性对润滑、接触和磨损平均性能有显著影响。热弹性变形改变了润滑间隙,转子与轴承之间的接触减小,因此为了更准确地预测,优化设计中不能忽略热弹性变形的影响。

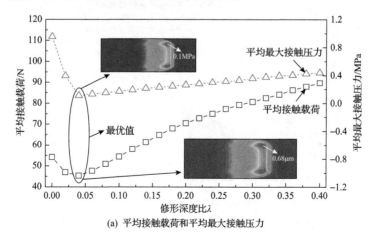

(a) 平均接触载荷和平均最大接触压力

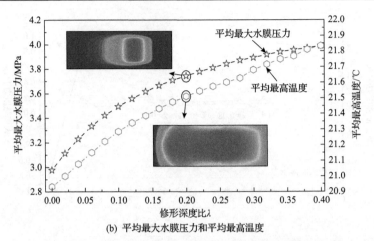

(b) 平均最大水膜压力和平均最高温度

图 8.24　修形深度比对热混合润滑-磨损平均性能的影响

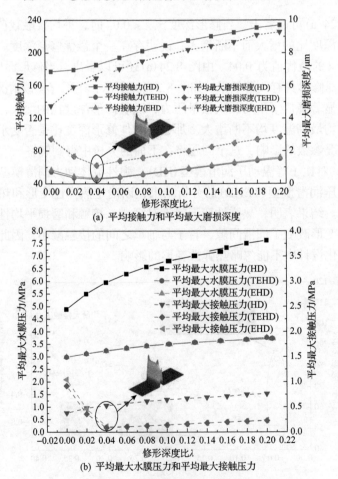

(a) 平均接触力和平均最大磨损深度

(b) 平均最大水膜压力和平均最大接触压力

图 8.25　三种模型的润滑、接触和磨损平均性能比较

1) 修形宽度和深度

上述结果表明，在磨损过程中，表面轮廓修形能够减小平均接触力和平均最大磨损深度，并存在一个最佳修形深度，此时平均接触力和平均最大磨损深度均达到最小值。不同修形宽度下的润滑、接触和磨损平均性能对比如图 8.26 所示。由图 8.26(a) 和 (b) 可知，当修形深度比 λ 为 0.04、修形宽度比 χ 为 0.3 时，平均最大磨损深度和平均接触力达到最小。当修形深度比增大时，尽管平均最大磨损深度处的最佳修形宽度比仍为 0.3，但平均接触力的最佳修形宽度比与之并不相同。由图 8.26(c) 可以看出，宽度和深度的改变都会导致平均最高温度增加。由图 8.26(d) 可以看出，平均最大水膜压力随着修形深度比和修形宽度比的增大而增大。

2) 表面粗糙度和半径间隙

为了验证表面轮廓两端修形方法在不同的轴承设计参数和运行条件下对水润滑轴承磨损性能优化的有效性，本节分析在不同表面粗糙度和不同半径间隙下，

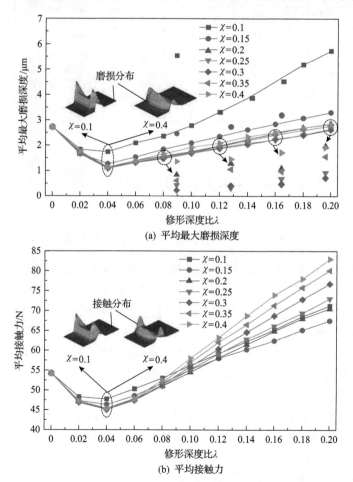

(a) 平均最大磨损深度

(b) 平均接触力

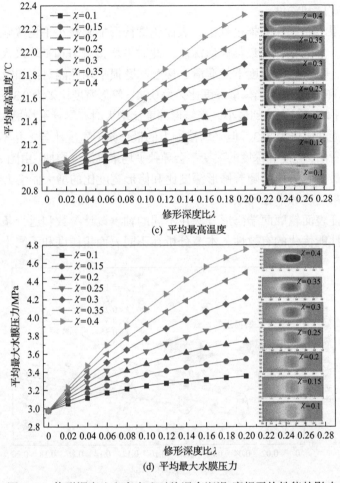

(c) 平均最高温度

(d) 平均最大水膜压力

图 8.26　修形深度比和宽度比对热混合润滑-磨损平均性能的影响

表面轮廓修形与未修形时，5h 内平均接触力、平均最大磨损深度等指标的相对误差。图 8.27(a) 的结果表明，当半径间隙为 0.05mm 时，表面轮廓修形降低了平均最大磨损深度，当表面粗糙度小于 1.0μm 时，较大的修形深度比可能导致平均最大磨损深度增加；随着表面粗糙度的增加，修形对平均最大磨损深度的影响逐渐减小。由图 8.27(b) 可知，当表面粗糙度为 0.6μm 时，在较大的修形深度比下，表面轮廓修形对磨损过程中平均接触力 F_c 不再具有优化效果。此外，由图 8.27 可以看出，在模拟工况下，最优修形深度比 λ 为 0.04。半径间隙的影响如图 8.28 所示，由于 λ 是修形深度与半径间隙的比值，不同半径间隙的修形深度是不同的。在某些参数范围内存在表面轮廓修形的负面影响，但合理的表面轮廓设计可以改善平均磨损和接触性能。结果表明，在不同表面粗糙度和半径间隙下，所提出的两端修形方法可有效提高水润滑轴承的抗磨性能。

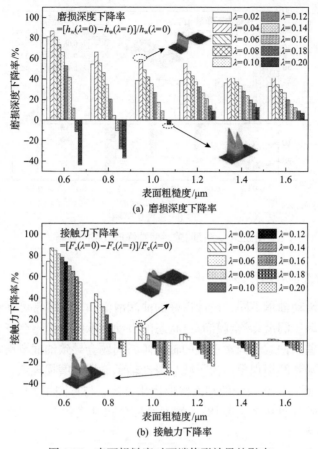

(a) 磨损深度下降率

(b) 接触力下降率

图 8.27　表面粗糙度对两端修形效果的影响

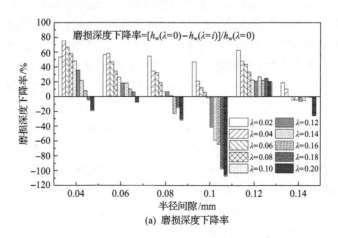

(a) 磨损深度下降率

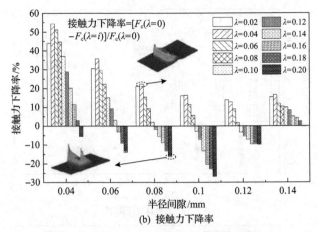

(b) 接触力下降率

图 8.28 半径间隙对两端修形效果的影响

2. 油润滑滑动轴承修形优化设计案例

与水润滑滑动轴承不同，设计良好的油润滑滑动轴承通常可在动压润滑状态下运转，处于动压润滑(或全膜润滑)状态的滑动轴承的界面不会产生任何磨损。然而，装配误差、偏载等因素造成的轴颈倾斜问题会导致油润滑滑动轴承内表面出现非均匀接触和磨损现象。为了减少滑动轴承非均匀磨损现象，本节介绍基于混合润滑-磨损瞬态耦合模型的端面修形优化方案，与算例相关的尺寸、结构、材料、工况等参数详见参考文献[8]，端面修形公式见式(8.7)，端面修形数值模拟流程如图 8.29 所示。

1) 修形深度和修形宽度比的影响

不同修形深度和修形宽度比下平均接触力和平均流体载荷的变化如图 8.30(a)所示。由图可见，各修形宽度比下的平均接触力先减小后增大。当修形深度比小于 0.03 时，修形效果为正，即为图中修形有效面积。当修形深度比 $\lambda=0.02$、修形宽度比 $\chi=0.6$ 时，平均接触力达到最小值，而平均流体载荷呈现相反的趋势，说明 $\lambda=0.02$ 和 $\chi=0.6$ 是当前仿真条件下的最优修形参数。事实上，轮廓修形是通过降低挠度峰值压力及将边缘压力移动到轴承中心来提高轴承的承载力。

当修形宽度比小于 0.4 时，最佳修形深度比为 0.01。图 8.30(b)表明，随着修形深度比的增加，平均最大磨损深度也呈现先减小后增大的趋势。当 $\lambda<0.04$ 时，轮廓修形有效降低了最大磨损深度。同样，最大磨损深度在 $\lambda=0.02$ 和 $\chi=0.6$ 时达到最小值。结果表明，适当增加修形深度可以增加最小油膜厚度，显著减少粗糙接触，使混合润滑状态向流体动力润滑状态转变；从整体增强润滑和减少磨损的角度来看，修形深度比 λ 为 0.02 和修形宽度比 χ 为 0.6 是最优的。由图 8.30(c)可以看出，随着修形宽度比的减小，平均最大接触压力减小，存在一个最佳修形

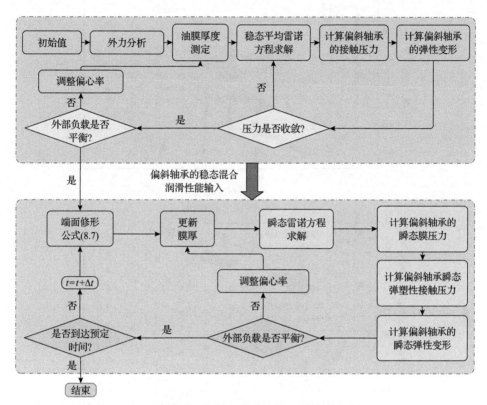

图 8.29　偏斜滑动轴承数值模拟流程

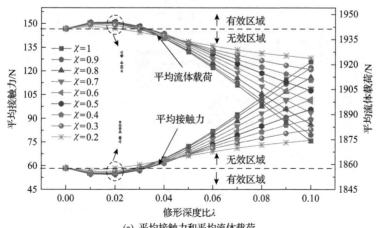

(a) 平均接触力和平均流体载荷

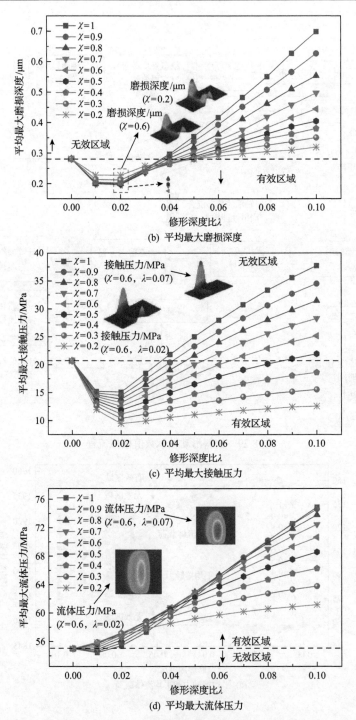

图 8.30 不同修形参数对偏斜滑动轴承混合润滑和动态磨损行为的影响

深度比，也为 0.02。事实上，偏斜轴承的最大接触压力是由轴承端面产生的，在一定范围内的单侧轮廓修形总是可以通过产生更厚的油膜来降低最大接触压力。如图 8.30(a)～(c)所示，混合润滑-磨损耦合平均性能对修形深度比的敏感性由强到弱依次为平均最大接触压力、平均最大磨损深度和平均接触力。然而，从平均最大流体压力来看，如图 8.30(d)所示，特别是当修形深度比小于 0.7 时，修形几乎总是有效的。此外，还可以看出较小的修形宽度比磨损优化效果较差。

2)轴长的影响

由图 8.31 可以看出，偏斜轴承的磨损和接触对修形宽度的敏感性小于修形深度，因此将修形宽度比固定为 0.6。此外，为了说明修形的有效性，采用一个相对

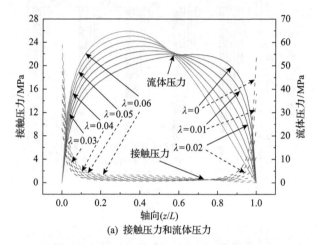

(a) 接触压力和流体压力

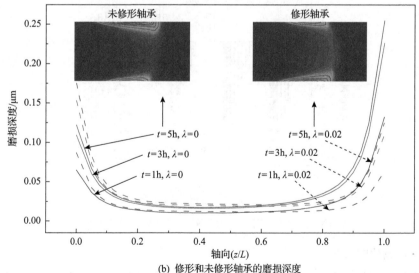

(b) 修形和未修形轴承的磨损深度

图 8.31　不同修形深度比下偏斜滑动轴承的轴向分布

误差参数, 不同修形深度比下轴长对修形效果的影响如图 8.32 所示。由图可以看出, 修形深度比越大, 单边修形对平均接触力减小的影响越弱, 而这种负面影响会随着轴长的增加而减弱。同样, 较小的修形深度比总是能够减小最大磨损深度, 尤其是轴长为 70mm 时, 修形深度比在 0.01~0.1 范围内完全呈现为正面影响。对这一结果的合理解释是, 较长的轴在相同的外载荷下会产生较大的偏位角, 这就需要较大的修形深度来减少边缘磨损。因此, 对于相对较长的轴承, 合理的轮廓修形设计可以提高偏斜滑动轴承的抗磨性能。

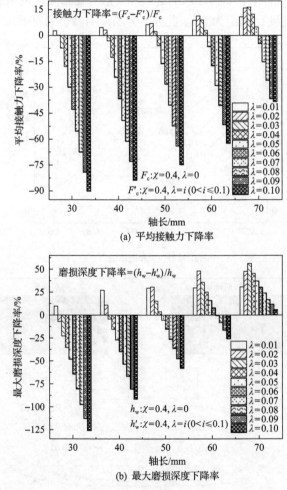

图 8.32　不同修形深度比下轴长对修形效果的影响

3) 外载荷的影响

图 8.33 对比了不同外载荷和不同修形深度比下的平均接触力下降率和最大磨损深度下降率, 可以看出, 小修形深度比的效果更好。如图 8.33(a) 和 (b) 所示,

当外载荷不超过 1500N 时，最优修形深度比不再是 0.02，而是 0.01。在轻负载条件下不建议轮廓修形，如 1000N，因为轴颈产生的偏斜角可以忽略不计。然而，随着外载荷的增大，单边修形方法在降低边缘接触方面表现出了较大的优势。

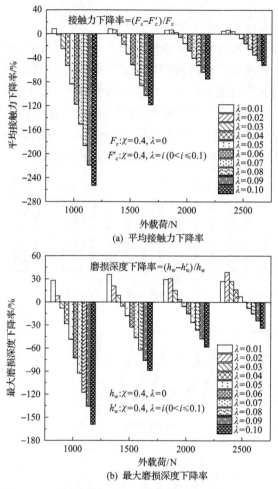

图 8.33　不同修形深度比下外载荷对修形效果的影响

总体来说，上述结果表明，在某些参数范围内端面修形方法存在负面影响，但合理的修形参数设置有助于提高混合润滑下偏斜滑动轴承的抗磨性能，这一效果与轴颈的偏斜角密切相关。

8.2.2　基于微沟槽优化的抗磨损设计案例

如 8.1.1 节所述，合理选取微沟槽底部形状（或轮廓形状）可优化滑动轴承混合润滑性能。此外，通过采取不同的微沟槽分布（直槽、斜槽、人字槽等）及不同的微沟槽布置(部分沟槽、全沟槽等)可优化微沟槽滑动轴承的抗磨损性能。本节将以作者团队基于微沟槽分布/布置的水润滑轴承抗磨损性能优化研究为案例,展示如何通过数值方法进行微沟槽滑动轴承抗磨损优化设计[9]。

1. 微沟槽类型优化

选用三种工程中常见的沟槽类型开展研究,按照沟槽的轴向分布可分为直槽、斜槽、人字槽。图 8.34 为三种沟槽的几何结构示意图,沟槽沿着轴承周向均匀排列。沟槽的角度定义为沟槽单元的中心线与轴承轴向夹角中较小的锐角。为了更全面地评估沟槽类型对界面混合润滑-磨损瞬态耦合性能的影响,对比分析直槽、斜槽 15°、斜槽 30°、人字槽 15°和人字槽 30°五组算例在轴承系统额定工况下(外载荷为 1200N,转速为 1000r/min)的变化曲线及分布规律。

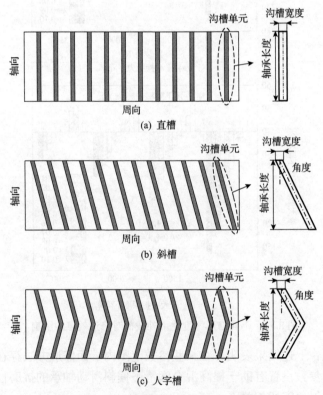

图 8.34　沟槽类型及几何结构示意图

如图 8.35 所示,在额定工况下不同的沟槽类型表现出较为明显的差异,磨损体积随着时间的增加逐渐增大,五种沟槽类型的磨损体积由小至大依次为人字槽 15°、斜槽 15°、直槽、人字槽 30°及斜槽 30°。从磨损率的变化规律可以看出,随着运行时间的增加，各组磨损率在经过初期的减小后逐渐趋于平稳。值得注意的是，在磨损时间小于 5.5h 时，直槽的磨损率大于斜槽 15°，而当磨损时间超过 6h 时，直槽的磨损率小于斜槽 15°。同时，相比于其他三组，斜槽 30°和人字槽 30° 表现出较明显的磨损加剧，可见沟槽的角度对摩擦副界面的摩擦性能具有较大影响。

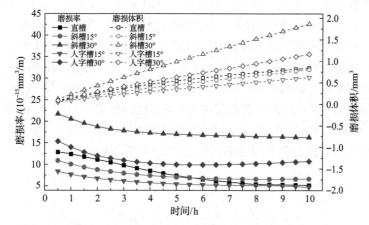

图 8.35　额定工况下五种沟槽类型的水润滑轴承磨损率与磨损体积对比

2. 沟槽角度优化

基于前述结果，本节选用人字槽作为水润滑微沟槽轴承的结构形式，分析不同的沟槽角度对轴承混合润滑-磨损瞬态耦合性能的影响，为轴承沟槽几何结构的优化设计提供一定的参考。

设定轴承运行工况为外载荷 1200N，转速 1500r/min，运行时间 5h。图 8.36 为沟槽角度对摩擦学性能的影响分析对比，包括表征磨损行为的磨损体积、磨损率，

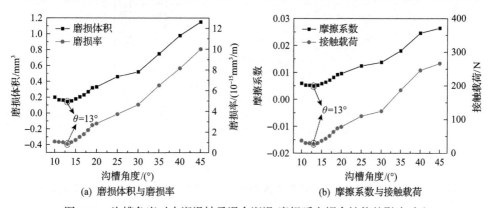

(a) 磨损体积与磨损率　　　　　　　(b) 摩擦系数与接触载荷

图 8.36　沟槽角度对水润滑轴承混合润滑-磨损瞬态耦合性能的影响对比

表征界面摩擦接触现象的摩擦系数、接触载荷。在选取的角度范围内（10°～45°），磨损体积和磨损率随着沟槽角度的增加先减小后增大（图 8.36(a)），图 8.36(b) 中也可以得到类似的结果，其中当沟槽角度为 13°时，水润滑轴承的抗磨性能最佳。

图 8.37 为轴承系统摩擦副界面混合润滑-磨损瞬态耦合性能在不同沟槽角度下随时间的变化规律。选取的沟槽角度为 10°～20°，可以看到在运行时间达到 5h 时，轴承的摩擦学性能趋于平稳，说明在选定的运行时间内，摩擦副界面达到了稳定磨损阶段。不同的沟槽角度随时间的变化规律比较稳定，随着运行时间的增加，磨损行为逐渐减弱，而动压润滑性能略微增强。当轴承沟槽角度为 13°时，具有最小的磨损体积和磨损率。值得注意的是，当沟槽角度大于 17°时，轴承的最小水膜间隙在运行时间超过 2h 时出现略微的降低。由磨损深度分布图（图 8.38）可以观察到，沟槽角度为 13°时的最大磨损深度 0.69μm 比沟槽角度为 16°时的最大磨损深度 0.96μm 下降了 28%。综上所述，即使沟槽角度发生很小的改变，也会对水润滑轴承摩擦副界面的磨损行为和混合润滑性能产生一定的影响。

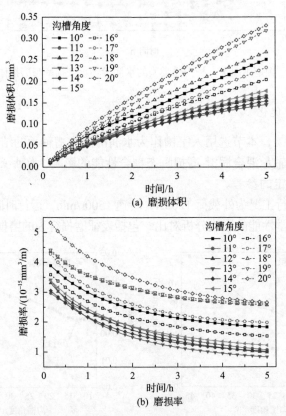

图 8.37　不同沟槽角度下水润滑轴承混合润滑-磨损瞬态耦合性能随时间的变化对比

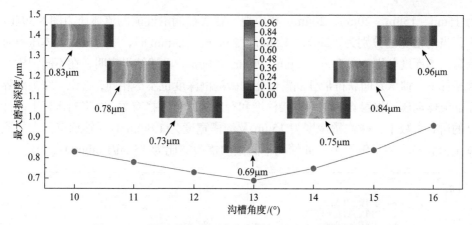

图 8.38　不同沟槽角度下水润滑轴承的最大磨损深度对比

3. 微沟槽深度和宽度优化

　　微沟槽结构参数中，微沟槽深度和沟槽宽度均为重要的设计指标，对摩擦副的动压润滑性能和磨损行为具有重要影响。大多数情况下，微沟槽深度和沟槽宽度对摩擦性能的影响是耦合作用的结果，合理的沟槽深宽比所产生的"阶梯轴承效应"会为沟槽区域的流体动压提供一个额外的动压力，可以有效地提升水膜承载力。就微沟槽深度而言，合理的微沟槽深度有利于润滑液的存储并产生有效的挤压效应，增加最小水膜间隙，提高承载力。但是当微沟槽深度不断增大时，流体的挤压效果减弱，速度梯度和剪切力减小，沟槽内的润滑液难以通过挤压力被带到润滑界面，导致润滑性能下降和磨损加剧。

　　随着沟槽宽度增加，流体压力表现出增大的趋势，但是当沟槽宽度过大时，出口端泄压会导致平均压力在一定程度上减小。总而言之，在选定的工况条件下，设计合理的微沟槽深度、沟槽宽度及沟槽深宽比，对微沟槽水润滑轴承的性能优化将起到积极作用。

　　根据以往的设计经验和相关资料，选定以下几组微沟槽深度和沟槽宽度范围。微沟槽深度的研究范围设定在 10～30μm，分为五组（10μm、15μm、20μm、25μm 和 30μm），相邻两组差值为 5μm。沟槽宽度的研究范围为 1.2～2.4mm，分为四组（1.2mm、1.6mm、2.0mm 和 2.4mm），相邻两组差值为 0.4mm。在运行工况（外载荷为 1200N，转速为 1000r/min）及相同的磨损时间（5h）下对不同的沟槽几何结构参数进行计算分析。图 8.39 为不同沟槽宽度和微沟槽深度下水润滑轴承的接触压力和流体压力。如图 8.39（a）所示，在当前设定的外部条件下，沟槽宽度为 1.6mm 时，各组微沟槽深度都有最小的接触压力。从更广的范围来看，在沟槽宽度分别为 1.2mm、1.6mm、2.0mm、2.4mm 时，取得最低接触压力时的微沟槽深度分别

为 15μm、15μm、20μm、20μm。相应地，在表征润滑性能的流体压力图 8.39(b)
中，当沟槽宽度分别为 1.2mm、1.6mm、2.0mm、2.4mm 时，取得最大流体压力时
的微沟槽深度分别为 15μm、15μm、20μm、20μm。上述结果表明，在不同沟槽宽
度条件下，轴承界面获得最佳润滑性能的微沟槽深度也不尽相同，这说明摩擦副界
面的流体动压和接触行为与微沟槽深度和宽度的综合选择有关。在当前运行工况计
算的所有参数中，微沟槽深度为 15μm 及沟槽宽度为 1.6mm 时，轴承有最大的流
体压力和最小的接触压力，此情况下的微沟槽深宽比为 15μm/1.6mm≈0.0094。

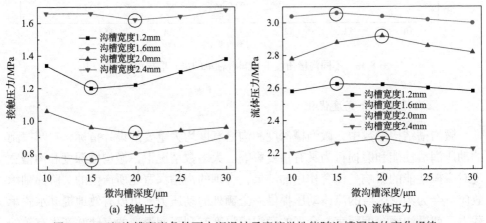

(a) 接触压力　　　　　　　　　　　　　(b) 流体压力

图 8.39　四组沟槽宽度条件下水润滑轴承摩擦学性能随沟槽深度的变化规律

4. 沟槽面积比优化

在水润滑轴承系统中，运转方式大部分为轴承固定而转子处于旋转状态，因
此轴承内衬层表面的微织构的面积比和分布位置会对摩擦副界面的动态混合润
滑-磨损耦合性能产生显著影响。Brizmer 等[10,11]的研究结果表明，某些条件下滑
动轴承部分织构相较于全槽式织构具有更高的承载能力。这是因为部分织构的沟
槽类似阶梯滑动轴承结构，并利用集体凹窝效应来改善轴承性能。不同的沟槽面
积比和分布位置会直接影响界面间的磨损现象、接触行为及动压水膜的形成。因
此，需要详细评估水润滑轴承微沟槽的分布方式对轴承摩擦学性能的影响，综合
分析结果对对沟槽分布方式进行优化设计。如图 8.40 所示，选取五种不同的沟槽
面积比并与无沟槽的情况进行对比，沟槽的面积比从小到大依次为 8/24、12/24、
16/24、20/24 及全沟槽(24/24)。为了排除其他沟槽参数的影响，在不同的沟槽分
布面积比下，保持沟槽宽度和数量一致。如图 8.41 所示，轴承在运行中处于固定
状态，不同的沟槽分布位置也将对结果产生影响，因此分别将轴承周向底部和顶
部的中心作为沟槽分布的中心。为了区分不同分布位置和沟槽面积比的计算条件，
将分布于轴承下端的四组沟槽面积比分别记为 B-8/24、B-12/24、B-16/24、B-20/24，

将分布于轴承上端的四组沟槽面积比分别记为 T-8/24、T-12/24、T-16/24、T-20/24，加上无沟槽和全沟槽（W-24/24）两种情况，总计十组算例进行对比分析。

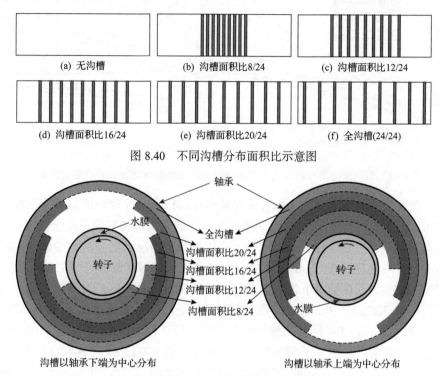

图 8.40　不同沟槽分布面积比示意图

图 8.41　两种分布位置的沟槽面积比示意图

图 8.42（a）和（b）分别为外载荷 1200N、转速 1000r/min 工况条件下，不同沟槽面积比的水润滑轴承磨损体积和磨损率随时间的变化规律。由图可以明显地观察到沟槽面积比和分布位置对轴承的磨损性能具有重要影响。位于轴承周向下端的沟槽分布的磨损体积和磨损率相较于轴承上端分布出现了明显的增加。轴承下端四组面积比的磨损行为从高到低依次为 B-8/24>B-12/24>B-16/24>B-20/24>全沟槽。值得注意的是，全沟槽式的磨损体积和磨损率略小于 B-20/24，而这两种沟槽分布位置产生的磨损量较其他三组明显降低。通过对轴承下端四组沟槽面积比的分析初步可以得出，当沟槽出现在轴承周向下端时将造成摩擦界面的磨损行为显著增加。轴承周向上端的沟槽分布也会使磨损出现轻微的下降，而位于周向左右两端位置的沟槽分布似乎对轴承的减磨效果起到了比较明显的增强作用。现在继续讨论位于沟槽周向上端的几组情况，按照磨损体积和磨损率从高到低依次为 T-20/24>无沟槽>T-8/24>T-12/24>T-16/24。就 T-8/24 和无沟槽两组情况进行分析，T-8/24 这一组的水润滑轴承获得了更好的耐磨性能，尽管差异比较小，但也说明了位于周向上端的沟槽分布会增加轴承的减磨效果。T-16/24 组的减磨效果优于

T-12/24 组，说明位于周向两侧的沟槽分布会提高轴承的抗磨性。

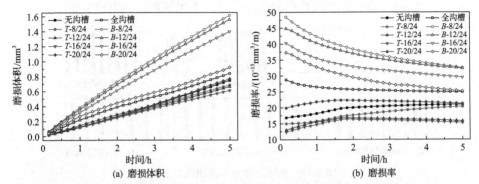

图 8.42　不同微沟槽分布方式下水润滑轴承瞬态磨损性能随时间的变化的对比

十种微沟槽分布方式的水润滑滑动轴承在运行为 10h 时的磨损深度三维分布对比图如图 8.43 所示，各组磨损深度与前面的磨损体积和磨损率变化保持一致。先从沟槽面积比来看，在轴承上端加上全沟槽五组情况的磨损深度中，全沟槽的磨损深度最高且达到 2.05μm，而 T-16/24 的最大磨损深度最低且为 1.70μm，为全沟槽的 82.9%。而在轴承下端几种面积比的磨损深度中，B-8/24 的最大磨损深度最高且达到 3.42μm，B-20/24 的最大磨损深度最低且为 2.09μm，仅为 B-8/24 的61.1%。可以看出，在相同的沟槽数量和宽度条件下，沟槽面积比对轴承的磨损性能具有比较显著的影响。下面分析沟槽位置的影响，T-12/24 和 B-12/24 两组的最大磨损深度分别为 1.76μm 和 3.34μm，前者为后者的 52.7%。T-8/24 和 B-8/24 两组的最大磨损深度分别为 1.89μm 和 3.42μm，前者为后者的 55.3%。同样，沟槽位置的变化对轴承磨损性能也有比较显著的影响。因此，在一定的工况条件下，选定合理的沟槽面积比和沟槽位置将对水润滑轴承磨损性能的提高起到关键作用。

5. 沟槽分布位置优化

为了进一步探究沟槽分布位置对微沟槽水润滑滑动轴承系统摩擦副界面混合润滑-磨损耦合性能的影响，设置八组沟槽位置不同而沟槽面积比相同(1/4)的算例进行对比分析。如图 8.44 所示，转轴沿逆时针方向转动，八组不同位置的微沟槽沿着轴承周向的逆时针方向依次分布，以微沟槽分布区域的中心线和轴承周向竖直向上方向为夹角，分别记为 0°、45°、90°、135°、180°、225°、270° 及 315°。图 8.45 给出了磨损时间为 10h、不同沟槽位置时水润滑轴承的磨损率。与前面的分析结果相一致，当沟槽分布于轴承下端附近时包括 135°、180°、225° 三种情况，轴承系统摩擦副界面间的磨损现象明显加剧，而其他五种微沟槽位置按照磨损率从大到小依次为 90°>45°>0°>315°>270°。与前面分析相吻合的是，沟槽分布于轴

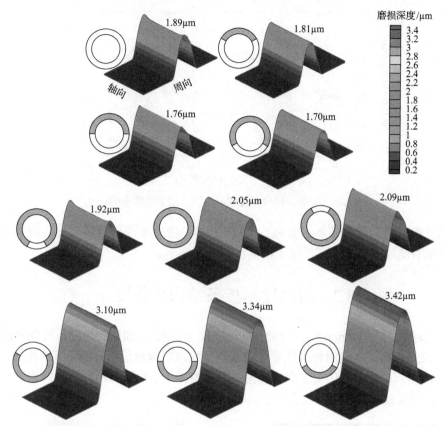

图 8.43　不同沟槽分布方式的水润滑滑动轴承磨损深度分布对比

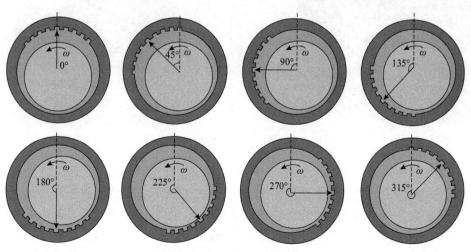

图 8.44　不同沟槽分布位置示意图

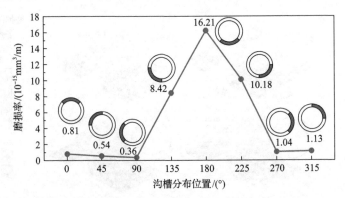

图 8.45　不同沟槽分布位置时水润滑轴承磨损率的对比

承侧方的磨损率低于分布于轴承上端的磨损率。有一点需要特别关注，沟槽分布
在轴承右侧时的磨损率高于位于轴承左侧的磨损率。

8.3　滑动轴承板条结构优化设计

当轴颈大于 300mm 时，特别是在更大尺寸要求下（如船舶推进系统艉轴轴系
中），采用板条式水润滑轴承比整体式或剖分式水润滑轴承具有更显著的优势，如
图 8.46 所示。根据流体动力润滑理论，不同的板条结构具有不同的几何膜厚，因
此对水润滑轴承的润滑特性会产生影响。

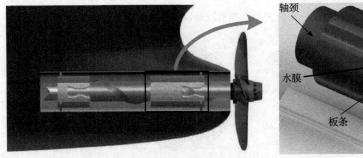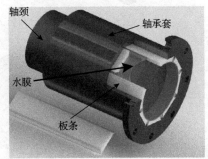

图 8.46　用于船舶的板条式水润滑轴承

本节以弧形板条式水润滑轴承结构的优化设计为例[12]，展示如何通过滑动轴
承瞬态摩擦动力学模型分析结果优化板条结构，使之具备最优的瞬态混合润滑性
能。图 8.47 为弧形板条式水润滑轴承的结构简图。图 8.48 给出了弧形板条式水润
滑轴承坐标系及不同板条曲线。如图 8.48(b) 所示，$\alpha=0$ 代表板条轮廓曲率半径
等于轴承内径，$\alpha>0$ 代表板条轮廓曲率半径大于轴承内径，$\alpha<0$ 代表板条轮廓曲
率半径小于轴承内径。

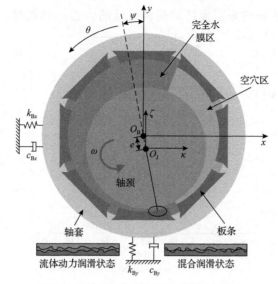

图 8.47　弧形板条式水润滑轴承结构简图

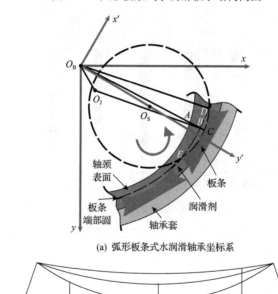

(a) 弧形板条式水润滑轴承坐标系

(b) 不同板条曲线

图 8.48　弧形板条式水润滑轴承坐标系和不同板条曲线

1) 板条曲率半径优化设计

图 8.49 给出了不同板条曲率半径下板条式水润滑轴承的润滑性能参数变化。由图 8.49(a) 可以看出，在整个模拟过程中，板条曲率半径系数 $\alpha = -2$ 的板条式水

润滑轴承表现出最高的瞬态流体载荷和最低的瞬态接触载荷，与其他 5 种情

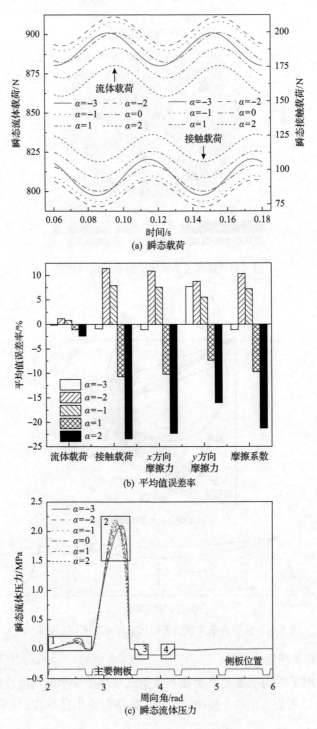

(a) 瞬态载荷

(b) 平均值误差率

(c) 瞬态流体压力

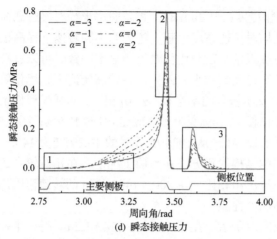

(d) 瞬态接触压力

图 8.49　不同板条曲率半径下板条式水润滑轴承的润滑性能

况相比，瞬态混合润滑性能更好。此外，一个轴颈旋转周期内的轴承平均性能(平均接触力、流体承载力、摩擦系数等)通常更能代表轴承的整体摩擦动力学特性，因此比较不同板条曲率半径系数的板条式水润滑轴承的平均性能。如图8.49(b)所示，与瞬态润滑行为一致，$\alpha = -2$ 的板条式水润滑轴承的平均性能表现为最优，其中的平均值误差率表示与 $\alpha = 0$ 的板条式水润滑轴承相比相应性能的提升程度，该值越大，表明改善效果越显著。为了进一步揭示板条曲率半径对板条式水润滑轴承摩擦动力学特性的影响机理，选取 $t = 0.15\mathrm{s}$ 时的瞬态中心水膜压力和接触压力进行对比分析，如图 8.49(c)和(d)所示。由图 8.49(c)可以看出，由于板条曲率半径不同，空化区宽度相似，流体载荷主要受区域 2 的主流体压力峰值和区域 1 的二次流体压力峰值的影响。在区域 1 中，$\alpha = -2$ 的二次压力峰高于其他四种情况，但 $\alpha = -3$ 的情况除外。同时，在区域 2 中，尽管 $\alpha = -2$ 的主压力峰的高度低于板条曲率半径系数为 0、1 和 2 的情况，但宽度最大。此外，在图 8.49(d)中，板条曲率半径系数为 -3 和 -2 的接触压力区域比其他四种情况更窄，并且 $\alpha = -2$ 时的接触压力峰低于 $\alpha = -3$ 时的接触压力峰。因此，$\alpha = -2$ 的板条式水润滑轴承表现出最佳的瞬态混合润滑性能和平均性能。综上所述，综合考虑动力响应和混合润滑性能，在所研究的工况下，板条式水润滑轴承的板条曲率半径系数最优值为 -2，平均接触载荷和摩擦系数降低 10%。

2)最优曲率半径的参数依赖性

为评估所提结构优化参数在不同工况下的适用性，进一步比较分析转速、半径间隙和表面粗糙度等关键参数对不同板条曲率半径系数、平均接触载荷比和摩擦系数比的影响，如图 8-50 所示。图中，平均接触载荷比 = $[\bar{F}_{\mathrm{c}}(\alpha = 0) - \bar{F}_{\mathrm{c}}(\alpha = i)] / \bar{F}_{\mathrm{c}}(\alpha = 0)$，平均摩擦系数比 = $[\bar{f}_{\mathrm{fric}}(\alpha = 0) - \bar{f}_{\mathrm{fric}}(\alpha = i)] / \bar{f}_{\mathrm{fric}}(\alpha = 0)$。在半径间隙

C=0.04mm 和表面粗糙度σ_s=1.2μm 时，板条曲率半径对接触载荷和摩擦系数的影响趋势基本相同，均对转速高度敏感。这表明不同转速下提高板条式水润滑轴承混合润滑性能的最优板条半径和优化效果明显不一致。可以看出，随着转速的增加，最佳板条曲率半径逐渐减小。此外，在较高转速下，优化效果更为明显。如图 8.50(a)所示，与基本板条曲率半径(α=0)相比，非圆弧形板条平均接触载荷比降低，从 1000r/min时的 11.4%变为 1400r/min时的 18.2%；图 8.50(b)中，非圆弧形板条平均摩擦系数比降低，从 1000r/min 时的 10.3%变为 1400r/min 时的 15.8%。综上所述，所提出的结构优化方法在当前工况下，在相对较高的速度下表现出更好的效果。此外，与 α=0相比，在 800~1400r/min 的转速范围内，存在更好的板条结构，可以提高润滑性能。

　　如图 8.50(c)和(d)所示，在 1000r/min 和σ_s=1.2μm 时，半径间隙对提高板条式水润滑轴承混合润滑性能的最佳板条半径和优化效果有轻微影响。该结果表明，

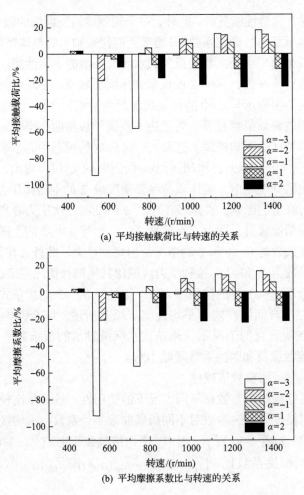

(a) 平均接触载荷比与转速的关系

(b) 平均摩擦系数比与转速的关系

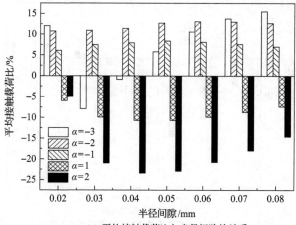

(c) 平均接触载荷比与半径间隙的关系

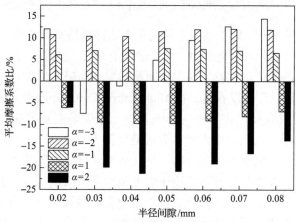

(d) 平均摩擦系数比与半径间隙的关系

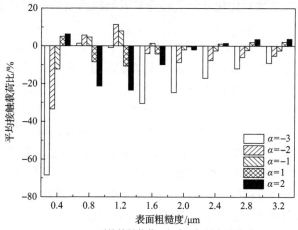

(e) 平均接触载荷比与表面粗糙度的关系

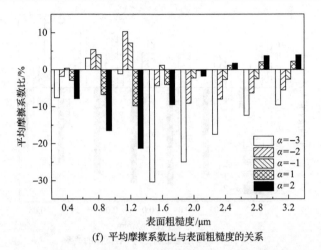

(f) 平均摩擦系数比与表面粗糙度的关系

图 8.50 不同转速、半径间隙和表面粗糙度下板条曲率半径系数对平均接触载荷和摩擦系数的影响

无论半径间隙如何变化，板条曲率半径优化方法都保持其有效性。需要注意的是，在半径间隙 0.03～0.06mm 范围内，α 的最优值在–2 处保持一致，这是此类轴承常用的半径间隙范围，优化效果随半径间隙的增加而略有增加。

由图 8.50(e) 和 (f) 可以看出，在 1000r/min、C=0.04mm 时，表面粗糙度对最佳板条曲率半径系数和优化效果的影响显著，但影响趋势复杂。表面粗糙度为 0.8μm 和 1.2μm 时，板条曲率半径系数的最优值为–2，而在其他三种情况下，最优值不同，在表面粗糙度为 1.2μm 时，优化效果最佳。结果表明，在所研究的工况下，目前的优化方法可能并不适用于表面粗糙度较大的情况。在模拟案例中，当表面粗糙度小于 1.6μm 时，优化方法表现出良好的效果，涵盖了轴承典型的表面粗糙度。综上所述，板条式水润滑轴承的最佳板条曲率半径高度依赖于工况，最佳板条曲率半径系数和优化效果受转速和表面粗糙度的影响显著，而受半径间隙的影响较小。

图 8.51 中，工况条件与前面保持一致，可以看出，板条参数显著影响最佳板条曲率半径和优化效果；随着板条曲率半径系数的减小，在某一轴颈位置下，几何水膜厚度增加，这可能降低板条式水润滑轴承的承载力。由图 8.51(a)、(b) 和 (e)、(f) 可以看出最佳板条曲率半径系数随板条占比的增减趋势，板条占比为 0.76 是临界值，优化区间前为正，后为负，且优化效果随板条占比与临界值的差值而增大。在图 8.51(c)、(d) 和 (e)、(f) 中，板条数从 5 变化为 8 时，最佳板条曲率半径系数为负，板条数为 6 时优化效果最好。然而，当板条数为 10 时，在当前工况下没有优化效果。值得注意的是，在本节研究的工作条件下，具有 10 个以上板条的板条式水润滑轴承无法提供足够的负载力。此外，对比结果表明，所提优化方法在相对较大的板条参数范围内是有效的。

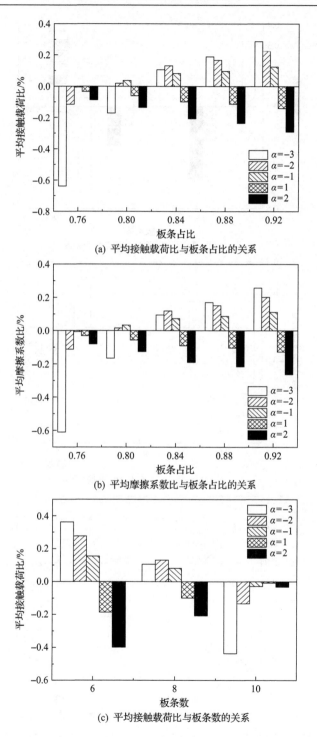

(a) 平均接触载荷比与板条占比的关系

(b) 平均摩擦系数比与板条占比的关系

(c) 平均接触载荷比与板条数的关系

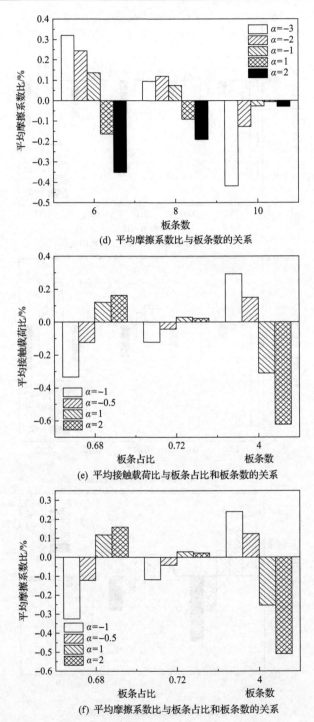

图 8.51　不同板条占比和板条数下板条曲率半径系数对平均接触载荷和摩擦系数的影响

参 考 文 献

[1] 王家序, 倪小康, 韩彦峰, 等. 微沟槽形貌对水润滑轴承混合润滑特性影响的研究[J]. 湖南大学学报（自然科学版）, 2018, 45(10): 64-71.

[2] Tala-Ighil N, Maspeyrot P, Fillon M, et al. Effects of surface texture on journal-bearing characteristics under steady-state operating conditions[J]. Proceedings of the Institution of Mechanical Engineers, Part J: Journal of Engineering Tribology, 2007, 221(6): 623-633.

[3] Vincent B, Maspeyrot P, Frêne J. Starvation and cavitation effects in finite grooved journal bearing[J]. Tribology Series, 1995, 30: 455-464.

[4] de Kraker A, van Ostayen R A J, van Beek A, et al. A multiscale method modeling surface texture effects[J]. Journal of Tribology, 2007, 129(2): 221-230.

[5] Gu T, Jane Wang Q, Xiong S W, et al. Profile design for misaligned journal bearings subjected to transient mixed lubrication[J]. Journal of Tribology, 2019, 141(7): 071701.

[6] Gu T, Jane Wang Q, Gangopadhyay A, et al. Journal bearing surface topography design based on transient lubrication analysis[J]. Journal of Tribology, 2020, 142(7): 071801.

[7] Xiang G, Yang T Y, Guo J, et al. Optimization transient wear and contact performances of water-lubricated bearings under fluid-solid-thermal coupling condition using profile modification[J]. Wear, 2022, 502: 204379.

[8] Guo J, Xiang G, Wang J X, et al. On the dynamic wear behavior of misaligned journal bearing with profile modification under mixed lubrication[J]. Surface Topography: Metrology and Properties, 2022, 10(2): 025026.

[9] 金达. 微沟槽水润滑轴承动态磨损与混合润滑性能分析及优化研究[D]. 重庆: 重庆大学, 2021.

[10] Brizmer V, Kligerman Y. A laser surface textured journal bearing[J]. Journal of Tribology, 2012, 134(3): 031702.

[11] Brizmer V, Kligerman Y, Etsion I. A laser surface textured parallel thrust bearing[J]. Tribology Transactions, 2003, 46(3): 397-403.

[12] Tang D X, Xiang G, Guo J, et al. On the optimal design of staved water-lubricated bearings driven by tribo-dynamic mechanism[J]. Physics of Fluids, 2023, 35(9): 093611.

第9章　径向推力一体式轴承优化设计案例

基于动压润滑理论开展的推力滑动轴承优化设计已被国内外诸多学者广泛研究，本章不再着重阐述纯推力滑动轴承的优化设计。本章以近年来兴起的无轴轮缘推进器核心基础部件"径向推力一体式滑动轴承"为研究对象，阐述利用已开发的径向/推力滑动轴承动压/混合润滑、非线性摩擦动力学等数值模型开展其优化设计的研究实践。

9.1　稳态下推力瓦润滑结构优化设计

9.1.1　稳态下固定倾角推力瓦结构优化设计

本节以稳态混合润滑模型为基础，阐述基于数值分析的推力滑动轴承的固定瓦倾角优化设计研究案例，更多细节(尺寸、材料、结构、工况等参数及算法细节等)可参见文献[1]。需要注意的是，此处的固定瓦推力轴承是径向推力一体式水润滑轴承(图7.12)的推力部分，与径向轴承连接。

在固定瓦推力轴承的几何结构参数中，瓦块倾斜角 α_T（图 9.1）是非常重要的设计参数之一，对其承载性能及润滑性能起重要作用。因此，本节以推力轴承瓦块倾斜角为分析参数，研究不同倾斜角对径向轴承与推力轴承耦合作用下的推力轴承的承载性能与润滑性能的影响。通过分析，确定最佳瓦块倾斜角，优化瓦块结构，这对提高径向推力一体式水润滑轴承的性能具有重要意义。

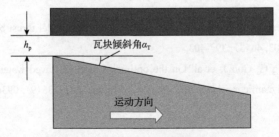

图 9.1　推力轴承瓦块倾斜角

图 9.2 为不同收敛端间隙（h_p）下推力轴承承载力随倾斜角的变化规律。可以看到，在径向轴承不同偏心率 ε 下，随着倾斜角的增大，推力轴承承载力均呈现出先迅速增大后缓慢减小的变化趋势。当倾斜角处于 0°~0.01°区段时，推力轴承

承载力不断增大，并在 0.01°附近达到最大值。然而，随着倾斜角进一步增大，承载力不断下降，并在倾斜角等于 0.3°后趋于平缓。同时可以发现，随着倾斜角的增大，在不同收敛端间隙下，推力轴承承载力之间的差异同样呈现出先增大后减小的变化趋势。当倾斜角等于 0.01°时，差异最大；而当倾斜角大于 0.3°时，不同收敛端间隙下推力轴承承载力大小基本相等。

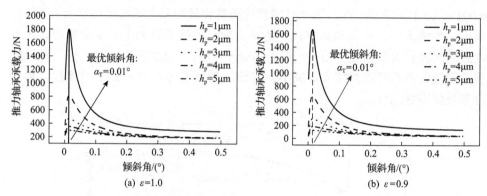

图 9.2　不同收敛端间隙下推力轴承承载力随倾斜角的变化规律

图 9.3 给出了倾斜角等于 0.01°和 0.4°时推力轴承周向中心线水膜压力分布。由图 9.3（a）可以看到，当倾斜角等于 0.01°时，随着收敛端间隙的减小，推力轴承水膜压力增大，与之对应的推力轴承承载力也增大。由图 9.3（b）可以看到，当倾斜角等于 0.4°时，不同收敛端间隙下推力轴承的水膜压力之间的差异变小，并且其整体数值（最大水膜压力等于 0.22MPa）较 0.01°（最大水膜压力等于 2.75MPa）时大幅度减小。这是因为当倾斜角等于 0.4°时，倾斜瓦块形成的楔形空间所产生的动压效应较为微弱，从而影响了推力轴承的承载性能。

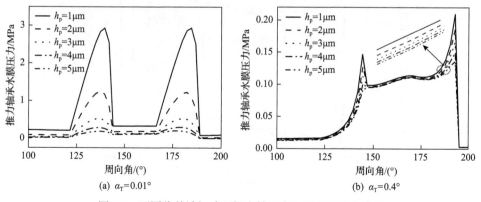

图 9.3　不同收敛端间隙下推力轴承中心线水膜压力分布

不同收敛端间隙下推力轴承摩擦系数及接触载荷随推力瓦倾斜角的变化规

律分别如图 9.4 和图 9.5 所示。可以看到，随着倾斜角的增大，推力轴承摩擦系数及接触载荷先减小后增大。如图 9.4 所示，混合润滑状态（$h_p = 1\mu m$）下，无论径向轴承部分偏心率等于 1.0 还是 0.9，摩擦系数及接触载荷均在 0.01°附近达到最小值。而在弹流润滑阶段（$h_p \geqslant 2\mu m$），最优倾斜角随着收敛端间隙的增大而增大，但是其摩擦系数与 0.01°时差异不大。同时可以发现，在倾斜角处于 0.001°~0.01°范围内，推力轴承摩擦系数随着收敛端间隙的增大而增大。当倾斜角进一步增大时，收敛端间隙较小的推力轴承摩擦系数的上升幅度要明显大于收敛端间隙较大的情况，使得当倾斜角处于 0.31°~0.5°范围内时，推力轴承摩擦系数随收敛端间隙的增大而减小，与倾斜角处于 0.001°~0.31°时摩擦系数的分布规律刚好相反。

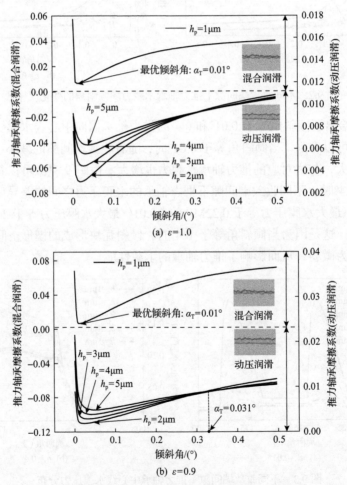

图 9.4　不同收敛端间隙下推力轴承摩擦系数随倾斜角的变化规律

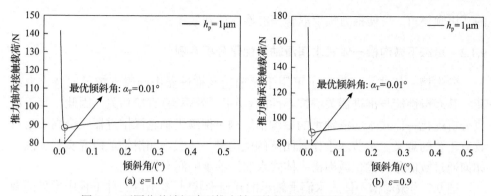

图 9.5　不同收敛端间隙下推力轴承接触载荷随倾斜角的变化规律

图 9.6 为收敛端间隙 h_p 为 2～5μm 时(此时推力轴承处于弹流润滑状态)推力轴承摩擦力随倾斜角的变化规律，此时推力轴承摩擦系数等于水膜剪切力除以承载力。随着收敛端间隙的减小，推力轴承的承载力和摩擦力都在增大。不同的是，随着倾斜角的增大，推力轴承摩擦力呈现先减小后趋于平缓的变化趋势，推力轴承承载力则呈现先增大后减小最后趋于平缓的变化趋势。因此，倾斜角在 0.001°～0.31°范围内时，推力轴承承载力占主导力量，此时承载力较大的摩擦系数较小。而当倾斜角处于 0.31°～0.5°范围内时，推力轴承承载力随倾斜角达到一个稳定值，推力轴承剪切力占主导力量，此时随着收敛端间隙的减小，流体剪切力增大导致摩擦系数增大。倾斜角对推力轴承承载力和流体剪切力的双重影响使得推力轴承摩擦系数在两个倾斜角范围内呈现出相反的分布规律。

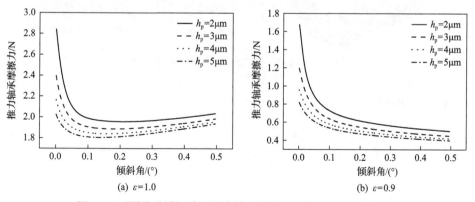

图 9.6　不同收敛端间隙下推力轴承摩擦力随倾斜角的变化规律

综合分析倾斜角对推力轴承承载性能和润滑性能的影响，可以得到当倾斜角等于 0.01°时，径向轴承与推力轴承耦合作用下的推力轴承的承载力最大，而混合润滑状态下摩擦系数及接触载荷最小，即推力轴承表现出最优的润滑特性。本节的分析案例表明，对于固定瓦推力轴承，在与径向轴承耦合工况下依然存在最优的瓦块倾斜角，可使推力轴承混合润滑性能达到最优。

9.1.2　稳态下微沟槽一体式水润滑轴承优化分析案例

　　微沟槽一体式水润滑轴承可用于无轴轮缘推进器中同时支撑径向及推力载荷，其润滑性能与推进器关键核心性能(功率、效率等)直接相关。因此，基于数值分析优化一体式水润滑轴承的微沟槽结构对保障无轴轮缘推进器安全高效运行具有重要的意义。本节基于作者团队的微沟槽一体式水润滑轴承研究实践，阐述如何通过数值分析优化微沟槽一体式水润滑轴承的润滑性能[2]。

　　图 9.7 为微沟槽一体式水润滑轴承的几何形状[2]。本书以三种工程中常见的微沟槽剖面形状(等腰三角形、左三角形和右三角形)为案例，阐述通过数值分析优化微沟槽结构的设计过程。在这种微沟槽一体式水润滑轴承的流体动力润滑分析过程中，应满足轴颈和推力轴承之间的流体动压力及公共边界处的流场的连续性(见式(7.18))。

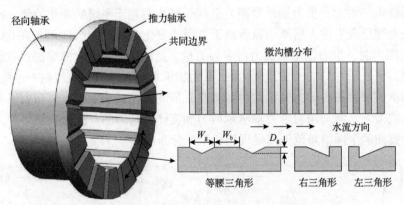

图 9.7　微沟槽一体式水润滑轴承的几何形状

1. 润滑间隙方程

1)径向轴承部分的润滑间隙

　　径向轴承的润滑间隙由几何间隙 $h_0(\theta,z)$ 和微沟槽深度 $J_G(\theta,z)$ 之和表示，其公式为

$$h_J(\theta,z) = C\left[1+\cos(\theta-\varphi)\right] + J_G(\theta,z) \tag{9.1}$$

式中，C 和 φ 分别为径向轴承的半径间隙和偏位角。

　　图 9.8 说明了微沟槽底部形状与轴承中心之间的几何关系。根据图 9.8 所示的几何关系，三种底部形状的微沟槽深度可通过式(9.2)计算：

$$J_{G}(\theta,z)=\left(\frac{\sin\theta_{1}}{\sin\theta_{2}}-1\right)R_{1}, \quad \theta_{L}'\leqslant\theta\leqslant\theta_{R}' \tag{9.2}$$

式中，θ_{1} 和 θ_{2} 在图 9.8 中指定，微槽的起始角 θ_{L}' 和终止角 θ_{R}' 可计算为

$$\begin{cases} \theta_{L}'=\dfrac{\pi}{N_{g}}\left(1-R_{g}\right)+\left(n_{g}-1\right)\dfrac{2\pi}{N_{g}} \\[3mm] \theta_{R}'=\dfrac{\pi}{N_{g}}\left(1-R_{g}\right)+n_{g}\dfrac{2\pi}{N_{g}} \end{cases} \tag{9.3}$$

式中，n_{g} 为沿圆周方向的微槽序号；N_{g} 为径向轴承和推力轴承的沟槽数；R_{g} 为沟槽比(板条宽度/沟槽宽度)。

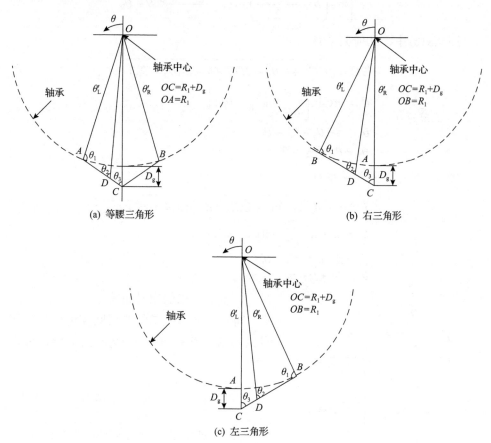

图 9.8   微沟槽底部形状与轴承中心之间的几何关系

D_{g} 为微沟槽的最大深度

图 9.8(a) 中，几何关系有

$$AC = \sqrt{OA^2 + OC^2 - 2OA \cdot OC \cos\left(\frac{\theta_R' + \theta_L'}{2}\right)}$$

$$\theta_3 = \arcsin\left(\frac{OA}{AC}\sin\frac{\theta_L' + \theta_R'}{2}\right)$$

$$\theta_1 = \begin{cases} \pi - \dfrac{\theta_L' + \theta_R'}{2} - \theta_3, & \theta_L' \leqslant \theta < \dfrac{\theta_L' + \theta_R'}{2} \\ \pi - \theta - \theta_3 + \dfrac{\theta_L' + \theta_R'}{2}, & \dfrac{\theta_L' + \theta_R'}{2} \leqslant \theta \leqslant \theta_R' \end{cases}$$

$$\theta_2 = \begin{cases} \pi - (\theta - \theta_L') - \theta_1, & \theta_L' \leqslant \theta < \dfrac{\theta_L' + \theta_R'}{2} \\ \pi - \left(\theta - \dfrac{\theta_L' + \theta_R'}{2}\right) - \theta_1, & \dfrac{\theta_L' + \theta_R'}{2} \leqslant \theta \leqslant \theta_R' \end{cases}$$

图 9.8(b) 中，几何关系有

$$BC = \sqrt{OC^2 + OB^2 - 2OB \cdot OC \cos(\theta_R' - \theta_L')}$$

$$\theta_3 = \arcsin\left[\frac{OB}{BC}\sin(\theta_R' - \theta_L')\right]$$

$$\theta_1 = \pi - \theta_3 - \theta_R' + \theta_L'$$

$$\theta_2 = \theta_3 + \theta_R' - \theta$$

图 9.8(c) 中，几何关系有

$$BC = \sqrt{OC^2 + OB^2 - 2OB \cdot OC \cos(\theta_R' - \theta_L')}$$

$$\theta_3 = \arcsin\left[\frac{OB}{BC}\sin(\theta_R' - \theta_L')\right]$$

$$\theta_1 = \pi - \theta_3 - \theta_R' + \theta_L'$$

$$\theta_2 = \theta_3 + \theta - \theta_L'$$

2) 推力轴承的润滑间隙

同样，推力轴承的润滑间隙可分为几何间隙 h_p 和微沟槽深度 $T_G(\theta, r)$ 两部分，可表示为

$$h_T(\theta, r) = h_p + T_G(\theta, r) \tag{9.4}$$

图 9.9 展示了推力轴承的微槽底部形状。根据几何关系，表 9.1 总结了推力轴承部分微沟槽深度的计算表达式。

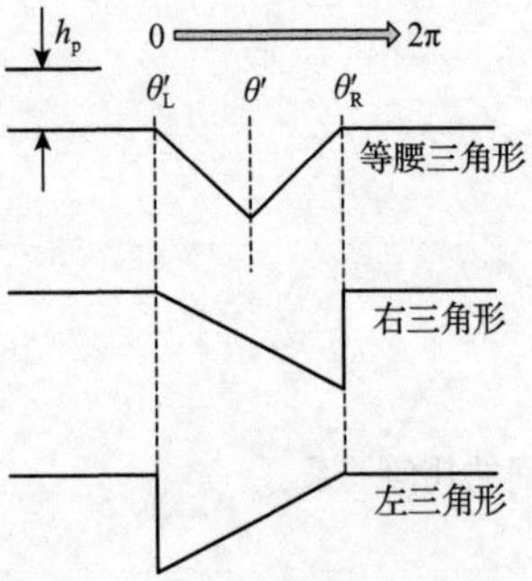

图 9.9　推力轴承微槽底部的几何形状

表 9.1　用于计算微沟槽深度的表达式

底部形状	关系	表达式
	$\theta_L' \leqslant \theta < \dfrac{\theta_L' + \theta_R'}{2}$	$T_G(\theta,r) = \dfrac{2(\theta - \theta_L')}{\theta_R' - \theta_L'} D_g$
	$\dfrac{\theta_L' + \theta_R'}{2} \leqslant \theta \leqslant \theta_L'$	$T_G(\theta,r) = \dfrac{2(\theta_R' - \theta)}{\theta_R' - \theta_L'} D_g$
	$\theta_L' \leqslant \theta \leqslant \theta_R'$	$T_G(\theta,r) = \dfrac{\theta - \theta_L'}{\theta_R' - \theta_L'} D_g$
	$\theta_L' \leqslant \theta \leqslant \theta_R'$	$T_G(\theta,r) = \dfrac{\theta_R' - \theta}{\theta_R' - \theta_L'} D_g$

2. 微沟槽深度的影响

微沟槽深度是影响径向轴承和推力轴承润滑性能的重要因素。如图 9.10(a)
和(b)所示，在偏心率为 0.2 和 0.4 情况下，在微沟槽深度为 2.0μm 和 2.5μm 时，
径向轴承承载力达到最大，而摩擦系数达到最小。然而，当偏心率为 0.6 和 0.8
时，径向轴承的承载力随着微沟槽深度的增加而不断减小。如图 9.11(a)所示，当
微沟槽深度为 1μm 和 2μm 以及偏心率为 0.2 时，正效应(流体压力对径向轴承承
载力起增强作用)占优；对于 3μm 和 4μm 的微沟槽深度，正效应的增加变得平
缓。如图 9.11(b)所示，当微沟槽深度为 12μm 及偏心率为 0.8 时，随着微沟槽
深度的增加，正效应不断降低，导致径向轴承的承载力降低。此外，在不考虑
耦合效应的情况下，无论偏心率如何变化，承载力都随着微沟槽深度的增加而
不断降低(如图 9.10 中的虚线所示)。因此，由于耦合效应，当偏心率相对较小
时，径向轴承存在最佳微沟槽深度。

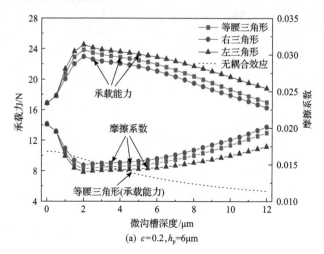

(a) $\varepsilon = 0.2, h_p = 6\mu m$

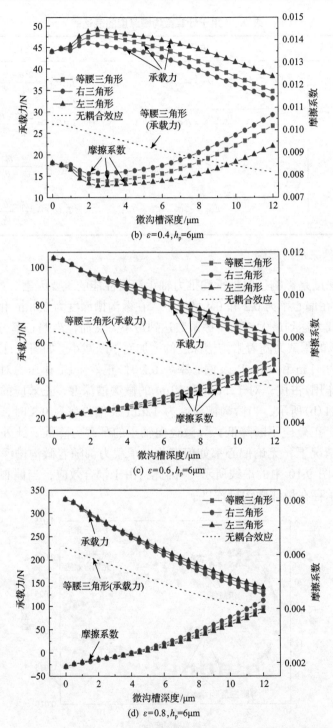

(b) $\varepsilon=0.4, h_p=6\mu m$

(c) $\varepsilon=0.6, h_p=6\mu m$

(d) $\varepsilon=0.8, h_p=6\mu m$

图 9.10 不同偏心率下微沟槽深度对径向轴承润滑性能的影响

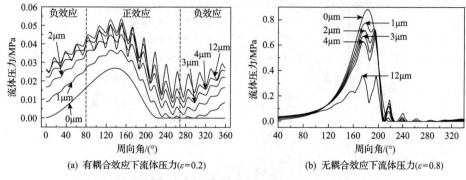

(a) 有耦合效应下流体压力(ε=0.2)　　　　(b) 无耦合效应下流体压力(ε=0.8)

图 9.11　有/无耦合效应下微沟槽深度对径向轴承流体压力的影响

不同偏心率下微沟槽深度对推力轴承承载力的影响如图 9.12 所示。可以发现，当偏心率从 0.2 到 0.8 变化时，随着最大沟槽深度 D_g 的增加，承载力先快速增大至最大，然后缓慢减小。因此，存在最佳推力轴承微沟槽深度产生最大承载力和最小摩擦系数。图9.13 (a) 为不同微沟槽深度下推力轴承中心线流体压

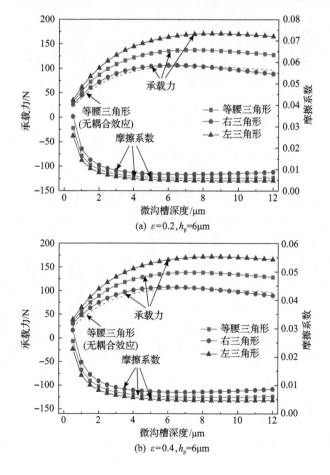

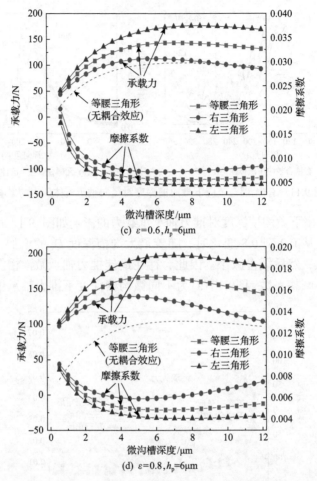

(c) $\varepsilon=0.6, h_p=6\mu m$

(d) $\varepsilon=0.8, h_p=6\mu m$

图 9.12　不同偏心率下微沟槽深度对推力轴承承载能力的影响

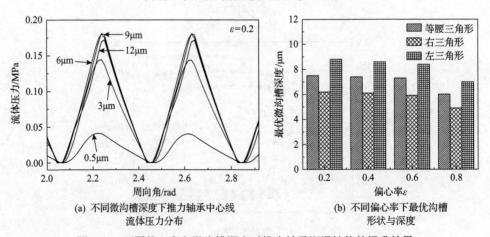

(a) 不同微沟槽深度下推力轴承中心线
流体压力分布

(b) 不同偏心率下最优沟槽
形状与深度

图 9.13　不同偏心率和微沟槽深度对推力轴承润滑性能的提升效果

力分布的比较。可以看出，在微沟槽深度达到 6μm 之前，微沟槽的增强效果是明显的。然而，当微沟槽深度为 12μm 时，流体压力会降低。Zhong 等[3]提出二次润滑效果与微沟槽深度的关系，可用于解释上述现象。此外，图 9.13（b）表明，在相同的工况条件下，左三角形微沟槽给出的最优微沟槽深度大于其他两个，并且推力轴承的最优微沟槽深度随着偏心率的增大而略有减小。

9.2　动态下径向推力一体式轴承优化设计

如图 9.14 所示，在无轴轮缘推进器系统中，与螺旋桨轮毂固连在一起的径向推力一体式水润滑轴承是其核心传动件。螺旋桨带动径向推力一体式水润滑轴承转动，通过推力轴承将螺旋桨旋转产生的推力传递给舰艇，驱动舰艇前进。因此，径向推力一体式水润滑轴承的润滑特性、可靠性和安全性可直接决定舰艇动力传递效率和稳定性等关键指标。然而，无轴轮缘推进器是船舶领域前沿科学问题，其结构设计、动力传输设计、控制系统研究和密封设计等技术难点仍然是世界各国造船界、海军部门、科研单位及高等院校研究机构亟待解决的关键科技难题。在无轴轮缘推进器中，螺旋桨带动径向推力一体式水润滑轴承同步旋转，螺旋桨的外部非线性激励力和力矩直接作用于径向推力一体式水润滑轴承，与轴承-轴颈界面力学行为发生瞬时强耦合，表现出强烈的非线性和动态特性。因此，通过建立径向推力一体式水润滑轴承瞬态摩擦动力学模型和开展多参数数值分析，在工程设计层面指导径向推力一体式水润滑轴承参数优化设计(结构参数、工况参数、材料参数及摩擦副表面特性参数等)，对提高无轴轮缘推进器推进效率具有重要意义。本节以固定瓦径向推力一体式水润滑轴承和螺旋微沟槽径向推力一体式水润

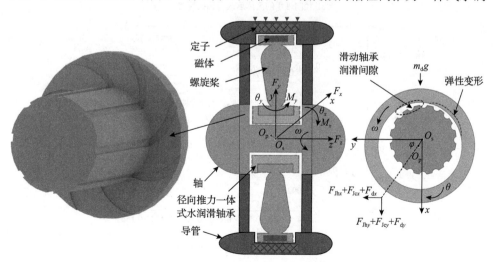

图 9.14　无轴轮缘推进器及其坐标系示意图

滑轴承结构优化的研究实践为基础,展示如何通过径向推力一体式水润滑轴承瞬态摩擦动力学模型分析开展多学科协同创新优化设计。

9.2.1　瓦块倾斜角与半径间隙优化设计案例

　　与单一的径向滑动轴承相比,径向推力一体式水润滑轴承中存在径向滑动轴承与推力滑动轴承的耦合作用,因此径向滑动轴承半径间隙的变化及推力滑动轴承推力瓦倾斜角的变化都会通过公共耦合边界影响与之对应的另一轴承。考虑外部非线性激扰时,稳态下径向滑动轴承与推力滑动轴承的结构优化设计结果是否仍然有效,这需要通过瞬态摩擦动力学数值模型进一步确定[4]。

　　图 9.15 显示了径向推力一体式水润滑轴承在不同倾斜角下的摩擦动力学性能。如图 9.15(a)所示,倾斜角减小会略微增加径向轴承的瞬态接触力,这与图 9.15(c)

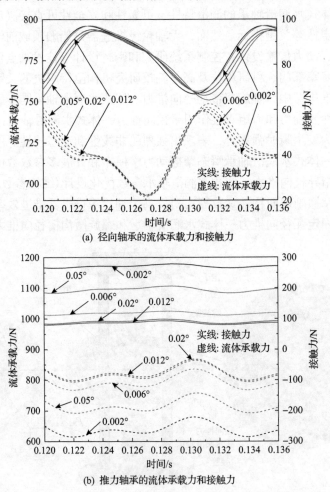

(a) 径向轴承的流体承载力和接触力

(b) 推力轴承的流体承载力和接触力

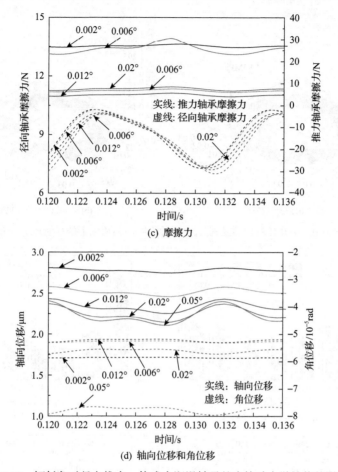

图 9.15　倾斜角对径向推力一体式水润滑轴承的摩擦动力学性能的影响

所示的瞬态摩擦力相对应。图 9.15(b)表明，倾斜角显著影响推力轴承的摩擦动力学响应，当倾斜角为 0.012° 时，产生的瞬态接触力最小。此外，如图 9.15(d)所示，倾斜角为 0.012° 时产生最小瞬态角位移，有利于减少推力轴承非均匀粗糙接触(由螺旋桨转子偏斜产生)的发生。如图 9.16 所示，与倾斜角为 0.02° 的推力瓦相比，倾斜角为 0.012° 的推力瓦产生更大的最大接触压力，尽管前者产生的接触力较小(图 9.15(b))，这是因为倾斜角为 0.02° 的推力瓦比倾斜角为 0.012° 的推力瓦产生的接触面积更大。

　　为了向滑动轴承设计人员提供更多信息，比较了不同瓦块倾斜角下半径间隙对径向轴承最大/最小接触力的影响，以及不同半径间隙下瓦块倾斜角对推力轴承最大/最小接触力的影响。如图 9.17(a)和(b)所示，径向轴承的最大接触力和最小接触力均先减小至最小值，然后随着半径间隙的增大逐渐增大。该结果表明，在动态条件下，径向轴承存在最佳半径间隙，使得径向轴承的瞬态粗糙接触性能

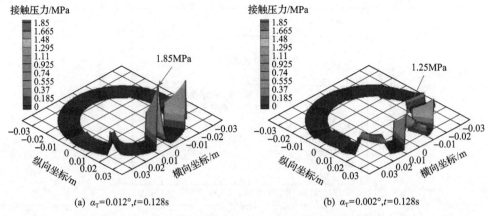

(a) $\alpha_T=0.012°,t=0.128s$ (b) $\alpha_T=0.002°,t=0.128s$

图 9.16 $t=0.128s$ 时推力轴承在两种不同倾斜角度下的接触压力分布

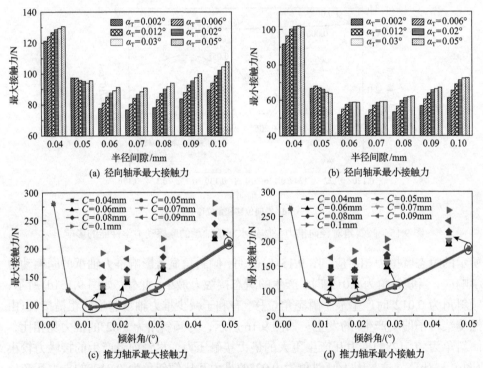

(a) 径向轴承最大接触力   (b) 径向轴承最小接触力

(c) 推力轴承最大接触力   (d) 推力轴承最小接触力

图 9.17 不同半径间隙和倾斜角下径向推力一体式水润滑轴承的最大和最小接触力

达到最小。在目前模拟的情况下，半径间隙的最佳范围为 0.06～0.07mm。此外，图 9.17(a) 和 (b) 说明最大接触力和最小接触力随着倾斜角的减小而略有减小。图 9.17(c) 和 (d) 比较了推力轴承在不同半径间隙和倾斜角度下产生的最大接触力和最小接触力。如图所示，推力瓦倾斜角为 0.012° 时产生最优的承载力，可优化瞬态粗糙接触。此外，推力轴承的最大接触力和最小接触力似乎略受半径间隙的影响。总体来说，0.06mm 的半径间隙有利于降低推力轴承的瞬态接触性能。

9.2.2　螺旋微沟槽优化设计案例

作为提供推力的重要零部件，螺旋微沟槽推力轴承凭借其低摩擦和高承载等优势广泛应用于高速旋转机械[5]。基于此，作者科研团队设计了螺旋微沟槽径向推力一体式水润滑新轴承(图 9.14)，考虑了螺旋桨非线性动态与混合润滑瞬态耦合、弹塑性接触、润滑、变形、质量守恒空穴、湍流等因素，建立了五自由度全耦合摩擦动力学数值分析模型。基于该模型，作者科研团队对螺旋微沟槽水润滑轴承润滑微结构进行了优化设计，本节将对相关内容进行简要阐述。需要注意的是，为了增加线图的可读性，部分线图的横坐标时间范围仅选取 0.05～0.07s。

1. 螺旋角优化设计

不同螺旋角下径向轴承和推力轴承部分瞬态润滑特性如图 9.18 所示。径向轴承和推力轴承接触载荷及水膜承载力随螺旋角的变化情况表明，当螺旋角为 80°时，径向轴承和推力轴承均能达到一个较好的润滑状态，且螺旋角为 80°与 70°时的润滑性能参数差距不大。而随着螺旋角的减小，润滑性能逐渐变差。尤其是推力轴承(图 9.18(c) 和(d))，螺旋角为 80°与 20°下的平均接触载荷差值约为 220.5N。造成这些变化的原因是模型中考虑了转子偏心量及桨叶非线性激励力和力矩，这些外部激扰使径向推力一体式水润滑轴承的瞬态特性发生变化，轴承出现偏摆和俯仰的动态变化，螺旋角的下降将螺旋微织构变长，破坏了推力轴承底部水膜的连续性，导致润滑性能下降。因此，水润滑轴承在不同螺旋角下的润滑特性变化与普通的螺旋微织构推力轴承截然不同。图 9.18(e) 和(f)表明，在螺旋角 80°下，径向轴承和推力轴承的瞬态最小水膜厚度是最大的。因此，当螺旋角为 70°～80°时，存在一个令径向推力一体式水润滑轴承润滑特性较好的螺旋角度。

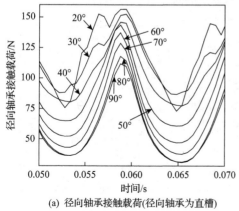

(a) 径向轴承接触载荷(径向轴承为直槽)

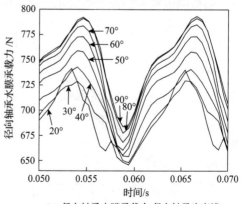

(b) 径向轴承水膜承载力(径向轴承为直槽)

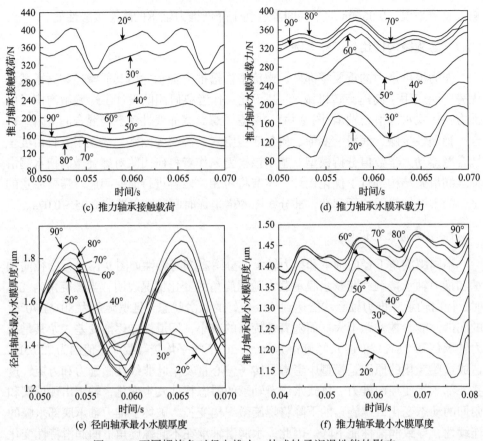

(c) 推力轴承接触载荷

(d) 推力轴承水膜承载力

(e) 径向轴承最小水膜厚度

(f) 推力轴承最小水膜厚度

图 9.18　不同螺旋角对径向推力一体式轴承润滑性能的影响

　　不同螺旋角下径向推力一体式轴承的瞬态动力学特性如图 9.19 所示。随着螺旋角的减小，轴心轨迹向左下方运动，与径向轴承最小膜厚减小相对应。轴心轨迹运动范围也有一定程度的减小。这说明螺旋角的减小在一定程度上减小了 x、y

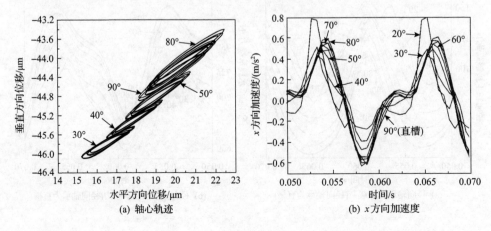

(a) 轴心轨迹

(b) x 方向加速度

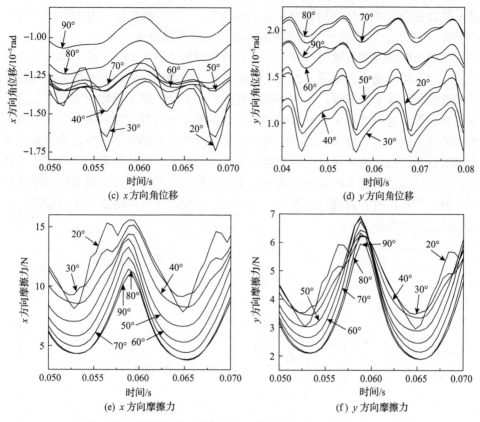

图 9.19　不同螺旋角对径向推力一体式轴承动力学行为的影响

方向的加速度变化速率。如图 9.19(b)所示，螺旋角 30°时的加速度变化幅度最小，但各螺旋角下加速度之间的差距不大且整体的变化趋势一致。图 9.19(c)和(d)表明，螺旋角的减小使得 y 方向角位移减小、x 方向角位移增大，x 方向角位移增大说明推力轴承底部出现接触的概率增大，弹性变形增加，局部水膜减小；y 方向角位移减小则说明轴承出现摆动，推力轴承底部的接触区域发生变化，且随着螺旋角的减小，角位移的变化幅度增大，角加速度也增大，增大轴承动力学的波动性。因此，螺旋角的减小增加了角位移的动力学波动性。图 9.19(e)和(f)所示的 x、y 方向的摩擦力也随着螺旋角的减小而增大。

2. 微沟槽数优化设计

在螺旋微织构径向推力一体式轴承微沟槽数优化分析的算例中，微沟槽深度设置为 8μm，槽宽比为 0.5，螺旋角为 50°。不同微沟槽数对轴承瞬态润滑特性的影响如图 9.20 所示。在外部非线性激扰的作用下，随着微沟槽数的增加，径向轴承的接触载荷先增大再减小，在微沟槽数为 4 时，瞬态水膜承载力最大，平均水膜承载力为 786.5N, 微沟槽数为 6 时达到最大, 平均接触载荷约为 160.8N。当微沟槽数为 12 时, 径向轴承的水膜承载力和接触载荷接近微沟槽数为 4 时的结果, 可以预测当微沟槽数继续增加时, 径向轴承润滑特性还会提升, 推力轴承则会表现出截然不同的规律。如图 9.20(c) 和 (d) 所示, 随着微沟槽数的增加, 推力轴承的润滑性能下降十分显著, 尤其在微沟槽数大于 6 后, 微沟槽数的增加带来的影响更为显著。这可能是由于外部激励的存在, 轴承出现俯仰和偏摆, 令推力轴承下部的应力集中。而微沟槽数目的增加, 将会改变径向轴承和推力轴承接触区域水膜的分布情况, 破坏接触区的水膜连续性, 降低水膜动压效果。这也揭示了径向轴承在微沟槽数为 6 时接触载荷突然增大的原因。因此, 在外部非线性激扰和转子偏心量存在时, 新型径向推力一体式水润滑轴承在微沟槽数为 4 时能得到较好的瞬态润滑性能。

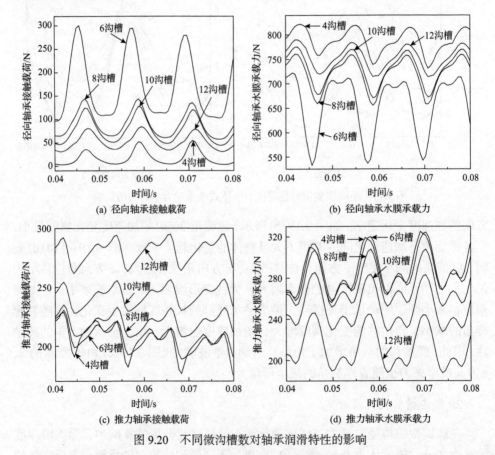

图 9.20　不同微沟槽数对轴承润滑特性的影响

不同微沟槽数对径向推力一体式轴承的瞬态动力学行为的影响如图 9.21 所示。随着微沟槽数量的增加, 由于径向轴承润滑性能的下降, 最小水膜厚度减小,轴心轨迹向左下方移动。图 9.21(b)所示的加速度变化则表明,微沟槽数目的变化不改变加速度的波动范围,仅改变加速度局部值。x 方向角位移随着微沟槽数目的增加而增加,意味着润滑性能的恶化,水膜厚度降低;y 方向角位移先增大后减小,在微沟槽数为 6 时达到最大值,说明此时最大接触压力在最左端,随着沟

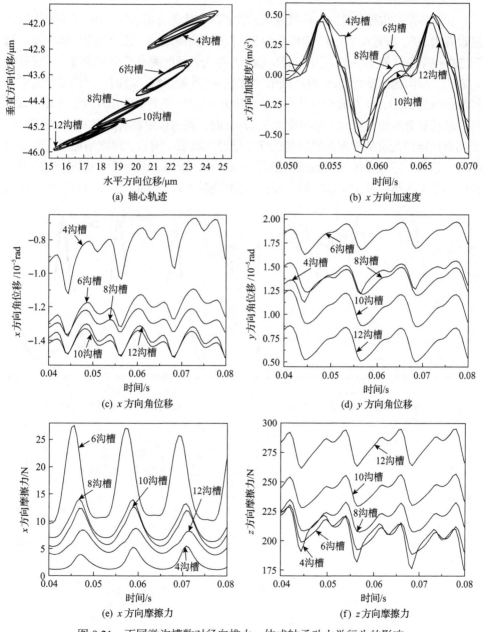

图 9.21　不同微沟槽数对径向推力一体式轴承动力学行为的影响

槽数的增加，接触区域向右移动。如图 9.21(e)和(f)所示，推力轴承的摩擦力随着微沟槽数量的增加而增加。上述分析表明，在非线性和转子偏心激扰作用下，径向推力一体式轴承的微沟槽数量应尽量少。

3. 微沟槽深度优化设计

在螺旋微织构径向推力一体式轴承微沟槽深度优化分析的算例中，螺旋微沟槽角度设置为50°，槽宽比为0.5，沟槽数为8。不同微沟槽深度下径向推力一体式轴承的瞬态摩擦学特性如图 9.22 所示。径向轴承和推力轴承的瞬态接触载荷及水膜承载力均表明，微沟槽深度为 2μm 时，轴承的瞬态润滑性能最好。此时，径向轴承的平均接触载荷为 2.7N，推力轴承的平均接触载荷为 67.6N。随着微沟槽深度的增加，瞬态接触载荷显著增加，当微沟槽深度大于 17μm 时，瞬态接触载荷的增加量变得很小，表明微沟槽深度增加引起润滑性能的变化已经达到某一阈值，继续增加引起的变化不大。造成上述现象的原因是微沟槽深度的增加，减小了微沟槽的动压增强能力，同时随着微沟槽深度的增加，微沟槽区域的水膜承载力下降，进而降低了整个轴承

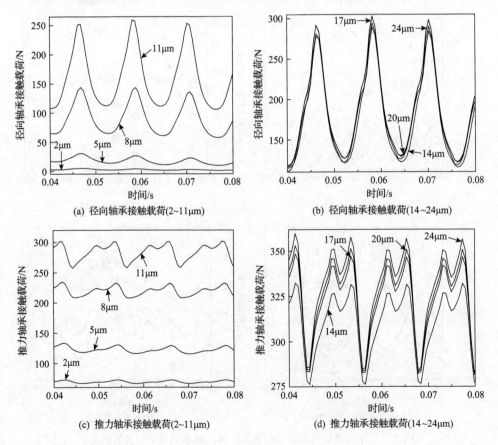

(a) 径向轴承接触载荷(2~11μm)　　　　　　(b) 径向轴承接触载荷(14~24μm)

(c) 推力轴承接触载荷(2~11μm)　　　　　　(d) 推力轴承接触载荷(14~24μm)

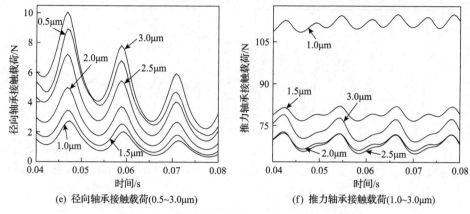

(e) 径向轴承接触载荷(0.5~3.0μm)　　　(f) 推力轴承接触载荷(1.0~3.0μm)

图9.22　不同微沟槽深度对轴承摩擦学特性的影响

的润滑性能，通常水润滑轴承的工作水膜厚度都在5μm之下。因此，过深的沟槽难以提供足够的水膜压力，破坏了水膜的连续性。进一步再对微沟槽深度为1.0~3.0μm的螺旋微织构轴承进行分析，如图9.22(e)和(f)所示。径向轴承在微沟槽深度为1.0~1.5μm时达到最佳润滑效果，推力轴承在微沟槽深度为2~2.5μm时表现出最好的润滑特性，此时微沟槽的动压增强效应和局部微空化效应最强。

　　微沟槽深度对径向推力一体式轴承瞬态动力学行为的影响如图9.23所示。随着微沟槽深度的增加，轴承润滑性能变差，水膜厚度减小，轴系轨迹也随之向下移动。图9.23(b)所示的加速度变化表明，微沟槽深度的增加对加速度的影响不大。而随着微沟槽深度的增加，x方向的角位移增加，y方向的角位移减小，这与螺旋角减小的情况相同。图9.23(e)和(f)展示的角加速度随微沟槽深度变化的情况表明，微沟槽深度的增加加剧了角加速度的波动幅值，使角位移的变化更为剧烈，如图9.23(c)和(d)所示。

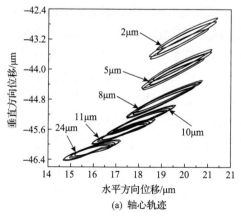

(a) 轴心轨迹

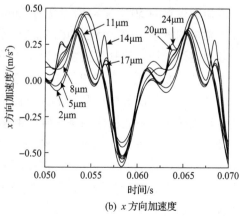

(b) x方向加速度

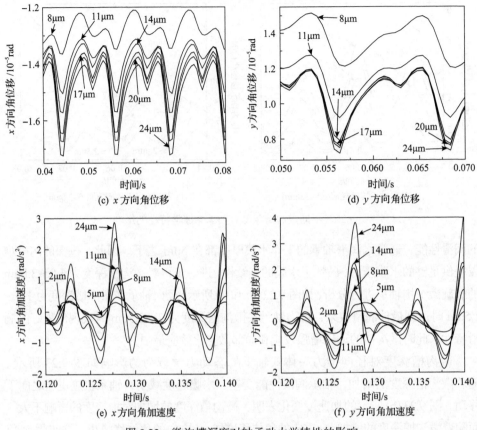

图 9.23　微沟槽深度对轴承动力学特性的影响

4. 槽宽比优化设计

在螺旋微织构径向推力一体式轴承微沟槽槽宽比优化分析的算例中，螺旋微沟槽角度设置为 50°，微沟槽深度为 8μm，沟槽数为 8。不同槽宽比下径向推力一体式轴承的瞬态摩擦学特性如图 9.24 所示。随着槽宽比的增加，径向轴承的水膜承载力逐渐增加，尤其是槽宽比为 1:2 时，增加最为显著，平均水膜承载力增加了 246.9N。随着槽宽比的继续增加，水膜承载力增量减小。这是因为槽宽比减小后，微沟槽处的阶梯效应和局部微空化效应得到增强，同时微沟槽对水膜连续性的破坏也减小，由此在微沟槽区域产生额外的压力峰，如图 9.25 所示。对推力轴承而言，槽宽比为 1:1 时反而得到一个较低的接触载荷，表明此时的接触行为最小。随着沟槽比的减小，润滑性能反而变差。这是由于螺旋微槽泵吸作用影响，沟槽占比太小，泵吸作用不显著，沟槽太大，水膜连续性遭到破坏，因此在槽宽比为 1:1 时达到最优。

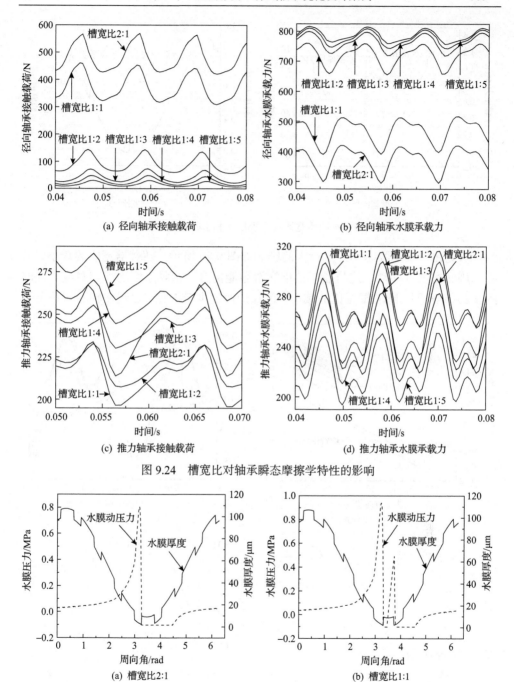

图 9.24　槽宽比对轴承瞬态摩擦学特性的影响

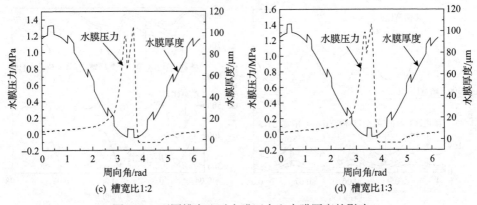

(c) 槽宽比1:2　　　　　　　　　　　　(d) 槽宽比1:3

图 9.25　不同槽宽比对水膜压力和水膜厚度的影响

　　槽宽比对轴承瞬态动力学行为的影响如图 9.26 所示。随着槽宽比的减小，轴心轨迹向右上方移动，这与径向轴承润滑性能提升、水膜厚度增加相对应。同时图 9.26(b) 表明，随着槽宽比的减小，位移加速度少量增加，表现在轴心轨迹上则

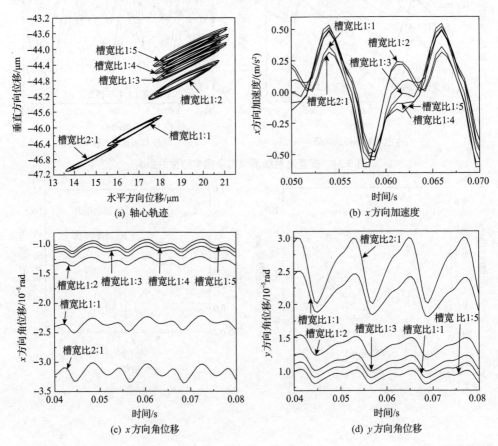

(a) 轴心轨迹　　　　　　　　　　　　　(b) x方向加速度

(c) x方向角位移　　　　　　　　　　　(d) y方向角位移

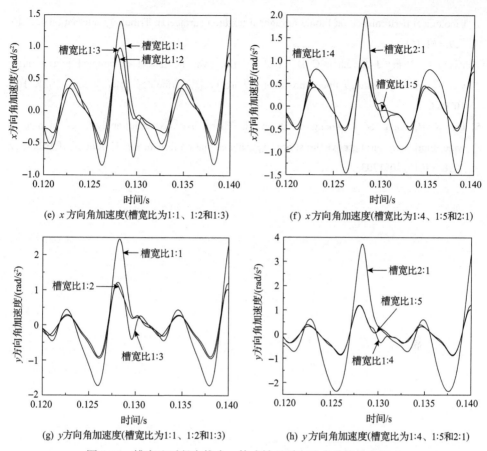

(e) x方向角加速度(槽宽比为1:1、1:2和1:3)

(f) x方向角加速度(槽宽比为1:4、1:5和2:1)

(g) y方向角加速度(槽宽比为1:1、1:2和1:3)

(h) y方向角加速度(槽宽比为1:4、1:5和2:1)

图 9.26 槽宽比对径向推力—体式轴承瞬态动力学特性的影响

是轨迹波动的范围有所增加。同时，槽宽比的减小，使 x、y 两个方向的角位移同时减小。图 9.26(e)~(h)也表明，随着槽宽比的减小，角加速度的波动幅值减小。综合分析说明，槽宽比的减小能改善轴承动力学响应的波动性，增强轴承运行的稳定性，尤其是角位移。

参 考 文 献

[1] 倪小康. 径向推力—体式水润滑轴承耦合模型结构优化及混合润滑分析[D]. 重庆: 重庆大学, 2019.

[2] Xiang G, Han Y F, Chen R X, et al. A hydrodynamic lubrication model and comparative analysis for coupled microgroove journal-thrust bearings lubricated with water[J]. Proceedings of the Institution of Mechanical Engineers, Part J: Journal of Engineering Tribology, 2020, 234(11): 1755-1770.

[3] Zhong Y H, Zheng L, Gao Y H, et al. Numerical simulation and experimental investigation of

tribological performance on bionic hexagonal textured surface[J]. Tribology International, 2019, 129: 151-161.

[4] Xiang G, Wang J X, Zhou C D, et al. A tribo-dynamic model of coupled journal-thrust water-lubricated bearings under propeller disturbance[J]. Tribology International, 2021, 160: 107008.

[5] Lin X H, Jiang S Y, Zhang C B, et al. Thermohydrodynamic analysis of high-speed water-lubricated spiral groove thrust bearing using cavitating flow model[J]. Journal of Tribology, 2018, 140 (5): 051703.